建筑与市政工程施工现场专业人员职业标准培训教材

施工员通用与基础知识（装饰方向）

（第三版）

中国建设教育协会　组织编写

赵　研　胡兴福　主　编

中国建筑工业出版社

图书在版编目（CIP）数据

施工员通用与基础知识. 装饰方向 / 中国建设教育协会组织编写；赵研，胡兴福主编. — 3 版. — 北京：中国建筑工业出版社，2023.3

建筑与市政工程施工现场专业人员职业标准培训教材

ISBN 978-7-112-28337-8

Ⅰ. ①施… Ⅱ. ①中… ②赵… ③胡… Ⅲ. ①建筑装饰－工程施工－职业培训－教材 Ⅳ. ①TU7

中国国家版本馆 CIP 数据核字（2023）第 017615 号

本书为第三版，依据住房和城乡建设部颁布的《建筑与市政工程施工现场专业人员考核评价大纲》编写。全书分为上下篇，上篇通用知识包括五部分内容：建设法规、建筑装饰材料、装饰工程识图、建筑装饰施工技术、施工项目管理；下篇基础知识包括五部分内容：建筑力学、建筑构造与建筑结构、工程预算、计算机和相关管理软件、施工测量。

本教材主要用作施工员（装饰方向）培训教材，也可供职业院校师生和有关专业技术人员参考。

责任编辑：葛又畅　李　明　李　杰
责任校对：李美娜

建筑与市政工程施工现场专业人员职业标准培训教材

施工员通用与基础知识（装饰方向）

（第三版）

中国建设教育协会　组织编写
赵　研　胡兴福　主　编

*

中国建筑工业出版社出版、发行（北京海淀三里河路 9 号）
各地新华书店、建筑书店经销
北京红光制版公司制版
北京建筑工业印刷厂印刷

*

开本：787 毫米×1092 毫米　1/16　印张：17　字数：421 千字
2023 年 3 月第三版　　2023 年 3 月第一次印刷
定价：55.00 元
ISBN 978 - 7 - 112 - 28337 - 8
（40298）

建筑与市政工程施工现场专业人员职业标准培训教材
编 审 委 员 会

　　建筑与市政工程施工现场专业人员队伍素质是影响工程质量和安全生产的关键因素。我国从 20 世纪 80 年代开始，在建设行业开展关键岗位培训考核和持证上岗工作。对于提高建设行业从业人员的素质起到了积极的作用。进入 21 世纪，在改革行政审批制度和转变政府职能的背景下，建设行业教育主管部门转变行业人才工作思路，积极规划和组织职业标准的研发。在住房和城乡建设部人事司的主持下，由中国建设教育协会、苏州二建建筑集团有限公司等单位主编了建设行业的第一部职业标准——《建筑与市政工程施工现场专业人员职业标准》，已由住房和城乡建设部发布，作为行业标准于 2012 年 1 月 1 日起实施。为推动该标准的贯彻落实，进一步编写了配套的 14 个考核评价大纲。

　　该职业标准及考核评价大纲有以下特点：（1）系统分析各类建筑施工企业现场专业人员岗位设置情况，总结归纳了 8 个岗位专业人员核心工作职责，这些职业分类和岗位职责具有普遍性、通用性。（2）突出职业能力本位原则，工作岗位职责与专业技能相互对应，通过技能训练能够提高专业人员的岗位履职能力。（3）注重专业知识的完整性、系统性，基本覆盖各岗位专业人员的知识要求，通用知识具有各岗位的一致性，基础知识、岗位知识能够体现本岗位的知识结构要求。（4）适应行业发展和行业管理的现实需要，岗位设置、专业技能和专业知识要求具有一定的前瞻性、引导性，能够满足专业人员提高综合素质和适应岗位变化的需要。

　　为落实职业标准，规范建设行业现场专业人员岗位培训工作，我们依据与职业标准相配套的考核评价大纲，组织编写了《建筑与市政工程施工现场专业人员职业标准培训教材》。

　　本套教材覆盖《建筑与市政工程施工现场专业人员职业标准》涉及的施工员、质量员、安全员、标准员、材料员、机械员、劳务员、资料员 8 个岗位 14 个考核评价大纲。每个岗位、专业，根据其职业工作的需要，注意精选教学内容、优化知识结构、突出能力要求，对知识、技能经过合理归纳，编写为《通用与基础知识》和《岗位知识与专业技能》两本，供培训配套使用。本套教材共 28 本，作者基本都参与了《建筑与市政工程施工现场专业人员职业标准》的编写，使本套教材的内容能充分体现《建筑与市政工程施工现场专业人员职业标准》的要求，促进现场专业人员专业学习和能力的提高。

　　第三版教材在上版教材的基础上，依据考核评价大纲，总结使用过程中发现的不足之处，参照最新法律法规及现行标准规范，结合"四新"内容，对教材内容进行了调整、修改、补充，使之更加贴近学员需求，方便学员顺利通过培训测试。

　　我们的编写工作难免存在不足，因此，我们恳请使用本套教材的培训机构、教师和广大学员多提宝贵意见，以便进一步的修订，使其不断完善。

建筑与市政工程施工现场专业人员职业标准培训教材编审委员会

本书是建筑与市政工程施工现场专业人员培训和考试复习统编教材，依据住房和城乡建设部颁布的《建筑与市政工程施工现场专业人员考核评价大纲》编写。

本书具有以下特点：（1）权威性。主编和部分参编人员参加了《建筑与市政工程施工现场专业人员职业标准》JGJ/250—2011、《建筑与市政工程施工现场专业人员考核评价大纲》的编写与宣贯，同时聘请了业内权威专家作为审稿人员，使本书能够充分体现职业标准和考核评价大纲的要求。（2）先进性。本书按照有关最新标准、法规和管理规定进行动态修订，吸纳了行业最新发展成果。（3）适应性。本书内容结构与《建筑与市政工程施工现场专业人员考核评价大纲》一一对应，便于组织培训和复习。

本书在第二版基础上修订而成，按照最新的标准、法律法规、管理规定和行业最新成果，对全书进行了全面修订，保持了内容的先进性。

本书全书分为上下两篇。上篇包括建设法规、建筑装饰材料、装饰工程识图、建筑装饰施工技术、施工项目管理。下篇包括建筑力学、建筑构造与建筑结构、工程预算、计算机和相关管理软件、施工测量。

本书上篇由四川建筑职业技术学院胡兴福教授、深圳职业技术学院张伟教授修订，胡兴福任主编。其中张伟教授修订建筑施工技术部分，其余部分由胡兴福教授修订。下篇由黑龙江建筑职业技术学院赵研教授主编，张常明副教授、杨庆丰副教授、郭宏伟副教授、颜晓荣研究员级高级工程师参加了编写。

中建一局培训中心张晓艳高级工程师担任本书主审。

限于编者水平，书中疏漏和错误难免，敬请读者批评指正。

　　本书是为了满足建筑与市政工程施工现场专业人员全国统一考核评价施工员（装饰方向）考前培训与复习的需要，在 2014 年 3 月第一版基础上修订而成的。本次所做的修订主要有：（1）严格按照住房和城乡建设部人事司颁布的《建筑与市政工程施工现场专业人员考核评价大纲》（建人专函〔2012〕70 号），对全书内容进行了增删和重组，使之完全符合考评大纲。（2）根据有关最新标准、法规和管理规定对全书内容进行了修改，保持了内容的先进性。

　　本书具有以下特点：（1）权威性。主编和部分参编参加了《建筑与市政工程施工现场专业人员职业标准》《建筑与市政工程施工现场专业人员考核评价大纲》的编写和宣贯，同时聘请了业内权威专家作为审稿人员，使本书能够充分体现职业标准和考核评价大纲的要求。（2）先进性。本书按照有关最新标准、法规和管理规定编写，吸纳了行业最新发展成果。（3）适用性。本书内容结构与《建筑与市政工程施工现场专业人员考核评价大纲》一一对应，便于组织培训和复习。

　　本书分为上下篇。上篇为通用知识，包括建设法规、建筑装饰材料、装饰工程识图、建筑装饰施工技术、施工项目管理。下篇为基础知识，包括建筑力学、建筑构造与建筑结构、工程预算、计算机和相关管理软件、施工测量。

　　本书上篇由四川建筑职业技术学院胡兴福教授主编，深圳职业技术学院张伟副教授参加编写，张伟副教授编写建筑装饰施工技术部分，其余部分由胡兴福教授编写。下篇由黑龙江建筑职业技术学院赵研教授主编，杨庆丰副教授、颜晓荣研究员级高级工程师、张常明博士参加了编写。

　　中建一局培训中心张晓艳高级工程师担任本书主审。

　　限于编者水平，书中疏漏和错误难免，敬请读者批评指正。

2011 年 7 月，住房和城乡建设部发布了《建筑与市政工程施工现场专业人员职业标准》JGJ/T 250—2011，于 2012 年 1 月 1 日起实施。为了满足全国各省（自治区、直辖市）培训、考评需要，由中国建设教育协会组织编写了建筑与市政工程施工现场专业人员职业标准培训教材。本书是其中的一本，用于施工员（装饰方向）通用与基础知识的培训和考试复习。

本书依据住房和城乡建设部颁布的《建筑与市政工程施工现场专业人员考核评价大纲》编写。全书分为上下两篇，上篇包括五部分内容：建设法规、建筑装饰材料、装饰工程识图、建筑装饰施工技术、施工项目管理；下篇包括五部分内容：建筑力学、建筑构造与建筑结构、工程预算、计算机和相关管理软件、施工测量。

本书上篇由四川建筑职业技术学院胡兴福教授主编，深圳职业技术学院张伟副教授参加编写，张伟副教授编写建筑装饰施工技术部分，其余部分由胡兴福教授编写。西南石油大学 2011 级硕士研究生郝伟杰参与了资料整理工作；下篇由黑龙江建筑职业技术学院赵研教授主编，杨庆丰副教授、郭宏伟副教授、颜晓荣研究员级高级工程师、张常明博士参加了编写。张晓艳高级工程师担任本书主审。

限于编者水平，书中疏漏和错误难免，敬请读者批评指正。

目 录

上篇　通用知识

一、建　设　法　规

建设法规是指国家立法机关或其授权的行政机关制定的旨在调整国家及其有关机构、企事业单位、社会团体、公民之间，在建设活动中或建设行政管理活动中发生的各种社会关系的法律、法规的统称。它体现了国家对城市建设、乡村建设、市政及社会公用事业等各项建设活动进行组织、管理、协调的方针、政策和基本原则。

我国建设法规体系由以下五个层次组成。

1. 建设法律

建设法律是指由全国人民代表大会及其常务委员会制定通过，由国家主席以主席令的形式发布的属于国务院建设行政主管部门业务范围的各项法律，如《中华人民共和国建筑法》等。

2. 建设行政法规

建设行政法规是指由国务院制定，经国务院常务委员会审议通过，由国务院总理以中华人民共和国国务院令的形式发布的属于建设行政主管部门主管业务范围的各项法规。建设行政法规的名称常以"条例""办法""规定""规章"等名称出现，如《建设工程质量管理条例》《建设工程安全生产管理条例》等。

3. 建设部门规章

建设部门规章是指住房和城乡建设部根据国务院规定的职责范围，依法制定并颁布的各项规章或由住房和城乡建设部与国务院其他有关部门联合制定并发布的规章，如《实施工程建设强制性标准监督规定》《工程建设项目施工招标投标办法》等。

4. 地方性建设法规

地方性建设法规是指在不与宪法、法律、行政法规相抵触的前提下，由省、自治区、直辖市人民代表大会及其常委会结合本地区实际情况制定颁布发行的或经其批准颁布发行的由下级人大或其常委会制定的，只在本行政区域有效的建设方面的法规。

5. 地方建设规章

地方建设规章是指省、自治区、直辖市人民政府以及省会（自治区首府）城市和经国务院批准的较大城市的人民政府，根据法律和法规制定颁布的，只在本行政区域有效的建设方面的规章。

在建设法规的上述五个层次中，其法律效力从高到低依次为建设法律、建设行政法规、建设部门规章、地方性建设法规、地方建设规章。法律效力高的称为上位法，法律效力低的称为下位法。下位法不得与上位法相抵触，否则其相应规定将被视为无效。

（一）《中华人民共和国建筑法》

《中华人民共和国建筑法》（以下简称《建筑法》）于1997年11月1日由中华人民共和国第八届全国人民代表大会常务委员会第二十八次会议通过，于1997年11月1日发布，自1998年3月1日起施行。2011年4月22日，第十一届全国人民代表大会常务委员会第二十次会议根据《关于修改〈中华人民共和国建筑法〉的决定》修改，修改后的《建筑法》自2011年7月1日起施行。

《建筑法》的立法目的在于加强对建筑活动的监督管理，维护建筑市场秩序，保证建筑工程的质量和安全，促进建筑业健康发展。《建筑法》共8章85条，分别从建筑许可、建筑工程发包与承包、建筑工程监理、建筑安全生产管理、建筑工程质量管理等方面作出了规定。

1. 从业资格的有关规定❶

（1）法规相关条文

《建筑法》关于从业资格的条文是第12条、第13条、第14条。

（2）建筑业企业的资质

从事土木工程、建筑工程、线路管道设备安装工程、装修工程的新建、扩建、改建等活动的企业称为建筑业企业。建筑业企业资质，是指建筑业企业的建设业绩、人员素质、管理水平、资金数量、技术装备等的总称。

1）建筑业企业资质序列及类别

建筑业企业资质分为施工综合、施工总承包、专业承包和专业作业四个序列。取得施工综合资质的企业称为施工综合企业。取得施工总承包资质的企业称为施工总承包企业。取得专业承包资质的企业称为专业承包企业。取得专业作业资质的企业称为专业作业企业。

施工综合资质、施工总承包资质、专业承包资质、专业作业资质序列可按照工程性质和技术特点分别划分为若干资质类别，见表1-1。

建筑业企业资质序列、类别及等级   表1-1

序号	资质序列	资质类别	资质等级
1	施工综合资质	不分类别	不分等级
2	施工总承包资质	分为13个类别，分别为：建筑工程、公路工程、铁路工程、港口与航道工程、水利水电工程、电力工程、矿山工程、冶金工程、石油化工工程、市政公用工程、通信工程、机电工程、民航工程	分为甲级、乙级2个等级

---

❶ 该部分内容依据《建筑业企业资质标准（征求意见稿）》编写。

续表

序号	资质序列	资质类别	资质等级
3	专业承包资质	分为18个类别，分别为：地基基础工程、起重设备安装工程、预拌混凝土、建筑机电工程、消防设施工程、防水防腐保温工程、桥梁工程、隧道工程、模板脚手架、建筑装修装饰工程、古建筑工程、公路工程类、铁路电务电气化工程、港口与航道工程类、水利水电工程类、输变电工程、核工程、通用专业承包	预拌混凝土、模板脚手架、通用专业承包3个类别不分等级，其余分为甲级、乙级2个等级
4	专业作业资质	不分类别	不分等级

2）建筑业企业资质等级

建筑业企业资质等级，是指国务院行政主管部门按企业资质条件把企业划分成的不同等级。

施工综合资质不分等级，施工总承包资质分为甲级、乙级两个等级，专业承包资质一般分为甲级、乙级两个等级（部分专业不分等级），专业作业资质不分等级，见表1-1。

3）承揽业务的范围

① 施工综合企业和施工总承包企业

施工综合企业和施工总承包企业可以承接施工总承包工程。对所承接的施工总承包工程的各专业工程，可以全部自行施工，也可以将专业工程依法进行分包，但应分包给具有相应专业承包资质的企业。施工综合企业和施工总承包企业将专业作业进行分包时，应分包给具有专业作业资质的企业。

施工综合企业可承担各类工程的施工总承包、项目管理业务。各类别等级资质施工总承包企业承包工程的具体范围见《建筑业企业资质标准》，其中建筑工程、市政公用工程施工总承包企业承包工程范围分别见表1-2、表1-3。所谓建筑工程是指各类结构形式的民用建筑工程、工业建筑工程、构筑物工程以及相配套的道路、通信、管网管线等设施工程，工程内容包括地基与基础、主体结构、建筑屋面、装修装饰、建筑幕墙、附建人防工程以及给水排水及供暖、通风与空调、电气、消防、防雷等配套工程；市政公用工程包括给水工程、排水工程、燃气工程、热力工程、道路工程、桥梁工程、城市隧道工程（含城市规划区内的穿山过江隧道、地铁隧道、地下交通工程、地下过街通道）、公共交通工程、轨道交通工程、环境卫生工程、照明工程、绿化工程。

建筑工程施工总承包企业承包工程范围　　　　　　表 1-2

序号	企业资质	承包工程范围
1	甲级	可承担各类建筑工程的施工总承包、工程项目管理
2	乙级	可承担下列建筑工程的施工： （1）高度100m以下的工业、民用建筑工程； （2）高度120m以下的构筑物工程； （3）建筑面积15万 m² 以下的建筑工程； （4）单项建安合同额1.5亿元以下的建筑工程

注：表中"以下"均包含本数。

4

市政公用工程施工总承包企业承包工程范围 表 1-3

序号	企业资质	承包工程范围
1	甲级	可承担各类市政公用工程的施工
2	乙级	可承担下列市政公用工程的施工: (1) 各类城市道路;单跨 45m 以下的城市桥梁; (2) 15 万 t/d 以下的供水工程;10 万 t/d 以下的污水处理工程;25 万 t/d 以下的给水泵站、15 万 t/d 以下的污水泵站、雨水泵站;各类给水排水及中水管道工程; (3) 中压以下燃气管道、调压站;供热面积 150 万 m² 以下热力工程和各类热力管道工程; (4) 各类城市生活垃圾处理工程; (5) 断面 25m² 以下隧道工程和地下交通工程; (6) 各类城市广场、地面停车场硬质铺装

注:表中"以下"均包含本数。

② 专业承包企业

设有专业承包资质的专业工程单独发包时,应由取得相应专业承包资质的企业承担。专业承包企业可以承接具有施工综合资质和施工总承包资质的企业依法分包的专业工程或建设单位依法发包的专业工程。对所承接的专业工程,可以全部自行组织施工,也可以将专业作业依法分包,但应分包给具有专业作业资质的企业。

各类别等级资质专业承包企业承包工程的具体范围见《建筑业企业资质标准》,其中,与建筑工程、市政公用工程相关性较高的专业承包企业承包工程的范围见表 1-4。

部分专业承包企业承包工程范围 表 1-4

序号	企业类别	资质等级	承包工程范围
1	地基基础工程专业承包	甲级	可承担各类地基基础工程的施工
		乙级	可承担下列工程的施工: (1) 高度 100m 以下工业、民用建筑工程和高度 120m 以下构筑物的地基基础工程; (2) 深度 24m 以下的刚性桩复合地基处理和深度 10m 以下的其他地基处理工程; (3) 单桩承受设计荷载 5000kN 以下的桩基础工程; (4) 开挖深度 15m 以下的基坑围护工程
2	预拌混凝土专业承包	不分等级	可生产各种强度等级的混凝土和特种混凝土
3	建筑机电工程专业承包	甲级	可承担各类建筑工程项目的设备、线路、管道的安装,35kV 以下变配电站工程,非标准钢结构件的制作、安装;各类城市与道路照明工程的施工;各类型电子工程、建筑智能化工程施工
		乙级	可承担单项合同额 2000 万元以下的各类建筑工程项目的设备、线路、管道的安装,10kV 以下变配电站工程,非标准钢结构件的制作、安装;单项合同额 1500 万元以下的城市与道路照明工程的施工;单项合同额 2500 万元以下的电子工业制造设备安装工程和电子工业环境工程、单项合同额 1500 万元以下的电子系统工程和建筑智能化工程施工
4	消防设施工程专业承包	甲级	可承担各类消防设施工程的施工
		乙级	可承担建筑面积 5 万 m² 以下的下列消防设施工程的施工: (1) 一类高层民用建筑以外的民用建筑; (2) 火灾危险性丙类以下的厂房、仓库、储罐、堆场

序号	企业类别	资质等级	承包工程范围
5	模板脚手架专业承包	不分等级	可承担各类模板、脚手架工程的设计、制作、安装、施工
6	建筑装修装饰工程专业承包	甲级	可承担各类建筑装修装饰工程，以及与装修工程直接配套的其他工程的施工；各类型的建筑幕墙工程的施工
		乙级	可承担单项合同额 3000 万元以下的建筑装修装饰工程，以及与装修工程直接配套的其他工程的施工；单体建筑工程幕墙面积 15000m² 以下建筑幕墙工程的施工
7	古建筑工程专业承包	甲级	可承担各类仿古建筑、历史古建筑修缮工程的施工
		乙级	可承担建筑面积 3000m² 以下的仿古建筑工程或历史建筑修缮工程的施工
8	通用专业承包资质	不分等级	可承担建筑工程中除建筑装修装饰工程、建筑机电工程、地基基础工程等专业承包工程外的其他专业承包工程的施工

注：表中"以下"均包含本数。

③ 专业作业企业

专业作业企业可以承接具有施工综合资质、施工总承包资质和专业承包资质的企业分包的专业作业。

2. 建筑安全生产管理的有关规定

（1）法规相关条文

《建筑法》关于建筑安全生产管理的条文是第 36 条～第 51 条，其中有关建筑施工企业的条文是第 36 条、第 38 条、第 39 条、第 41 条、第 44 条～第 48 条、第 51 条。

（2）建筑安全生产管理方针

建筑安全生产管理是指建设行政主管部门、建筑安全监督管理机构、建筑施工企业及有关单位对建筑生产过程中的安全工作，进行计划、组织、指挥、控制、监督等一系列的管理活动。

《建筑法》第 36 条规定，建筑工程安全生产管理必须坚持"安全第一、预防为主"的方针。

安全生产关系到人民群众生命和财产安全，关系到社会稳定和经济健康发展，建设工程安全生产管理必须坚持"安全第一、预防为主"的方针。"安全第一"是安全生产方针的基础；"预防为主"是安全生产方针的核心和具体体现，是实现安全生产的根本途径，生产必须安全，安全促进生产。

"安全第一"，是从保护和发展生产力的角度，表明在生产范围内安全与生产的关系，肯定安全在建筑生产活动中的首要位置和重要性。"预防为主"，是指在建设工程生产活动中，针对建设工程生产的特点，对生产要素采取管理措施，有效地控制不安全因素的发展与扩大，把可能发生的事故消灭在萌芽状态，以保证生产活动中人的安全、健康及财物安全。

"安全第一"还反映了当安全与生产发生矛盾的时候，应该服从安全，消灭隐患，保证建设工程在安全的条件下生产。"预防为主"则体现在事先策划、事中控制、事后总结，通过信息收集，归类分析，制定预案，控制防范。"安全第一、预防为主"的方针，体现了国家在建设工程安全生产过程中"以人为本"的思想,也体现了国家对保护劳动者权利、保护社会生产力的高度重视。

（3）建设工程安全生产基本制度

1）安全生产责任制度

安全生产责任制度是将企业各级负责人、各职能机构及其工作人员和各岗位作业人员在安全生产方面应做的工作及应负的责任加以明确规定的一种制度。

《建筑法》第36条规定,建筑工程安全生产管理必须建立健全安全生产的责任制度。第44条又规定,建筑施工企业必须依法加强对建筑安全生产的管理,执行安全生产责任制度,采取有效措施,防止伤亡和其他安全生产事故的发生。

安全生产责任制度是建筑生产中最基本的安全管理制度,是所有安全规章制度的核心,是"安全第一、预防为主"方针的具体体现。通过制定安全生产责任制,建立一种分工明确、运行有效、责任落实、能够充分发挥作用的、长效的安全生产机制,把安全生产工作落到实处。认真落实安全生产责任制,不仅是为了保证在发生生产安全事故时,可以追究责任,更重要的是通过日常或定期检查、考核,奖优罚劣,提高全体从业人员执行安全生产责任制的自觉性,使安全生产责任制真正落实到安全生产工作中去。

建筑施工单位的安全生产责任制主要包括企业各级领导人员的安全职责、企业各有关职能部门的安全生产职责以及施工现场管理人员及作业人员的安全职责三个方面。

2）群防群治制度

群防群治制度是职工群众进行预防和治理安全的一种制度。

《建筑法》第36条规定,建筑工程安全生产管理必须建立健全群防群治制度。

群防群治制度也是"安全第一、预防为主"的具体体现,同时也是群众路线在安全工作中的具体体现,是企业进行民主管理的重要内容。这一制度要求建筑企业职工在施工中应当遵守有关生产的法律、法规和建筑行业安全规章、规程,不得违章作业;对于危及生命安全和身体健康的行为有权提出批评、检举和控告。

3）安全生产教育培训制度

安全生产教育培训制度是对广大建筑干部职工进行安全教育培训,提高安全意识,增加安全知识和技能的制度。

《建筑法》第46条规定,建筑施工企业应当建立健全劳动安全生产教育培训制度,加强对职工安全生产的教育培训;未经安全生产教育培训的人员,不得上岗作业。

安全生产,人人有责。只有通过对广大职工进行安全教育、培训,才能使广大职工真正认识到安全生产的重要性、必要性,才能使广大职工掌握更多更有效的安全生产的科学技术知识,牢固树立安全第一的思想,自觉遵守各项安全生产规章制度。

4）伤亡事故处理报告制度

伤亡事故处理报告制度是指施工中发生事故时,建筑企业应当采取紧急措施减少人员伤亡和事故损失,并按照国家有关规定及时向有关部门报告的制度。

《建筑法》第51条规定,施工中发生事故时,建筑施工企业应当采取紧急措施减少人员伤亡和事故损失,并按照国家有关规定及时向有关部门报告。

事故处理必须遵循一定的程序,做到"四不放过",即事故原因不清不放过、事故责任者和群众没有受到教育不放过、事故隐患不整改不放过、事故的责任者没有受到处理不放过。通过对事故的严格处理，可以总结出教训，为制定规程、规章提供第一手素材，做到亡羊补牢。

5）安全生产检查制度

安全生产检查制度是上级管理部门或企业自身对安全生产状况进行定期或不定期检查的制度。

安全生产检查制度是安全生产的保障。通过检查可以发现问题，查出隐患，从而采取有效措施，堵塞漏洞，把事故消灭在发生之前，做到防患于未然，是"预防为主"的具体体现。通过检查，还可总结出好的经验加以推广，为进一步搞好安全工作打下基础。

6）安全责任追究制度

建设单位、设计单位、施工单位、监理单位，由于没有履行职责造成人员伤亡和事故损失的，视情节给予相应处理；情节严重的，责令停业整顿，降低资质等级或吊销资质证书；构成犯罪的，依法追究刑事责任。

（4）建筑施工企业的安全生产责任

《建筑法》第38条、第39条、第41条、第44条～第48条、第51条规定了建筑施工企业的安全生产责任。根据这些规定，《建设工程质量管理条例》等法规作了进一步细化和补充，具体见《建设工程质量管理条例》部分相关内容。

3. 《建筑法》关于质量管理的规定

（1）法规相关条文

《建筑法》关于质量管理的条文是第52条～第63条，其中有关建筑施工企业的条文是第52条、第54条、第55条、第58条～第62条。

（2）建设工程竣工验收制度

《建筑法》第61条规定：交付竣工验收的建筑工程，必须符合规定的建筑工程质量标准，有完整的工程技术经济资料和经签署的工程保修书，并具备国家规定的其他竣工条件。建筑工程竣工经验收合格后，方可交付使用；未经验收或者验收不合格的，不得交付使用。

建设工程项目的竣工验收，指在建筑工程已按照设计要求完成全部施工任务，准备交付给建设单位投入使用时，由建设单位或有关主管部门依照国家关于建筑工程竣工验收制度的规定，对该项工程是否符合设计要求和工程质量标准所进行的检查、考核工作。工程项目的竣工验收是施工全过程的最后一道工序，也是工程项目管理的最后一项工作。它是建设投资成果转入生产或使用的标志，也是全面考核投资效益、检验设计和施工质量的重要环节。认真做好工程项目的竣工验收工作，对保证工程项目的质量具有重要意义。

（3）建设工程质量保修制度

建设工程质量保修制度，是指建设工程竣工经验收后，在规定的保修期限内，因勘察、设计、施工、材料等原因造成的质量缺陷，应当由施工承包单位负责维修、返工或更换，由责任单位负责赔偿损失的法律制度。建设工程质量保修制度对于促进建设各方加强质量管理，保护用户及消费者的合法权益可起到重要的保障作用。

《建筑法》第62条规定：建筑工程实行质量保修制度。同时，还对质量保修的范围和期限作了规定：建筑工程的保修范围应当包括地基基础工程、主体结构工程、屋面防水工程和其他土建工程，以及电气管线、上下水管线的安装工程，供热、供冷系统工程等项目;保修的期限应当按照保证建筑物合理寿命年限内正常使用、维护使用者合法权益的原则确定。具体的保修范围和最低保修期限由国务院规定。据此,国务院在《建设工程质量管理条例》中作了明确规定,详见《建设工程质量管理条例》相关内容。

(4)建筑施工企业的质量责任与义务

《建筑法》第 54 条、第 55 条、第 58 条～第 62 条规定了建筑施工企业的质量责任与义务。据此,《建设工程质量管理条例》作了进一步细化,见《建设工程质量管理条例》部分相关内容。

(二)《中华人民共和国安全生产法》

《中华人民共和国安全生产法》(以下简称《安全生产法》)由第九届全国人民代表大会常务委员会第二十八次会议于 2002 年 6 月 29 日通过,自 2002 年 11 月 1 日起施行。根据 2021 年 6 月 10 日第十三届全国人民代表大会常务委员会第二十九次会议《全国人民代表大会常务委员会关于修改〈中华人民共和国安全生产法〉的决定》第三次修正,修正后的《安全生产法》自 2021 年 9 月 1 日起施行。

《安全生产法》的立法目的,是为了加强安全生产工作,防止和减少生产安全事故,保障人民群众生命和财产安全,促进经济社会持续健康发展。《安全生产法》包括总则、生产经营单位的安全生产保障、从业人员的安全生产权利义务、安全生产的监督管理、生产安全事故的应急救援与调查处理、法律责任、附则 7 章,共 119 条。对生产经营单位的安全生产保障、从业人员的安全生产权利和义务、安全生产的监督管理、生产安全事故的应急救援与调查处理四个主要方面作出了规定。

1. 生产经营单位的安全生产保障的有关规定

(1)法规相关条文

《安全生产法》关于生产经营单位的安全生产保障的条文是第 20 条～第 51 条。

(2)组织保障措施

1)建立安全生产管理机构

《安全生产法》第 24 条规定:矿山、金属冶炼、建筑施工、运输单位和危险物品的生产、经营、储存单位,应当设置安全生产管理机构或者配备专职安全生产管理人员。

2)明确岗位责任

① 生产经营单位的主要负责人的职责

生产经营单位是指从事生产或者经营活动的企业、事业单位、个体经济组织及其他组织和个人。主要负责人是指生产经营单位内对生产经营活动负有决策权并能承担法律责任的人,包括法定代表人、实际控制人、总经理、经理、厂长等。《安全生产法》第 5 条规定:生产经营单位的主要负责人是本单位安全生产第一责任人,对本单位安全生产工作全面负责。

《安全生产法》第 21 条规定:生产经营单位的主要负责人对本单位安全生产工作负有下列职责:

A. 建立健全并落实本单位安全生产责任制,加强安全生产标准化建设;

B. 组织制定并实施本单位安全生产规章制度和操作规程；

C. 组织制定并实施本单位安全生产教育和培训计划；

D. 保证本单位安全生产投入的有效实施；

E. 组织建立并落实安全风险分级管控和隐患排查治理双重预防工作机制，督促、检查本单位的安全生产工作，及时消除生产安全事故隐患；

F. 组织制定并实施本单位的生产安全事故应急救援预案；

G. 及时、如实报告生产安全事故。

同时，《安全生产法》第 50 条规定：生产经营单位发生生产安全事故时，单位的主要负责人应当立即组织抢救，并不得在事故调查处理期间擅离职守。

② 生产经营单位的安全生产管理人员的职责

《安全生产法》第 46 条规定：生产经营单位的安全生产管理人员应当根据本单位的生产经营特点，对安全生产状况进行经常性检查；对检查中发现的安全问题，应当立即处理；不能处理的，应当及时报告本单位有关负责人，有关负责人应当及时处理。检查及处理情况应当如实记录在案。

③ 对安全设施、设备的质量负责的岗位

A. 对安全设施的设计质量负责的岗位

《安全生产法》第 33 条规定：建设项目安全设施的设计人、设计单位应当对安全设施设计负责。

矿山、金属冶炼建设项目和用于生产、储存、装卸危险物品的建设项目的安全设施设计应当按照国家有关规定报经有关部门审查，审查部门及其负责审查的人员对审查结果负责。

B. 对安全设施的施工负责的岗位

《安全生产法》第 34 条规定：矿山、金属冶炼建设项目和用于生产、储存、装卸危险物品的建设项目的施工单位必须按照批准的安全设施设计施工，并对安全设施的工程质量负责。

C. 对安全设施的竣工验收负责的岗位

《安全生产法》第 34 条规定：矿山、金属冶炼建设项目和用于生产、储存危险物品的建设项目竣工投入生产或者使用前，应当由建设单位负责组织对安全设施进行验收；验收合格后，方可投入生产和使用。负有安全生产监督管理职责的部门应当加强对建设单位验收活动和验收结果的监督核查。

D. 对安全设备质量负责的岗位

《安全生产法》第 37 条规定：生产经营单位使用的危险物品的容器、运输工具，以及涉及人身安全、危险性较大的海洋石油开采特种设备和矿山井下特种设备，必须按照国家有关规定，由专业生产单位生产，并经具有专业资质的检测、检验机构检测、检验合格，取得安全使用证或者安全标志，方可投入使用。检测、检验机构对检测、检验结果负责。

（3）管理保障措施

1）人力资源管理

① 对主要负责人和安全生产管理人员的管理

《安全生产法》第 27 条规定：生产经营单位的主要负责人和安全生产管理人员必须具

备与本单位所从事的生产经营活动相应的安全生产知识和管理能力。

危险物品的生产、经营、储存、装卸单位以及矿山、金属冶炼、建筑施工、运输单位的主要负责人和安全生产管理人员,应当由主管的负有安全生产监督管理职责的部门对其安全生产知识和管理能力考核合格。考核不得收费。

② 对一般从业人员的管理

《安全生产法》第 28 条规定:生产经营单位应当对从业人员进行安全生产教育和培训,保证从业人员具备必要的安全生产知识,熟悉有关的安全生产规章制度和安全操作规程,掌握本岗位的安全操作技能,了解事故应急处理措施,知悉自身在安全生产方面的权利和义务。未经安全生产教育和培训合格的从业人员,不得上岗作业。

生产经营单位使用被派遣劳动者的,应当将被派遣劳动者纳入本单位从业人员统一管理,对被派遣劳动者进行岗位安全操作规程和安全操作技能的教育和培训。

劳务派遣单位应当对被派遣劳动者进行必要的安全生产教育和培训。

③ 对特种作业人员的管理

《安全生产法》第 30 条规定:生产经营单位的特种作业人员必须按照国家有关规定经专门的安全作业培训,取得相应资格,方可上岗作业。

2)物力资源管理

① 设备的日常管理

《安全生产法》第 35 条规定:生产经营单位应当在有较大危险因素的生产经营场所和有关设施、设备上,设置明显的安全警示标志。

《安全生产法》第 36 条规定:安全设备的设计、制造、安装、使用、检测、维修、改造和报废,应当符合国家标准或者行业标准。

生产经营单位必须对安全设备进行经常性维护、保养,并定期检测,保证正常运转。维护、保养、检测应当作好记录,并由有关人员签字。

② 设备的淘汰制度

《安全生产法》第 38 条规定:国家对严重危及生产安全的工艺、设备实行淘汰制度,具体目录由国务院应急管理部门会同国务院有关部门制定并公布。省、自治区、直辖市人民政府可以根据本地区实际情况制定并公布具体目录。生产经营单位不得使用应当淘汰的危及生产安全的工艺、设备。

③ 生产经营项目、场所、设备的转让管理

《安全生产法》第 49 条规定:生产经营单位不得将生产经营项目、场所、设备发包或者出租给不具备安全生产条件或者相应资质的单位或者个人。

④ 生产经营项目、场所的协调管理

《安全生产法》第 49 条规定:生产经营项目、场所发包或者出租给其他单位的,生产经营单位应当与承包单位、承租单位签订专门的安全生产管理协议,或者在承包合同、租赁合同中约定各自的安全生产管理职责;生产经营单位对承包单位、承租单位的安全生产工作统一协调、管理,定期进行安全检查,发现安全问题的,应当及时督促整改。

(4)经济保障措施

1)保证安全生产所必需的资金

《安全生产法》第 23 条规定:生产经营单位应当具备的安全生产条件所必需的资金投

入，由生产经营单位的决策机构、主要负责人或者个人经营的投资人予以保证，并对由于安全生产所必需的资金投入不足导致的后果承担责任。

2）保证安全设施所需要的资金

《安全生产法》第31条规定：生产经营单位新建、改建、扩建工程项目的安全设施，必须与主体工程同时设计、同时施工、同时投入生产和使用。安全设施投资应当纳入建设项目概算。

3）保证劳动防护用品、安全生产培训所需要的资金

《安全生产法》第45条规定：生产经营单位必须为从业人员提供符合国家标准或者行业标准的劳动防护用品，并监督、教育从业人员按照使用规则佩戴、使用。

《安全生产法》第47条规定：生产经营单位应当安排用于配备劳动防护用品、进行安全生产培训的经费。

4）保证工伤社会保险所需要的资金

《安全生产法》第51条规定：生产经营单位必须依法参加工伤社会保险，为从业人员缴纳保险费。

（5）技术保障措施

1）对新工艺、新技术、新材料或者使用新设备的管理

《安全生产法》第29条规定：生产经营单位采用新工艺、新技术、新材料或者使用新设备，必须了解、掌握其安全技术特性，采取有效的安全防护措施，并对从业人员进行专门的安全生产教育和培训。

2）对安全条件论证和安全评价的管理

《安全生产法》第32条规定：矿山、金属冶炼建设项目和用于生产、储存、装卸危险物品的建设项目，应当按照国家有关规定由具有相应资质的安全评估机构进行安全评价。

3）对废弃危险物品的管理

危险物品是指易燃易爆物品、危险化学品、放射性物品等能够危及人身安全和财产安全的物品。

《安全生产法》第39条规定：生产、经营、运输、储存、使用危险物品或者处置废弃危险物品的，由有关主管部门依照有关法律、法规的规定和国家标准或者行业标准审批并实施监督管理。

生产经营单位生产、经营、运输、储存、使用危险物品或者处置废弃危险物品，必须执行有关法律、法规和国家标准或者行业标准，建立专门的安全管理制度，采取可靠的安全措施，接受有关主管部门依法实施的监督管理。

4）对重大危险源的管理

重大危险源是指长期地或者临时地生产、搬运、使用或者储存危险物品，且危险物品的数量等于或者超过临界量的单元（包括场所和设施）。

《安全生产法》第40条规定：生产经营单位对重大危险源应当登记建档，进行定期检测、评估、监控，并制定应急预案，告知从业人员和相关人员在紧急情况下应当采取的应急措施。

生产经营单位应当按照国家有关规定将本单位重大危险源及有关安全措施、应急措施报有关地方人民政府应急管理部门和有关部门备案。

5）对员工宿舍的管理

《安全生产法》第 42 条规定：生产、经营、储存、使用危险物品的车间、商店、仓库不得与员工宿舍在同一座建筑物内，并应当与员工宿舍保持安全距离。

生产经营场所和员工宿舍应当设有符合紧急疏散要求、标志明显、保持畅通的出口、疏散通道。禁止占用、锁闭、封堵生产经营场所或者员工宿舍的出口、疏散通道。

6）对危险作业的管理

《安全生产法》第 43 条规定：生产经营单位进行爆破、吊装、动火、临时用电以及国务院应急管理部门会同国务院有关部门规定的其他危险作业，应当安排专门人员进行现场安全管理，确保操作规程的遵守和安全措施的落实。

7）对安全生产操作规程的管理

《安全生产法》第 44 条规定：生产经营单位应当教育和督促从业人员严格执行本单位的安全生产规章制度和安全操作规程；并向从业人员如实告知作业场所和工作岗位存在的危险因素、防范措施以及事故应急措施。

8）对施工现场的管理

《安全生产法》第 48 条规定：两个以上生产经营单位在同一作业区域内进行生产经营活动，可能危及对方生产安全的，应当签订安全生产管理协议，明确各自的安全生产管理职责和应当采取的安全措施，并指定专职安全生产管理人员进行安全检查与协调。

2. 从业人员的安全生产权利义务的有关规定

（1）法规相关条文

《安全生产法》关于从业人员的安全生产权利义务的条文是第 28 条、第 45 条、第 52 条～第 61 条。

（2）安全生产中从业人员的权利

生产经营单位的从业人员，是指该单位从事生产经营活动各项工作的所有人员，包括管理人员、技术人员和各岗位的工人，也包括生产经营单位临时聘用的人员。

生产经营单位的从业人员依法享有以下权利：

1）知情权

《安全生产法》第 53 条规定：生产经营单位的从业人员有权了解其作业场所和工作岗位存在的危险因素、防范措施及事故应急措施，有权对本单位的安全生产工作提出建议。

2）批评权和检举、控告权

《安全生产法》第 54 条规定：从业人员有权对本单位安全生产工作中存在的问题提出批评、检举、控告。

3）拒绝权

《安全生产法》第 54 条规定：从业人员有权拒绝违章指挥和强令冒险作业。生产经营单位不得因从业人员对本单位安全生产工作提出批评、检举、控告或者拒绝违章指挥、强令冒险作业而降低其工资、福利等待遇或者解除与其订立的劳动合同。

4）紧急避险权

《安全生产法》第 55 条规定：从业人员发现直接危及人身安全的紧急情况时，有权停止作业或者在采取可能的应急措施后撤离作业场所。生产经营单位不得因从业人员在前款紧急情况下停止作业或者采取紧急撤离措施而降低其工资、福利等待遇或者解除与其订立的劳动合同。

5）请求赔偿权

《安全生产法》第 56 条规定：因生产安全事故受到损害的从业人员，除依法享有工伤保险外，依照有关民事法律尚有获得赔偿的权利的，有权提出赔偿要求。

《安全生产法》第 52 条规定：生产经营单位与从业人员订立的劳动合同，应当载明有关保障从业人员劳动安全、防止职业危害的事项，以及依法为从业人员办理工伤保险的事项。生产经营单位不得以任何形式与从业人员订立协议，免除或者减轻其对从业人员因生产安全事故伤亡依法应承担的责任。

6）获得劳动防护用品的权利

《安全生产法》第 45 条规定：生产经营单位必须为从业人员提供符合国家标准或者行业标准的劳动防护用品，并监督、教育从业人员按照使用规则佩戴、使用。

7）获得安全生产教育和培训的权利

《安全生产法》第 28 条规定：生产经营单位应当对从业人员进行安全生产教育和培训，保证从业人员具备必要的安全生产知识，熟悉有关的安全生产规章制度和安全操作规程，掌握本岗位的安全操作技能，了解事故应急处理措施，知悉自身在安全生产方面的权利和义务。

（3）安全生产中从业人员的义务

1）自律遵规的义务

《安全生产法》第 57 条规定：从业人员在作业过程中，应当严格落实岗位安全生产责任，遵守本单位的安全生产规章制度和操作规程，服从管理，正确佩戴和使用劳动防护用品。

2）自觉学习安全生产知识的义务

《安全生产法》第 58 条规定：从业人员应当接受安全生产教育和培训，掌握本职工作所需的安全生产知识，提高安全生产技能，增强事故预防和应急处理能力。

3）危险报告义务

《安全生产法》第 59 条规定：从业人员发现事故隐患或者其他不安全因素，应当立即向现场安全生产管理人员或者本单位负责人报告；接到报告的人员应当及时予以处理。

3. 安全生产监督管理的有关规定

（1）法规相关条文

《安全生产法》关于安全生产监督管理的条文是第 62 条～第 78 条。

（2）安全生产监督管理部门

根据《安全生产法》第 9 条规定，国务院应急管理部门对全国安全生产工作实施综合监督管理。国务院交通运输、住房和城乡建设、水利、民航等有关部门在各自的职责范围内对有关行业、领域的安全生产工作实施监督管理。

（3）安全生产监督管理措施

《安全生产法》第 60 条规定：负有安全生产监督管理职责的部门依照有关法律、法规的规定，对涉及安全生产的事项需要审查批准（包括批准、核准、许可、注册、认证、颁发证照等，下同）或者验收的，必须严格依照有关法律、法规和国家标准或者行业标准规定的安全生产条件和程序进行审查；不符合有关法律、法规和国家标准或者行业标准规定的安全生产条件的，不得批准或者验收通过。对未依法取得批准或者验收合格的单位擅自从事有关活动的，负责行政审批的部门发现或者接到举报后应当立即予以取缔，并依法予以处理。对已经依法取得批准的单位，负责行政审批的部门发现其不再具备安全生产条件的，应当撤销原批准。

（4）安全生产监督管理部门的职权

《安全生产法》第65条规定：应急管理部门和其他负有安全生产监督管理职责的部门依法开展安全生产行政执法工作，对生产经营单位执行有关安全生产的法律、法规和国家标准或者行业标准的情况进行监督检查，行使以下职权：

1）进入生产经营单位进行检查，调阅有关资料，向有关单位和人员了解情况。

2）对检查中发现的安全生产违法行为，当场予以纠正或者要求限期改正；对依法应当给予行政处罚的行为，依照本法和其他有关法律、行政法规的规定作出行政处罚决定。

3）对检查中发现的事故隐患，应当责令立即排除；重大事故隐患排除前或者排除过程中无法保证安全的，应当责令从危险区域内撤出作业人员，责令暂时停产停业或者停止使用相关设施、设备；重大事故隐患排除后，经审查同意，方可恢复生产经营和使用。

4）对有根据认为不符合保障安全生产的国家标准或者行业标准的设施、设备、器材以及违法生产、储存、使用、经营、运输的危险物品予以查封或者扣押，对违法生产、储存、使用、经营危险物品的作业场所予以查封，并依法作出处理决定。

监督检查不得影响被检查单位的正常生产经营活动。

（5）安全生产监督检查人员的义务

《安全生产法》第67条规定了安全生产监督检查人员的义务：

1）应当忠于职守，坚持原则，秉公执法；

2）执行监督检查任务时，必须出示有效的行政执法证件；

3）对涉及被检查单位的技术秘密和业务秘密，应当为其保密。

4. 安全事故应急救援与调查处理的规定

（1）法规相关条文

《安全生产法》关于生产安全事故的应急救援与调查处理的条文是第79条~第89条。

（2）生产安全事故的等级划分标准

生产安全事故是指在生产经营活动中造成人身伤亡（包括急性工业中毒）或者直接经济损失的事故。国务院《生产安全事故报告和调查处理条例》规定，根据生产安全事故（以下简称事故）造成的人员伤亡或者直接经济损失，事故一般分为以下等级：

1）特别重大事故，是指造成30人及以上死亡，或者100人及以上重伤（包括急性工业中毒，下同），或者1亿元及以上直接经济损失的事故；

2）重大事故，是指造成10人及以上30人以下死亡，或者50人及以上100人以下重伤，或者5000万元及以上1亿元以下直接经济损失的事故；

3）较大事故，是指造成3人及以上10人以下死亡，或者10人及以上50人以下重伤，或者1000万元及以上5000万元以下直接经济损失的事故；

4）一般事故，是指造成 3 人以下死亡，或者 10 人以下重伤，或者 1000 万元以下直接经济损失的事故。

（3）生产安全事故报告

《安全生产法》第 83 条规定：生产经营单位发生生产安全事故后，事故现场有关人员应当立即报告本单位负责人。单位负责人接到事故报告后，应当按照国家有关规定立即如实报告当地负有安全生产监督管理职责的部门，不得隐瞒不报、谎报或者迟报，不得故意破坏事故现场、毁灭有关证据。第 84 条规定：负有安全生产监督管理职责的部门接到事故报告后，应当立即按照国家有关规定上报事故情况。负有安全生产监督管理职责的部门和有关地方人民政府对事故情况不得隐瞒不报、谎报或者迟报。《关于进一步强化安全生产责任落实坚决防范遏制重特大事故的若干措施》要求，严格落实事故直报制度，生产安全事故隐瞒不报、谎报或者拖延不报的，对直接责任人和负有管理和领导责任的人员依规依纪依法从严追究责任。

《建设工程安全生产管理条例》进一步规定，施工单位发生生产安全事故，应当按照国家有关伤亡事故报告和调查处理的规定，及时、如实地向负责安全生产监督管理的部门、建设行政主管部门或者其他有关部门报告；特种设备发生事故的，还应当同时向特种设备安全监督管理部门报告。实行施工总承包的建设工程，由总承包单位负责上报事故。

（4）应急抢救工作

《安全生产法》第 83 条规定：单位负责人接到事故报告后，应当迅速采取有效措施，组织抢救，防止事故扩大，减少人员伤亡和财产损失。第 85 条规定：有关地方人民政府和负有安全生产监督管理职责的部门的负责人接到生产安全事故报告后，应当按照生产安全事故应急救援预案的要求立即赶到事故现场，组织事故抢救。

（5）事故的调查

《安全生产法》第 86 条规定：事故调查处理应当按照科学严谨、依法依规、实事求是、注重实效的原则，及时、准确地查清事故原因，查明事故性质和责任，评估应急处置工作，总结事故教训，提出整改措施，并对事故责任者提出处理建议。

《生产安全事故报告和调查处理条例》规定了事故调查的管辖：特别重大事故由国务院或者国务院授权有关部门组织事故调查组进行调查；重大事故、较大事故、一般事故分别由事故发生地省级人民政府、设区的市级人民政府、县级人民政府负责调查。省级人民政府、设区的市级人民政府、县级人民政府可以直接组织事故调查组进行调查，也可以授权或者委托有关部门组织事故调查组进行调查。未造成人员伤亡的一般事故，县级人民政府也可以委托事故发生单位组织事故调查组进行调查。上级人民政府认为必要时，可以调查由下级人民政府负责调查的事故。特别重大事故以下等级事故，事故发生地与事故发生单位不在同一个县级以上行政区域的，由事故发生地人民政府负责调查，事故发生单位所在地人民政府应当派人参加。

（三）《建设工程安全生产管理条例》《建设工程质量管理条例》

《建设工程安全生产管理条例》（以下简称《安全生产管理条例》）于 2003 年 11 月 12 日国务院第 28 次常务会议通过，自 2004 年 2 月 1 日起施行。《安全生产管理条例》包括总则，建设单位的安全责任，勘察、设计、工程监理及其他有关单位的安全责任，施工单位的安全责任，监督管理，生产安全事故的应急救援和调查处理，法律责任，附则8章，共71条。

《安全生产管理条例》的立法目的是加强建设工程安全生产监督管理，保障人民群众生命和财产安全。

《建设工程质量管理条例》（以下简称《质量管理条例》）于2000年1月10日国务院第25次常务会议通过，自2000年1月30日起施行；依据2019年4月23日《国务院关于修改部分行政法规的决定》（国务院令第714号）第二次修订。《质量管理条例》包括总则，建设单位的质量责任和义务，勘察、设计单位的质量责任和义务，施工单位的质量责任和义务，工程监理单位的质量责任和义务，建设工程质量保修，监督管理，罚则，附则9章，共82条。

《质量管理条例》的立法目的是加强对建设工程质量的管理，保证建设工程质量，保护人民生命和财产安全。

1. 《安全生产管理条例》关于施工单位的安全责任的有关规定

（1）法规相关条文

《安全生产管理条例》关于施工单位的安全责任的条文是第20条～第38条。

（2）施工单位的安全责任

1）有关人员的安全责任

① 施工单位主要负责人

施工单位主要负责人不仅仅指法定代表人，而是指对施工单位全面负责、有生产经营决策权的人。

《安全生产管理条例》第21条规定：施工单位主要负责人依法对本单位的安全生产工作全面负责。具体包括：

A. 建立健全安全生产责任制度和安全生产教育培训制度；

B. 制定安全生产规章制度和操作规程；

C. 保证本单位安全生产条件所需资金的投入；

D. 对所承建的建设工程进行定期和专项安全检查，并做好安全检查记录。

② 施工单位的项目负责人

项目负责人主要指项目经理，在工程项目中处于中心地位。《安全生产管理条例》第21条规定：施工单位的项目负责人对建设工程项目的安全全面负责。鉴于项目负责人对安全生产的重要作用，该条同时规定施工单位的项目负责人应当由取得相应执业资格的人员担任。这里，"相应执业资格"目前指建造师执业资格。

根据《安全生产管理条例》第21条，项目负责人的安全责任主要包括：

A. 落实安全生产责任制度、安全生产规章制度和操作规程；

B. 确保安全生产费用的有效使用；

C. 根据工程的特点组织制定安全施工措施，消除安全事故隐患；

D. 及时、如实报告生产安全事故。

③ 专职安全生产管理人员

《安全生产管理条例》第23条规定：施工单位应当设立安全生产管理机构，配备专职安全生产管理人员。专职安全生产管理人员是指经建设主管部门或者其他有关部门安全生产考核合格，并取得安全生产考核合格证书在企业从事安全生产管理工作的专职人员，包括施工单位安全生产管理机构的负责人及其工作人员和施工现场专职安全生产管理人员。

专职安全生产管理人员的安全责任主要包括：对安全生产进行现场监督检查。发现安全事故隐患，应当及时向项目负责人和安全生产管理机构报告；对于违章指挥、违章操作的，应当立即制止。

2）总承包单位和分包单位的安全责任

《安全生产管理条例》第24条规定：建设工程实行施工总承包的，由总承包单位对施工现场的安全生产负总责。为了防止违法分包和转包等违法行为的发生，真正落实施工总承包单位的安全责任，该条进一步规定：总承包单位应当自行完成建设工程主体结构的施工。该条同时规定：总承包单位依法将建设工程分包给其他单位的，分包合同中应当明确各自的安全生产方面的权利、义务。总承包单位和分包单位对分包工程的安全生产承担连带责任。

但是，总承包单位与分包单位在安全生产方面的责任也不是固定不变的，需要视具体情况确定。《安全生产管理条例》第24条规定：分包单位应当服从总承包单位的安全生产管理，分包单位不服从管理导致生产安全事故的，由分包单位承担主要责任。

3）安全生产教育培训

① 管理人员的考核

《安全生产管理条例》第36条规定：施工单位的主要负责人、项目负责人、专职安全生产管理人员应当经建设行政主管部门或者其他有关部门考核合格后方可任职。

② 作业人员的安全生产教育培训

A. 日常培训

《安全生产管理条例》第36条规定：施工单位应当对管理人员和作业人员每年至少进行一次安全生产教育培训，其教育培训情况记录到个人工作档案。安全生产教育培训考核不合格的人员，不得上岗。

B. 新岗位培训

《安全生产管理条例》第37条对新岗位培训作了两方面规定。一是作业人员进入新的岗位或者新的施工现场前，应当接受安全生产教育培训。未经教育培训或者教育培训考核不合格的人员，不得上岗作业；二是施工单位在采用新技术、新工艺、新设备、新材料时，应当对作业人员进行相应的安全生产教育培训。

③ 特种作业人员的专门培训

《安全生产管理条例》第25条规定：垂直运输机械作业人员、安装拆卸工、爆破作业人员、起重信号工、登高架设作业人员等特种作业人员，必须按照国家有关规定经过专门的安全作业培训，并取得特种作业操作资格证书后，方可上岗作业。

4）施工单位应采取的安全措施

① 编制安全技术措施、施工现场临时用电方案和专项施工方案

《安全生产管理条例》第26条规定：施工单位应当在施工组织设计中编制安全技术措

施和施工现场临时用电方案。同时规定，对下列达到一定规模的危险性较大的分部分项工程编制专项施工方案，并附具安全验算结果，经施工单位技术负责人、总监理工程师签字后实施，由专职安全生产管理人员进行现场监督：

A. 基坑支护与降水工程；

B. 土方开挖工程；

C. 模板工程；

D. 起重吊装工程；

E. 脚手架工程；

F. 拆除、爆破工程；

G. 国务院建设行政主管部门或者其他有关部门规定的其他危险性较大的工程。

② 安全施工技术交底

施工前的安全施工技术交底的目的就是让所有的安全生产从业人员都对安全生产有所了解，最大限度避免安全事故的发生。因此，第 27 条规定：建设工程施工前，施工单位负责项目管理的技术人员应当对有关安全施工的技术要求向施工作业班组、作业人员作出详细说明，并由双方签字确认。

③ 施工现场安全警示标志的设置

《安全生产管理条例》第 28 条规定：施工单位应当在施工现场入口处、施工起重机械、临时用电设施、脚手架、出入通道口、楼梯口、电梯井口、孔洞口、桥梁口、隧道口、基坑边沿、爆破物及有害危险气体和液体存放处等危险部位，设置明显的安全警示标志。安全警示标志必须符合国家标准。

④ 施工现场的安全防护

《安全生产管理条例》第 28 条规定：施工单位应当根据不同施工阶段和周围环境及季节、气候的变化，在施工现场采取相应的安全施工措施。施工现场暂时停止施工的，施工单位应当做好现场防护，所需费用由责任方承担，或者按照合同约定执行。

⑤ 施工现场的布置应当符合安全和文明施工要求

《安全生产管理条例》第 29 条规定：施工单位应当将施工现场的办公、生活区与作业区分开设置，并保持安全距离；办公、生活区的选址应当符合安全性要求。职工的膳食、饮水、休息场所等应当符合卫生标准。施工单位不得在尚未竣工的建筑物内设置员工集体宿舍。

施工现场临时搭建的建筑物应当符合安全使用要求。施工现场使用的装配式活动房屋应当具有产品合格证。临时建筑物一般包括施工现场的办公用房、宿舍、食堂、仓库、卫生间等。

⑥ 对周边环境采取防护措施

《安全生产管理条例》第 30 条规定：施工单位对因建设工程施工可能造成损害的毗邻建筑物、构筑物和地下管线等，应当采取专项防护措施。施工单位应当遵守有关环境保护法律、法规的规定，在施工现场采取措施，防止或者减少粉尘、废气、废水、固体废物、噪声、振动和施工照明对人和环境的危害和污染。在城市市区内的建设工程，施工单位应当对施工现场实行封闭围挡。

⑦ 施工现场的消防安全措施

《安全生产管理条例》第 31 条规定：施工单位应当在施工现场建立消防安全责任制

度，确定消防安全责任人，制定用火、用电、使用易燃易爆材料等各项消防安全管理制度和操作规程，设置消防通道、消防水源，配备消防设施和灭火器材，并在施工现场入口处设置明显标志。

⑧ 安全防护设备管理

《安全生产管理条例》第33条规定：作业人员应当遵守安全施工的强制性标准、规章制度和操作规程，正确使用安全防护用具、机械设备等。

《安全生产管理条例》第34条规定：施工单位采购、租赁的安全防护用具、机械设备、施工机具及配件，应当具有生产（制造）许可证、产品合格证，并在进入施工现场前进行查验；施工现场的安全防护用具、机械设备、施工机具及配件必须由专人管理，定期进行检查、维修和保养，建立相应的资料档案，并按照国家有关规定及时报废。

⑨ 起重机械设备管理

《安全生产管理条例》第35条对起重机械设备管理作了如下规定：

A. 施工单位在使用施工起重机械和整体提升脚手架、模板等自升式架设设施前，应当组织有关单位进行验收，也可以委托具有相应资质的检验检测机构进行验收；使用承租的机械设备和施工机具及配件的，由施工总承包单位、分包单位、出租单位和安装单位共同进行验收。验收合格的方可使用。

B. 《特种设备安全监察条例》规定的施工起重机械，在验收前应当经有相应资质的检验检测机构监督检验合格。这里"作为特种设备的施工起重机械"是指涉及生命安全、危险性较大的起重机械。

C. 施工单位应当自施工起重机械和整体提升脚手架、模板等自升式架设设施验收合格之日起30日内，向建设行政主管部门或者其他有关部门登记。登记标志应当置于或者附着于该设备的显著位置。

⑩ 办理意外伤害保险

《安全生产管理条例》第38条规定：施工单位应当为施工现场从事危险作业的人员办理意外伤害保险。同时还规定：意外伤害保险费由施工单位支付。实行施工总承包的，由总承包单位支付意外伤害保险费。意外伤害保险期限自建设工程开工之日起至竣工验收合格止。

2. 《质量管理条例》关于施工单位的质量责任和义务的有关规定

（1）法规相关条文

《质量管理条例》关于施工单位的质量责任和义务的条文是第25条～第33条。

（2）施工单位的质量责任和义务

1）依法承揽工程

《质量管理条例》第25条规定：施工单位应当依法取得相应等级的资质证书，并在其资质等级许可的范围内承揽工程。

禁止施工单位超越本单位资质等级许可的业务范围或者以其他施工单位的名义承揽工程。禁止施工单位允许其他单位或者个人以本单位的名义承揽工程。施工单位不得转包或者违法分包工程。

2）建立质量保证体系

《质量管理条例》第26条规定：施工单位对建设工程的施工质量负责。施工单位应当建立质量责任制，确定工程项目的项目经理、技术负责人和施工管理负责人。

建设工程实行总承包的，总承包单位应当对全部建设工程质量负责；建设工程勘察、设计、施工、设备采购的一项或者多项实行总承包的，总承包单位应当对其承包的建设工程或者采购的设备的质量负责。

《质量管理条例》第27条规定：总承包单位依法将建设工程分包给其他单位的，分包单位应当按照分包合同的约定对其分包工程的质量向总承包单位负责，总承包单位与分包单位对分包工程的质量承担连带责任。

3）按图施工

《质量管理条例》第28条规定：施工单位必须按照工程设计图纸和施工技术标准施工，不得擅自修改工程设计，不得偷工减料。施工单位在施工过程中发现设计文件和图纸有差错的，应当及时提出意见和建议。

4）对建筑材料、构配件和设备进行检验的责任

《质量管理条例》第29条规定：施工单位必须按照工程设计要求、施工技术标准和合同约定，对建筑材料、建筑构配件、设备和商品混凝土进行检验，检验应当有书面记录和专人签字；未经检验或者检验不合格的，不得使用。

5）对施工质量进行检验的责任

《质量管理条例》第30条规定：施工单位必须建立、健全施工质量的检验制度，严格工序管理，做好隐蔽工程的质量检查和记录。隐蔽工程在隐蔽前，施工单位应当通知建设单位和建设工程质量监督机构。

6）见证取样

在工程施工过程中，为了控制工程施工质量，需要依据有关技术标准和规定的方法，对用于工程的材料和构件抽取一定数量的样品进行检测，并根据检测结果判断其所代表部位的质量。《质量管理条例》第31条规定：施工人员对涉及结构安全的试块、试件以及有关材料，应当在建设单位或者工程监理单位监督下现场取样，并送具有相应资质等级的质量检测单位进行检测。

7）保修

《质量管理条例》第32条规定：施工单位对施工中出现质量问题的建设工程或者竣工验收不合格的建设工程，应当负责返修。

在建设工程竣工验收合格前，施工单位应对质量问题履行返修义务；建设工程竣工验收合格后，施工单位应对保修期内出现的质量问题履行保修义务。《民法典》第801条对施工单位的返修义务也有相应规定：因施工人原因致使建设工程质量不符合约定的，发包人有权请求施工人在合理期限内无偿修理或者返工、改建。经过修理或者返工、改建后，造成逾期交付的，施工人应当承担违约责任。返修包括修理和返工。

（四）《中华人民共和国劳动法》《中华人民共和国劳动合同法》

《中华人民共和国劳动法》（以下简称《劳动法》）于1994年7月5日第八届全国人民

代表大会常务委员会第八次会议通过，自 1995 年 1 月 1 日起施行；根据 2018 年 12 月 29 日第十三届全国人民代表大会常务委员会第七次会议《关于修改〈中华人民共和国劳动法〉等七部法律的决定》第二次修改。

《劳动法》分为总则、促进就业、劳动合同和集体合同、工作时间和休息休假、工资、劳动安全卫生、女职工和未成年工特殊保护、职业培训、社会保险和福利、劳动争议、监督检查、法律责任、附则 13 章，共 107 条。

《劳动法》的立法目的是保护劳动者的合法权益，调整劳动关系，建立和维护适应社会主义市场经济的劳动制度，促进经济发展和社会进步。

《中华人民共和国劳动合同法》（以下简称《劳动合同法》）于 2007 年 6 月 29 日第十届全国人民代表大会常务委员会第二十八次会议通过，自 2008 年 1 月 1 日起施行；根据 2012 年 12 月 28 日第十一届全国人民代表大会第十三次会议《关于修改〈中华人民共和国劳动合同法〉的决定》修改，修改后的《劳动法》自 2013 年 7 月 1 日起实施。《劳动合同法》包括总则、劳动合同的订立、劳动合同的履行和变更、劳动合同的解除和终止、特别规定、监督检查、法律责任、附则 8 章，共 98 条。

《劳动合同法》的立法目的是完善劳动合同制度，明确劳动合同双方当事人的权利和义务，保护劳动者的合法权益，构建和发展和谐稳定的劳动关系。

《劳动合同法》在《劳动法》的基础上，对劳动合同的订立、履行、终止等内容作出了更为详尽的规定。

1. 《劳动法》《劳动合同法》关于劳动合同和集体合同的有关规定

（1）法规相关条文

《劳动法》关于劳动合同的条文是第 16 条～第 32 条，关于集体合同的条文是第 33 条～第 35 条。

《劳动合同法》关于劳动合同的条文是第 7 条～第 50 条，关于集体合同的条文是第 51 条～第 56 条。

（2）劳动合同、集体合同的概念

劳动合同是劳动者与用人单位确立劳动关系、明确双方权利和义务的协议。这里的劳动关系，是指劳动者与用人单位（包括各类企业、个体工商户、事业单位等）在实现劳动过程中建立的社会经济关系。

劳动合同分为固定期限劳动合同、无固定期限劳动合同和以完成一定工作任务为期限的劳动合同。固定期限劳动合同是指用人单位与劳动者约定合同终止时间的劳动合同。无固定期限劳动合同是指用人单位与劳动者约定无确定终止时间的劳动合同。以完成一定工作任务为期限的劳动合同是指用人单位与劳动者约定以某项工作的完成为合同期限的劳动合同。

集体合同又称集体协议、团体协议等，是指企业职工一方与企业（用人单位）就劳动报酬、工作时间、休息休假、劳动安全卫生、保险福利等事项，依据有关法律法规，通过平等协商达成的书面协议。集体合同实际上是一种特殊的劳动合同。

（3）劳动合同的订立

1）劳动合同当事人

《劳动法》第 16 条规定，劳动合同的当事人为用人单位和劳动者。

《中华人民共和国劳动合同法实施条例》(以下简称《劳动合同法实施条例》)进一步规定:劳动合同法规定的用人单位设立的分支机构,依法取得营业执照或者登记证书的,可以作为用人单位与劳动者订立劳动合同;未依法取得营业执照或者登记证书的,受用人单位委托可以与劳动者订立劳动合同。

2)劳动合同的类型

劳动合同分为以下三种类型:一是固定期限劳动合同,即用人单位与劳动者约定合同终止时间的劳动合同;二是以完成一定工作任务为期限的劳动合同,即用人单位与劳动者约定以某项工作的完成为合同期限的劳动合同;三是无固定期限劳动合同,即用人单位与劳动者约定无明确终止时间的劳动合同。

有下列情形之一,劳动者提出或者同意续订、订立劳动合同的,除劳动者提出订立固定期限劳动合同外,应当订立无固定期限劳动合同:

① 劳动者在该用人单位连续工作满10年的;

② 用人单位初次实行劳动合同制度或者国有企业改制重新订立劳动合同时,劳动者在该用人单位连续工作满10年且距法定退休年龄不足10年的;

③ 连续订立两次固定期限劳动合同,且劳动者没有《劳动合同法》第39条(即用人单位可以解除劳动合同的条件)和第40条第1款、第2款规定(即劳动者患病或者非因工负伤,在规定的医疗期满后不能从事原工作,也不能从事由用人单位另行安排的工作的;劳动者不能胜任工作,经过培训或者调整工作岗位,仍不能胜任工作的)的情形,续订劳动合同的。

若劳动者依据此处的规定提出订立无固定期限劳动合同的,用人单位应当与其订立无固定期限劳动合同。对劳动合同的内容,双方应当按照合法、公平、平等自愿、协商一致、诚实信用的原则协商确定。

劳动者非因本人原因从原用人单位被安排到新用人单位工作的,劳动者在原用人单位的工作年限合并计算为新用人单位的工作年限。原用人单位已经向劳动者支付经济补偿的,新用人单位在依法解除、终止劳动合同计算支付经济补偿的工作年限时,不再计算劳动者在原用人单位的工作年限。

3)订立劳动合同的时间限制

《劳动合同法》第10条规定:建立劳动关系,应当订立书面劳动合同。已建立劳动关系,未同时订立书面劳动合同的,应当自用工之日起一个月内订立书面劳动合同。用人单位与劳动者在用工前订立劳动合同的,劳动关系自用工之日起建立。

因劳动者的原因未能订立劳动合同的,《劳动合同法实施条例》第5条规定:自用工之日起一个月内,经用人单位书面通知后,劳动者不与用人单位订立书面劳动合同的,用人单位应当书面通知劳动者终止劳动关系,无需向劳动者支付经济补偿,但是应当依法向劳动者支付其实际工作时间的劳动报酬。

因用人单位的原因未能订立劳动合同的,《劳动合同法实施条例》第6条规定:用人单位自用工之日起超过一个月不满一年未与劳动者订立书面劳动合同的,应当依照《劳动合同法》第82条的规定向劳动者每月支付两倍的工资,并与劳动者补订书面劳动合同;劳动者不与用人单位订立书面劳动合同的,用人单位应当书面通知劳动者终止劳动关系,并依照《劳动合同法》第47条的规定支付经济补偿。

4）劳动合同的生效

劳动合同由用人单位与劳动者协商一致，并经用人单位与劳动者在劳动合同文本上签字或者盖章生效。

劳动合同文本由用人单位和劳动者各执一份。

（4）劳动合同的条款

《劳动合同法》第 17 条规定：劳动合同应当具备以下条款：

1）用人单位的名称、住所和法定代表人或者主要负责人；

2）劳动者的姓名、住址和居民身份证或者其他有效身份证件号码；

3）劳动合同期限；

4）工作内容和工作地点；

5）工作时间和休息休假；

6）劳动报酬；

7）社会保险；

8）劳动保护、劳动条件和职业危害防护；

9）法律、法规规定应当纳入劳动合同的其他事项。

劳动合同除前款规定的必备条款外，用人单位与劳动者可以约定试用期、培训、保守秘密、补充保险和福利待遇等其他事项。

《劳动合同法》第 18 条规定：劳动合同对劳动报酬和劳动条件等标准约定不明确，引发争议的，用人单位与劳动者可以重新协商；协商不成的，适用集体合同规定；没有集体合同或者集体合同未规定劳动报酬的，实行同工同酬；没有集体合同或者集体合同未规定劳动条件等标准的，适用国家有关规定。

（5）试用期

1）试用期的最长时间

《劳动法》第 21 条规定：试用期最长不得超过 6 个月。

《劳动合同法》第 19 条进一步明确：劳动合同期限 3 个月以上未满 1 年的，试用期不得超过 1 个月；劳动合同期限 1 年以上不满 3 年的，试用期不得超过 2 个月；3 年以上固定期限和无固定期限的劳动合同，试用期不得超过 6 个月。

2）试用期的次数限制

《劳动合同法》第 19 条规定：同一用人单位与同一劳动者只能约定一次试用期。

以完成一定工作任务为期限的劳动合同或者劳动合同期限不满 3 个月的，不得约定试用期。

试用期包含在劳动合同期限内。劳动合同仅约定试用期的，试用期不成立，该期限为劳动合同期限。

3）试用期内的最低工资

《劳动合同法》第 20 条规定：劳动者在试用期的工资不得低于本单位相同岗位最低档工资或者劳动合同约定工资的 80%，并不得低于用人单位所在地的最低工资标准。

《劳动合同法实施条例》对此作进一步明确：劳动者在试用期的工资不得低于本单位相同岗位最低档工资的 80% 或者不得低于劳动合同约定工资的 80%，并不得低于用人单位所在地的最低工资标准。

4）试用期内合同解除条件的限制

《劳动合同法》第 21 条规定：在试用期中，除劳动者有《劳动合同法》第 39 条（即用人单位可以解除劳动合同的条件）和第 40 条第 1 款、第 2 款（即劳动者患病或者非因工负伤，在规定的医疗期满后不能从事原工作，也不能从事由用人单位另行安排的工作的；劳动者不能胜任工作，经过培训或者调整工作岗位，仍不能胜任工作的）规定的情形外，用人单位不得解除劳动合同。用人单位在试用期解除劳动合同的，应当向劳动者说明理由。

（6）劳动合同的无效

《劳动合同法》第 26 条规定：下列劳动合同无效或者部分无效：

1）以欺诈、胁迫的手段或者乘人之危，使对方在违背真实意思的情况下订立或者变更劳动合同的；

2）用人单位免除自己的法定责任、排除劳动者权利的；

3）违反法律、行政法规强制性规定的。

对劳动合同的无效或者部分无效有争议的，由劳动争议仲裁机构或者人民法院确认。

劳动合同部分无效，不影响其他部分效力的，其他部分仍然有效。

劳动合同被确认无效，劳动者已付出劳动的，用人单位应当向劳动者支付劳动报酬。劳动报酬的数额，参照本单位相同或者相近岗位劳动者的劳动报酬确定。

（7）劳动合同的变更

用人单位变更名称、法定代表人、主要负责人或者投资人等事项，不影响劳动合同的履行。

用人单位发生合并或者分立等情况，原劳动合同继续有效，劳动合同由承继其权利和义务的用人单位继续履行。

用人单位与劳动者协商一致，可以变更劳动合同约定的内容。变更劳动合同，应当采用书面形式。

变更后的劳动合同文本由用人单位和劳动者各执一份。

（8）劳动合同的解除

用人单位与劳动者协商一致，可以解除劳动合同。用人单位向劳动者提出解除劳动合同并与劳动者协商一致解除劳动合同的，用人单位应当向劳动者给予经济补偿。

劳动者提前 30 日以书面形式通知用人单位，可以解除劳动合同。劳动者在试用期内提前 3 日通知用人单位，可以解除劳动合同。

1）劳动者解除劳动合同的情形

《劳动合同法》第 38 条规定：用人单位有下列情形之一的，劳动者可以解除劳动合同，用人单位应当向劳动者支付经济补偿：

① 未按照劳动合同约定提供劳动保护或者劳动条件的；

② 未及时足额支付劳动报酬的；

③ 未依法为劳动者缴纳社会保险费的；

④ 用人单位的规章制度违反法律、法规的规定，损害劳动者权益的；

⑤ 因《劳动合同法》第 26 条第 1 款（即以欺诈、胁迫的手段或者乘人之危，使对方在违背真实意思的情况下订立或者变更劳动合同的）规定的情形致使劳动合同无效的；

⑥ 法律、行政法规规定劳动者可以解除劳动合同的其他情形。

用人单位以暴力、威胁或者非法限制人身自由的手段强迫劳动者劳动的，或者用人单位违章指挥、强令冒险作业危及劳动者人身安全的，劳动者可以立即解除劳动合同，不需事先告知用人单位。

2）用人单位可以解除劳动合同的情形

除用人单位与劳动者协商一致，用人单位可以与劳动者解除合同外，如遇下列情形，用人单位也可以与劳动者解除合同。

① 随时解除

《劳动合同法》第 39 条规定：劳动者有下列情形之一的，用人单位可以解除劳动合同：

A. 在试用期间被证明不符合录用条件的；

B. 严重违反用人单位的规章制度的；

C. 严重失职，营私舞弊，给用人单位造成重大损害的；

D. 劳动者同时与其他用人单位建立劳动关系，对完成本单位的工作任务造成严重影响，或者经用人单位提出，拒不改正的；

E. 因《劳动合同法》第 26 条第 1 款第 1 项（即以欺诈、胁迫的手段或者乘人之危，使对方在违背真实意思的情况下订立或者变更劳动合同的）规定的情形致使劳动合同无效的；

F. 被依法追究刑事责任的。

② 预告解除

《劳动合同法》第 40 条规定：有下列情形之一的，用人单位提前 30 日以书面形式通知劳动者本人或者额外支付劳动者 1 个月工资后，可以解除劳动合同，用人单位应当向劳动者支付经济补偿：

A. 劳动者患病或者非因工负伤，在规定的医疗期满后不能从事原工作，也不能从事由用人单位另行安排的工作的；

B. 劳动者不能胜任工作，经过培训或者调整工作岗位，仍不能胜任工作的；

C. 劳动合同订立时所依据的客观情况发生重大变化，致使劳动合同无法履行，经用人单位与劳动者协商，未能就变更劳动合同内容达成协议的。

用人单位依照此规定，选择额外支付劳动者 1 个月工资解除劳动合同的，其额外支付的工资应当按照该劳动者上 1 个月的工资标准确定。

③ 经济性裁员

《劳动合同法》第 41 条规定：有下列情形之一，需要裁减人员 20 人以上或者裁减不足 20 人但占企业职工总数 10％以上的，用人单位提前 30 日向工会或者全体职工说明情况，听取工会或者职工的意见后，裁减人员方案经向劳动行政部门报告，可以裁减人员，用人单位应当向劳动者支付经济补偿：

A. 依照企业破产法规定进行重整的；

B. 生产经营发生严重困难的；

C. 企业转产、重大技术革新或者经营方式调整，经变更劳动合同后，仍需裁减人员的；

D. 其他因劳动合同订立时所依据的客观经济情况发生重大变化，致使劳动合同无法履行的。

④ 用人单位不得解除劳动合同的情形

《劳动合同法》第 42 条规定：劳动者有下列情形之一的，用人单位不得依照本法第 40 条、第 41 条的规定解除劳动合同：

A. 从事接触职业病危害作业的劳动者未进行离岗前职业健康检查，或者疑似职业病病人在诊断或者医学观察期间的；

B. 在本单位患职业病或者因工负伤并被确认丧失或者部分丧失劳动能力的；

C. 患病或者非因工负伤，在规定的医疗期内的；

D. 女职工在孕期、产期、哺乳期的；

E. 在本单位连续工作满 15 年，且距法定退休年龄不足 5 年的；

F. 法律、行政法规规定的其他情形。

（9）劳动合同终止

《劳动合同法》第 44 条规定：有下列情形之一的，劳动合同终止。用人单位与劳动者不得在劳动合同法规定的劳动合同终止情形之外约定其他的劳动合同终止条件：

1）劳动者达到法定退休年龄的，劳动合同终止；

2）劳动合同期满的。除用人单位维持或者提高劳动合同约定条件续订劳动合同，劳动者不同意续订的情形外，依照本项规定终止固定期限劳动合同的，用人单位应当向劳动者支付经济补偿；

3）劳动者开始依法享受基本养老保险待遇的；

4）劳动者死亡，或者被人民法院宣告死亡或者宣告失踪的；

5）用人单位被依法宣告破产的。依照本项规定终止劳动合同的，用人单位应当向劳动者支付经济补偿；

6）用人单位被吊销营业执照、责令关闭、撤销或者用人单位决定提前解散的。依照本项规定终止劳动合同的，用人单位应当向劳动者支付经济补偿；

7）法律、行政法规规定的其他情形。

（10）集体合同的内容与订立

集体合同的主要内容包括劳动报酬、工作时间、休息休假、劳动安全卫生、保险福利等事项，也可以就劳动安全卫生、女职工权益保护、工资调整机制等事项订立专项集体合同。

集体合同由工会代表职工与企业（用人单位）签订；没有建立工会的企业（用人单位），由职工推举的代表与企业（用人单位）签订。

（11）集体合同的效力

依法签订的集体合同对企业和企业全体职工具有约束力。职工个人与企业订立的劳动合同中劳动条件和劳动报酬等标准不得低于集体合同的规定。

（12）集体合同争议的处理

用人单位违反集体合同，侵犯职工劳动权益的，工会可以依法要求用人单位承担责任。因履行集体合同发生争议，经协商解决不成的，工会或职工协商代表可以自劳动争议发生之日起 1 年内向劳动争议仲裁委员会申请劳动仲裁；对劳动仲裁结果不服的，可以自收到仲裁裁决书之日起 15 日内向人民法院提起诉讼。

2. 《劳动法》关于劳动安全卫生的有关规定

（1）法规相关条文

《劳动法》关于劳动安全卫生的条文是第 52 条～第 57 条。

（2）劳动安全卫生

劳动安全卫生又称劳动保护，是指直接保护劳动者在劳动中的安全和健康的法律保护。

根据《劳动法》的有关规定，用人单位和劳动者应当遵守如下有关劳动安全卫生的法律规定：

1）用人单位必须建立、健全劳动安全卫生制度，严格执行国家劳动安全卫生规程和标准，对劳动者进行劳动安全卫生教育，防止劳动过程中的事故，减少职业危害。

2）劳动安全卫生设施必须符合国家规定的标准。

新建、改建、扩建工程的劳动安全卫生设施必须与主体工程同时设计、同时施工、同时投入生产和使用。

3）用人单位必须为劳动者提供符合国家规定的劳动安全卫生条件和必要的劳动防护用品，对从事有职业危害作业的劳动者应当定期进行健康检查。

4）从事特种作业的劳动者必须经过专门培训并取得特种作业资格。

5）劳动者在劳动过程中必须严格遵守安全操作规程。劳动者对用人单位管理人员违章指挥、强令冒险作业，有权拒绝执行；对危害生命安全和身体健康的行为，有权提出批评、检举和控告。

二、建筑装饰材料

建筑装饰材料是土木工程材料的一个分支，属于建筑功能材料，又称为饰面材料。其主要功能是装饰建筑物，同时还兼顾对建筑物的保护作用。它在整个建筑材料中占有重要的地位。一般在普通建筑物中，装饰材料的费用占其总建筑材料成本的50％左右；在豪华型建筑中，装饰材料的费用占到70％以上。

装饰材料品种繁多，常见的分类方法有以下几种。

按材料的材质，装饰材料可分为无机材料、有机材料和有机-无机复合材料。无机材料主要为石材、陶瓷、玻璃、不锈钢、铝型材、水泥等装饰材料；有机材料主要为建筑塑料、有机涂料等装饰材料；有机-无机复合材料主要有人造大理石、彩色涂层钢板、铝塑板、真石漆等装饰材料。

按材料在建筑物中的装饰部位，装饰材料可分为外墙装饰材料、内墙装饰材料、地面装饰材料、顶棚装饰材料、屋面装饰材料等。

（一）无机胶凝材料

1. 无机胶凝材料的分类及其特性

胶凝材料也称为胶结材料，是用来把块状、颗粒状或纤维状材料粘结为整体的材料。建筑上使用的胶凝材料，按照化学成分的不同可分为有机胶凝材料和无机胶凝材料两大类。无机胶凝材料也称矿物胶凝材料，其主要成分是无机化合物，如水泥、石膏、石灰等均属无机胶凝材料。有机胶凝材料以高分子化合物为基本成分，如沥青、树脂等均属有机胶凝材料。

按照硬化条件的不同，无机胶凝材料分为气硬性胶凝材料和水硬性胶凝材料两类。前者如石灰、石膏、水玻璃等，后者如水泥。

气硬性胶凝材料只能在空气中凝结、硬化、保持和发展强度，一般只适用于干燥环境，不宜用于潮湿环境与水中。

水硬性胶凝材料既能在空气中硬化，也能在水中凝结、硬化、保持和发展强度，既适用于干燥环境，又适用于潮湿环境与水中工程。

2. 通用水泥的品种、主要技术性质及应用

水泥是一种加水拌合成塑性浆体，通过水化逐渐凝固、硬化，能胶结砂、石等固体材料，并能在空气和水中硬化的粉状水硬性胶凝材料。

水泥的品种很多。按其矿物组成可分为硅酸盐水泥、铝酸盐水泥、硫铝酸盐水泥、氟铝酸盐水泥、铁铝酸盐水泥以及少熟料或无熟料水泥等。按其用途和性能可分为通用水泥、专用水泥以及特性水泥三大类。用于一般土木建筑工程的水泥为通用水泥，包括硅酸盐水泥、普通硅酸盐水泥、矿渣硅酸盐水泥、火山灰质硅酸盐水泥、粉煤灰硅酸盐水泥和

复合硅酸盐水泥等。适应专门用途的水泥称为专用水泥，如砌筑水泥、道路水泥、油井水泥等。某种性能比较突出的水泥称为特性水泥，如白色硅酸盐水泥、快硬硅酸盐水泥、抗硫酸盐硅酸盐水泥、膨胀水泥等。

（1）通用水泥的品种、特性及应用

通用水泥即通用硅酸盐水泥的简称，是以硅酸盐水泥熟料和适量的石膏，以及规定的混合材料制成的水硬性胶凝材料。通用水泥的品种、特性及应用范围见表2-1。

通用水泥的特性及适用范围　　表2-1

名称	硅酸盐水泥	普通硅酸盐水泥	矿渣硅酸盐水泥	火山灰质硅酸盐水泥	粉煤灰硅酸盐水泥	复合硅酸盐水泥
主要特性	1. 早期强度高； 2. 水化热高； 3. 抗冻性好； 4. 耐热性差； 5. 耐腐蚀性差； 6. 干缩小； 7. 抗碳化性好	1. 早期强度较高； 2. 水化热较高； 3. 抗冻性较好； 4. 耐热性较差； 5. 耐腐蚀性较差； 6. 干缩性较小； 7. 抗碳化性较好	1. 早期强度低，后期强度高； 2. 水化热较低； 3. 抗冻性较差； 4. 耐热性较好； 5. 耐腐蚀性好； 6. 干缩性较大； 7. 抗碳化性较差； 8. 抗渗性差	1. 早期强度低，后期强度高； 2. 水化热较低； 3. 抗冻性较差； 4. 耐热性较差； 5. 耐腐蚀性好； 6. 干缩性大； 7. 抗碳化性较差； 8. 抗渗性好	1. 早期强度低，后期强度高； 2. 水化热较低； 3. 抗冻性较差； 4. 耐热性较差； 5. 耐腐蚀性好； 6. 干缩性小； 7. 抗碳化性较差； 8. 抗裂性好	1. 早期强度稍低； 2. 其他性能同矿渣硅酸盐水泥
适用范围	1. 高强混凝土及预应力混凝土工程； 2. 早期强度要求高的工程及冬季施工的工程； 3. 严寒地区遭受反复冻融作用的混凝土工程	与硅酸盐水泥基本相同	1. 大体积混凝土工程； 2. 高温车间和有耐热要求的混凝土结构； 3. 蒸汽养护的构件； 4. 耐腐蚀要求高的混凝土工程	1. 地下、水中大体积混凝土结构； 2. 有抗渗要求的工程； 3. 蒸汽养护的构件； 4. 耐腐蚀要求高的混凝土工程	1. 地上、地下及水中大体积混凝土结构； 2. 蒸汽养护的构件； 3. 抗裂性要求较高的构件； 4. 耐腐蚀要求高的混凝土工程	可参照矿渣硅酸盐水泥、火山灰质硅酸盐水泥、粉煤灰硅酸盐水泥，但其性能受所用混合材料性能的影响，所以使用时应针对工程的性质加以选用
不适用范围	1. 大体积混凝土工程； 2. 受化学及海水侵蚀的工程； 3. 耐热混凝土工程	与硅酸盐水泥基本相同	1. 早期强度要求较高的混凝土工程； 2. 有抗冻要求的混凝土工程	1. 早期强度要求较高的混凝土工程； 2. 有抗冻要求的混凝土工程； 3. 干燥环境中的混凝土工程； 4. 耐磨性要求高的混凝土工程	1. 早期强度要求较高的混凝土工程； 2. 有抗冻要求的混凝土工程； 3. 干燥环境中的混凝土工程； 4. 耐磨性要求较高的混凝土工程	可参照矿渣硅酸盐水泥、火山灰质硅酸盐水泥、粉煤灰硅酸盐水泥，但其性能受所用混合材料性能的影响，所以使用时应针对工程的性质加以选用

（2）通用水泥的主要技术性质

1）细度

细度是指水泥颗粒粗细的程度，它是影响水泥需水量、凝结时间、强度和安定性能的重要指标。颗粒越细，与水反应的表面积越大，因而水化反应的速度越快，水泥石的早期强度越高，但硬化体的收缩也越大，且水泥在储运过程中易受潮而降低活性。因此，水泥细度应适当。硅酸盐水泥的细度用透气式比表面仪测定。现行国家标准《通用硅酸盐水泥》GB 175 规定，硅酸盐水泥的比表面积应不小于 $300m^2/kg$、不大于 $400m^2/kg$；其余品种通用水泥的 $45\mu m$ 方孔筛筛余应不小于 5%。

2）标准稠度及其用水量

在测定水泥凝结时间、体积安定性等性能时，为使所测结果有准确的可比性，规定在试验时所使用的水泥净浆必须以标准方法（按现行标准《水泥标准稠度用水量、凝结时间、安定性检验方法》GB/T 1346 规定）测试，并达到统一规定的浆体可塑性程度（标准稠度）。水泥净浆标准稠度用水量，是指拌制水泥净浆时为达到标准稠度所需的加水量，它以水与水泥质量之比的百分数表示。

3）凝结时间

水泥从加水开始到失去流动性所需的时间称为凝结时间，分为初凝时间和终凝时间。初凝时间为水泥从开始加水拌合起至水泥浆开始失去可塑性所需的时间；终凝时间是从水泥开始加水拌合起至水泥浆完全失去可塑性，并开始产生强度所需的时间。水泥的凝结时间对施工有重大意义。初凝过早，施工时没有足够的时间完成混凝土或砂浆的搅拌、运输、浇捣和砌筑等操作；水泥的终凝过迟，则会拖延施工工期。国家标准规定：硅酸盐水泥初凝时间不得早于 45min，终凝时间不得迟于 390min；其他品种通用水泥初凝时间不得早于 45min，终凝时间不得迟于 600min。

4）体积安定性

水泥体积安定性是指水泥浆体硬化后体积变化的稳定性。安定性不良的水泥，在浆体硬化过程中或硬化后产生不均匀的体积膨胀，并引起开裂。水泥安定性不良的主要原因是熟料中含有过量的游离氧化钙、游离氧化镁或研磨时掺入的石膏过多。国家标准规定，水泥熟料中游离氧化镁含量不得超过 6.0%（P·S·B 水泥不作要求）；三氧化硫含量、矿渣水泥不得越过 4.0%，其余不得超过 3.5%。体积安定性不合格的水泥为废品，不能用于工程中。

5）水泥的强度与等级

水泥强度是表征水泥力学性能的重要指标，它与水泥的矿物组成、水泥细度、水灰比大小、水化龄期和环境温度等密切相关。水泥强度按现行标准《水泥胶砂强度检验方法（ISO 法）》GB/T 17671 的规定制作试块、养护并测定其抗压和抗折强度值，并据此评定水泥强度等级。

6）水化热

水化热是指水泥和水之间发生化学反应放出的热量，通常以焦耳/千克（J/kg）表示。

水泥水化放出的热量以及放热速度，主要决定于水泥的矿物组成和细度。熟料矿物中铝酸三钙和硅酸三钙的含量越高，颗粒越细，则水化热越大。这对一般建筑的冬期施工是有利的，但对于大体积混凝土工程是有害的。为了避免由于温度应力引起水泥石的开裂，在大体积混凝土工程施工中，不宜采用硅酸盐水泥，而应采用水化热低的水泥，如矿渣水泥等。水化热的数值可根据国家标准规定的方法测定。

通用水泥的主要技术性能见表 2-2。

通用水泥的主要技术性能 表 2-2

性能 \ 品种	硅酸盐水泥	普通硅酸盐水泥	矿渣硅酸盐水泥	火山灰质硅酸盐水泥	粉煤灰硅酸盐水泥	复合硅酸盐水泥
密度（g/cm³）	3.0～3.15		2.8～3.1			
堆积密度（kg/m³）	1000～1600		1000～1200	900～1000		1000～1200
细度	比表面积 ≥300m²/kg、 ≤400m²/kg	45μm 方孔筛筛余≥5%。当有特殊要求时，由买卖双方协商解决				
凝结时间 初凝	≥45min					
凝结时间 终凝	≤390min	≤600min				
体积安定性 安定性	煮沸法检验合格，压蒸安定性合格					
体积安定性 MgO（质量分数）	≤6.0%（矿渣硅酸盐水泥 P·S·B 不作要求）					
体积安定性 SO₃（质量分数）	≤3.5%		≤4.0%	≤3.5%		
体积安定性 氯离子	≤0.1%。当有更低要求时，由买卖双方协商解决					
碱含量	水泥中碱含量按 NaO＋0.685K₂O 计算值表示。当用户要求提供低碱含量时，由买卖双方协商解决					
强度等级	42.5、42.5R、52.5、52.5R、62.5、62.5R		32.5、32.5R、42.5、42.5R、52.5、52.5R			42.5、42.5R、52.5、52.5R

注：R 表示早强型。

3. 装饰工程常用特性水泥的品种、特性及应用

特性水泥的品种很多，以下仅介绍建筑装修工程中常用的白色硅酸盐水泥和彩色硅酸盐水泥。

白色硅酸盐水泥简称白水泥，是以白色硅酸盐水泥熟料，加入适量石膏，经磨细制成的水硬性胶凝材料。

彩色硅酸盐水泥简称彩色水泥，按生产方法分为两类。一类是在白水泥的生料中加入少量金属氧化物，直接烧成彩色水泥熟料，然后再加适量石膏磨细而成。另一类为白水泥熟料、适量石膏及碱性颜料共同磨细而成。

白水泥和彩色水泥主要用于建筑物内外的装饰，如地面、楼面、墙面、柱面、台阶等；建筑立面的线条、装饰图案、雕塑等。配以大理石、白云石石子和石英砂作为粗细骨料，可以拌制成彩色砂浆和混凝土，做成彩色水磨石、水刷石等。

（二）砂浆

1. 砌筑砂浆的种类、组成材料及主要技术性质

（1）砌筑砂浆的分类

将砖、石、砌块等块材经砌筑成为砌体，起粘结、衬垫和传力作用的砂浆称为砌筑砂浆，它由胶凝材料、细骨料、掺加料和水配制而成。

根据所用胶凝材料的不同，砌筑砂浆可分为水泥砂浆、石灰砂浆和混合砂浆（包括水泥石灰砂浆、水泥黏土砂浆、石灰黏土砂浆、石灰粉煤灰砂浆等）等。

水泥砂浆强度高、耐久性和耐水性好，但其流动性和保水性差，施工相对较困难，常用于地下结构或经常受水侵蚀的砌体部位。

混合砂浆强度较高，且耐久性、流动性和保水性均较好，便于施工，容易保证施工质量，但不能用于地下结构或经常受水侵蚀的砌体部位。

石灰砂浆强度较低，耐久性差，但流动性和保水性较好，可用于砌筑较干燥环境下的砌体。

（2）砌筑砂浆的组成材料及其技术要求

1）胶凝材料

砌筑砂浆主要的胶凝材料是水泥，常用的水泥种类有普通水泥、矿渣水泥、火山灰水泥、粉煤灰水泥和砌筑水泥等。砌筑砂浆用水泥的强度等级应根据砂浆品种及强度等级的要求进行选择。M15 及以下强度等级的砌筑砂浆宜选用 32.5 级通用硅酸盐水泥或砌筑水泥；M15 以上强度等级的砌筑砂浆宜选用 42.5 级通用硅酸盐水泥。

2）细骨料

砌筑砂浆常用的细骨料为普通砂。除毛石砌体宜选用粗砂外，其他一般宜选用中砂。砂的含泥量不应超过 5%。

3）水

拌合砂浆用水应符合现行行业标准《混凝土用水标准》JGJ 63 的规定。应选用不含有害杂质的洁净水来拌制砂浆。

4）掺加料

为了改善砂浆的和易性和节约水泥，可在砂浆中加入一些无机掺加料，如石灰膏、电石膏、粉煤灰等。

生石灰熟化成石灰膏时，应用孔径不大于 3mm×3mm 的网过滤，熟化时间不得少于 7d；磨细生石灰粉的熟化时间不得少于 2d。沉淀池中贮存的石灰膏，应采取防止干燥、冻结和污染的措施。严禁使用脱水硬化的石灰膏。

制作电石膏的电石渣应用孔径不大于 3mm×3mm 的网过滤，检验时应加热至 70℃并保持 20min，没有乙炔气味后，方可使用。

消石灰粉不得直接用于砌筑砂浆中。

石灰膏和电石膏试配时的稠度，应为 120mm±5mm。

粉煤灰的品质指标应符合现行标准《用于水泥和混凝土中的粉煤灰》GB/T 1596 的

规定。

5）外加剂

为了使砂浆具有良好的和易性及其他施工性能，可在砂浆中掺入某些外加剂，如有机塑化剂、引气剂、早强剂、缓凝剂、防冻剂等。

（3）砌筑砂浆的主要技术性质

砌筑砂浆的技术性质主要包括新拌砂浆的密度、和易性，硬化砂浆的强度和对基面的粘结力、抗冻性、收缩值等指标。下面只介绍新拌砂浆的和易性和硬化砂浆的强度。

1）新拌砂浆的和易性

新拌砂浆的和易性是指砂浆易于施工并能保证质量的综合性质。和易性好的砂浆不仅在运输和施工过程中不易产生分层、离析、泌水，而且能在粗糙的砖、石基面上铺成均匀的薄层，与基层保持良好的粘结，便于施工操作。和易性包括流动性和保水性两个方面。

砂浆的流动性（又称稠度），是指砂浆在自重或外力作用下产生流动的性能。流动性的大小用"沉入度"表示，通常用砂浆稠度测定仪测定。

砂浆流动性的选择与砌体种类、施工方法及天气情况有关。流动性过大，砂浆太稀，不仅铺砌困难，而且硬化后强度降低；流动性过小，砂浆太稠，难于铺平。

砂浆保水性是指新拌砂浆能够保持内部水分不泌出流失的能力。保水性良好的砂浆水分不易流失，易于摊铺成均匀密实的砂浆层；反之，保水性差的砂浆，在施工过程中容易泌水、分层离析，使流动性变差；同时由于水分易被砌体吸收，影响胶凝材料的正常硬化，从而降低砂浆的粘结强度。砂浆的保水性用保水率（％）表示。

2）硬化砂浆的强度

砂浆的强度是以三个 70.7mm×70.7mm×70.7mm 的立方体试块，在标准条件下养护 28d 后，用标准方法测得的抗压强度（MPa）算术平均值来评定的。

砂浆的强度等级分为 M5、M7.5、M10、M15、M20、M25、M30 七个等级。

2. 普通抹面砂浆、装饰砂浆的特性及应用

抹面砂浆也称抹灰砂浆，是指涂抹在建筑物或建筑构件表面的砂浆。它既可以保护墙体不受风雨、潮气等侵蚀，提高墙体的耐久性；同时也使建筑表面平整、光滑、清洁美观。

按使用要求不同，抹面砂浆可以分为普通抹面砂浆、装饰砂浆和具有特殊功能的抹面砂浆（如防水砂浆、耐酸砂浆、绝热砂浆、吸声砂浆等）。下面只介绍普通抹面砂浆和装饰砂浆。

（1）普通抹面砂浆

常用的普通抹面砂浆有水泥砂浆、水泥石灰砂浆、水泥粉煤灰砂浆、掺塑化剂水泥砂浆、聚合物水泥砂浆、石膏砂浆。

为了保证抹灰表面的平整，避免开裂和脱落，抹面砂浆通常分为底层、中层和面层。各层抹面的作用和要求不同，每层所用的砂浆性质也应各不相同。各层所使用的材料和配合比及施工做法应视基层材料品种、部位及气候环境而定。

为了便于涂抹，普通抹面砂浆要求比砌筑砂浆具有更好的和易性，因此胶凝材料（包括掺合料）的用量比砌筑砂浆的多一些。普通抹面砂浆的流动性和砂子的最大粒径可参考表 2-3，配合比可参考表 2-4。

普通抹面砂浆的流动性（稠度）和砂子的最大粒径参考值   表 2-3

抹面层	稠度（mm）	砂的最大粒径（mm）
底层	90～110	2.5
中层	70～90	2.5
面层	70～80	1.2

普通抹面砂浆配合比参考值   表 2-4

材料	配合比（体积比）范围	应用范围
石灰∶砂	1∶4～1∶2	用于砖石墙表面（檐口、勒脚、女儿墙以及潮湿房间的墙除外）
石灰∶石膏∶砂	1∶0.4∶2～1∶1∶3	干燥环境墙表面
石灰∶石膏∶砂	1∶2∶2～1∶2∶4	用于不潮湿房间的线脚及其他装饰工程
石灰∶水泥∶砂	1∶0.5∶4.5～1∶1∶5	用于檐口、勒脚、女儿墙以及比较潮湿的部位
水泥∶砂	1∶3～1∶2.5	用于浴室、潮湿车间等墙裙、勒脚或地面基层
水泥∶砂	1∶2～1∶1.5	用于地面、顶棚或墙面面层
水泥∶石膏∶砂∶锯末	1∶1∶3∶5	用于吸声粉刷
水泥∶白石子	1∶2～1∶1	用于水磨石（打底用1∶2.5水泥砂浆）
水泥∶白石子	1∶1.5	用于剁假石（打底用1∶2.5水泥砂浆）
纸筋∶白灰浆	纸筋0.36kg∶灰膏0.1m³	较高级墙板、顶棚

（2）装饰砂浆

涂抹在建筑物内外墙表面，以增加建筑物美观效果的砂浆称为装饰砂浆。

装饰砂浆与普通抹面砂浆的主要区别在面层。装饰砂浆的面层应选用具有一定颜色的胶凝材料和集料并采用特殊的施工操作方法，以使表面呈现出各种不同的色彩线条和花纹等装饰效果。

装饰砂浆常用的胶凝材料有白水泥和彩色水泥，以及石灰、石膏等。细骨料常用大理石、花岗石等带颜色的细石渣或玻璃、陶瓷碎粒等。

装饰砂浆常用的工艺做法包括水刷石、水磨石、斩假石、拉毛等。

（三）建筑装饰石材

1. 天然饰面石材的品种、特性及应用

（1）天然大理石板材

建筑装饰工程上所指的大理石是指具有装饰功能，可以磨平、抛光的各种碳酸盐岩和与其有关的变质岩，如大理岩、石灰岩、白云岩等。从大理石矿体开采出来的天然大理石块经锯切、磨光等加工后称为大理石板材。

天然大理石质地较密实、抗压强度较高、吸水率低；易加工、开光性好、色调丰富、材质细腻。大多数大理石含有多种矿物，加工后表面呈现云彩状、枝条状或圆圈状的多彩花纹，形成大理石独特的天然美，极富装饰性。但是，大理石属于碱性中硬石材，在大气

中受硫化物及水汽形成的酸雨长期作用，容易发生腐蚀，造成表面强度降低、变色掉粉、失去光泽，影响装饰性能。

天然大理石板材是高级饰面材料，因其抗风化性能较差，一般只用于室内饰面，如墙面、地面、柱面、台面、栏杆、踏步等。由于其耐磨性较差，不宜用于人流量多的公共场所地面。少数致密、质纯的品种（汉白玉、艾叶青等）可用于室外。

（2）天然花岗石板材

建筑装饰工程上所指的花岗石是以花岗岩为代表的一类装饰石材，包括各类以石英、长石主要组成矿物，并含有少量云母和暗色矿物的岩浆岩和花岗质的变质岩，如花岗岩、辉绿岩、玄武岩等。

花岗岩经人为加工后的制品称花岗石。花岗石属于酸性硬石材，构造致密、强度高、密度大、吸水率极低、质地坚硬，耐磨、耐酸、抗风化、耐久性好，使用年限长；有黑白、黄麻、灰色、红黑、红色等，品质优良的花岗石，石英含量高，云母含量少，结晶颗粒分布均匀，纹理呈斑点状，有深浅层次，构成了该类石材的独特装饰效果。但是，花岗石所含石英在高温下会发生晶变，体积膨胀而开裂，因此不耐火。

花岗石板材主要应用于大型公共建筑或装饰等级要求较高的室外装饰工程。粗面板和亚光板常用于室外地面、墙面、柱面、基座、台阶等；镜面板主要用于室内外地面、墙面、柱面、台面、台阶等，特别适宜大型公共建筑大厅的地面装饰。

（3）青石板

青石板是从砂岩矿体开采出来的天然砂岩块经锯切、磨光等加工而成的。

青石板质地密实，强度中等，易于加工。常用青石板的色泽为豆青色、深豆青色和青色带灰白结晶颗粒等多种。

青石板是理想的建筑装饰材料，常用于建筑物墙裙、地坪铺贴以及庭院栏杆（板）、台阶等。

2. 人造装饰石材的种类、特性及应用

人造石材是以水泥或不饱和聚酯、树脂为胶粘剂，以天然大理石、花岗岩碎料或方解石、白云石、石英砂、玻璃粉等无机矿物为骨料，加入适量的阻燃剂、稳定剂、颜料等，经过拌合、浇筑、加压成型，打磨抛光以及切割等工序制成的板材。

人造石材根据所用原材料和制造工艺的不同，可分为以下四类：

（1）水泥型人造石材

水泥型人造石材是以各类水泥为胶结材料，天然大理石、花岗岩碎料等为粗骨料，砂为细骨料，经搅拌、成型、养护、打磨抛光等工序制成。若在配制过程中加入颜料，便可制成彩色水泥石材。水磨石和各类花阶砖均属于水泥型人造石材。这类人造石材取材方便，价格低廉，但装饰性较差。

（2）树脂型人造石材

树脂型人造石材是以不饱和聚酯、树脂为胶粘剂，将天然大理石、花岗岩、方解石碎料及其他无机填料按一定比例配合，再加入固化剂、催化剂、颜料等，经搅拌、成型、抛光等工序加工而成，如人造大理石、人造花岗石、微晶玻璃等。这类人造石材具有光泽好，色彩鲜艳丰富，可加工性强，装饰效果好的优点，是目前国内外主要使用的人

造石材。

（3）复合型人造石材

复合型人造石材采用了无机和有机两种胶结料。先用无机胶结料（水泥或石膏）将填料粘结成型，硬化后再将所成的坯体浸渍于有机单体（如苯乙烯、甲基丙烯酸甲酯、醋酸乙烯、丙烯酸等）中，使其在一定条件下聚合而成。复合型人造石材的特点是造价较低，装饰效果好，但受温差影响后聚酯面容易产生剥落和开裂，耐久性较差。

（4）烧结型人造石材

烧结型人造石材是以长石、石英石、方解石粉和赤铁粉及部分高岭土混合，用泥浆法制坯，半干压法成型后，在窑炉中高温焙烧而成。烧结型人造石材装饰性好，性能稳定。缺点是经高温焙烧能耗大，产品破碎率高，从而导致造价高。

由于人造石材的规格、形状、色彩、图案以及表面处理均可人为控制，因此其性能在许多方面超过天然石材。总体而言，人造石材质量小、强度高、色泽均匀、耐腐蚀、耐污染、施工方便、品种多样、装饰性能、价格便宜，广泛应用于各种室内外墙面、柱面、室内地面、楼梯面板以及盥洗台面、服务台面的装饰，还可加工成浮雕、艺术品、美术装潢品和陈列品等。

（四）建筑装饰木质材料

1. 木材的分类、特性及应用

木材是人类最早使用的建筑材料之一，至今在建筑中仍有广泛的应用。建筑工程中直接使用的木材常有三种形式：即原木、板材和枋材。原木是指去皮、根、枝梢后按规定直径加工成一定长度的木料；板材和枋材通称为锯材，板材是指截面宽度为厚度的 3 倍或 3 倍以上的木料；枋材是指截面宽度不足厚度 3 倍的木料。

木材的主要特性如下：

（1）力学性能好。木材的比强度高，松木顺纹抗拉比强度相当于建筑钢材比强度的 4 倍，属于轻质高强材料。此外，木材的弹性和耐冲击性也很好。

（2）声、热性能好。木材的导热系数小、热容量大，是优良的保温材料，且对电、热的绝缘性能好（尤其是干木材）。木材固有的纤维结构导致其具有扩大、吸收、反射或阻隔其他物体产生声音的能力。在演奏厅、播音室等对音质要求严格的建筑可使用木材。

（3）装饰性能好。自然天成的生长轮和木射线形成了木材独有的纹理，加上其深浅不一的颜色使木材具有独特高贵的装饰气质。

（4）可加工性好。木材可以锯、刨、钉，易于加工成各种形状。

（5）缺点是不耐腐、不抗蛀蚀、易变形、易燃烧、有木节和斜纹理等。通常需要进行防腐、阻燃、塑合等处理。

木材既可以作为结构材料用于结构物的梁、板、柱、拱，也可以作为装饰材料用于装饰工程中的门窗、顶棚、护壁板、栏杆、龙骨等。

2. 人造板材的品种、特性及应用

为了节约资源、改善天然木材的不足，同时提高木材的利用率和使用年限，将木材加工中的大量边角、碎屑、刨花、小块等再加工，生产各种人造板材已成为木材综合利用的重要途径之一。与锯材相比，人造板的优点是：幅面大，结构性好，施工方便，膨胀收缩率低，尺寸稳定，材质较锯材均匀，不易变形开裂；人造板材的缺点是：胶层会老化，长期承载能力差，使用期限比锯材短得多，存在一定的有机物污染。

常用的人造板材有下列几种：

（1）细木工板

细木工板又称大芯板，是中间为木条拼接，两个表面胶粘一层或两层单片板而成的实心板材。由于中间为木条拼接有缝隙，因此可降低因木材变形而造成的影响。

细木工板具有较高的硬度和强度，质轻、耐久、易加工，适用于家具制造和建筑装饰装修，是一种极有发展前景的新型木材。

（2）胶合板

胶合板是由原木沿年轮旋切成薄片，经旋切、干燥、涂胶后，按木材纹理纵横交错，以奇数层数，经热压加工而成的人造板材。一般为3～13层，分别称作三合板、五合板……

由于胶合板的相邻木片的纤维互相垂直，在很大程度上克服了木材的各向异性的缺点，使之具有良好的物理力学性能。胶合板具有材质均匀、强度高、幅面大，兼具木纹真实、自然的特点，被广泛用作室内护壁板、顶棚板、门框、面板的装修及家具制作。

（3）纤维板

纤维板是用木材碎料（或甘蔗渣等植物纤维）作原料，经切削、软化、磨浆、施胶、成型、热压等工序制成的一种人造板材。纤维板按其表观密度可分为硬质纤维板（表观密度＞800kg/m³）、中密度纤维板（表观密度500～800kg/m³）和软质纤维板（表观密度＜500kg/m³）三种。

纤维板材质构造均匀，各项强度一致，弯曲强度较大（可达55MPa），耐磨，不腐朽，无木节、虫眼等缺陷（故又称无疵点木材），并具有一定的绝缘性能。其缺点是背面有网纹，造成板材两面表面积不等，吸湿后因产生膨胀力差异而使板材翘曲变形；硬质板材表面坚硬，钉钉子困难，耐水性差。干法纤维板虽然避免了某些缺点，但成本较高。

硬质纤维板和中密度纤维板一般用作隔墙、地面、家具等。软质纤维板质轻多孔，为隔热吸声材料，多用于吊顶。

（4）刨花板、木丝板、木屑板

刨花板、木丝板、木屑板是利用木材加工过程中产生的大量刨花、木丝、木屑，添加或不添加胶料，经热压而成的板材。这类板材一般表观密度较小，强度较低，主要用作绝热和吸声材料，且不宜用于潮湿处。其表面粘贴塑料贴面或胶合板作饰面层后可用作吊顶、隔墙、家具等。

3. 木制品的品种、特性及应用

（1）条木地板

条木地板是使用最普遍的木质地板，分为空铺和实铺两种。空铺条木地板是由龙骨、水平撑和地板三部分构成，因造价较高，使用相对较少。实铺条木地板有单层和双层两种，双层条木地板下层为毛板，面层为硬条木板，多选用水曲柳、柞木、枫木、柚木、榆木等硬质木材。单层条木地板直接钉在龙骨上或粘于地面，板材常选用松、杉等软木材。

条木地板自重轻，弹性好，脚感舒适，其导热性小，冬暖夏凉，适用于办公室、会客室、旅馆客房、卧室等场所。

（2）拼花木地板

拼花木地板是较高级的室内地面装修材料，分为双层和单层两种，面层均用一定大小的硬木块镶拼而成，双层拼花木地板下层为毛板层。面层拼花板材多选用质地优良、不易腐朽开裂的硬木材，如柚木、水曲柳、柞木、核桃木、栎木、榆木、槐木等。拼花小木条一般均带有企口。安装时，双层拼花木地板是将面层小板条用暗钉钉在毛板上固定，单层拼花木地板是采用适宜的粘结材料，将硬木面板条直接粘贴于混凝土基层上。

拼花木地板通过小木板条不同方向的组合可拼造出多种图案花纹（图 2-1），具有极佳的装饰效果，适合宾馆、会议室、办公室、疗养院、托儿所、体育馆、舞厅、酒吧、民用住宅等的地面装饰。

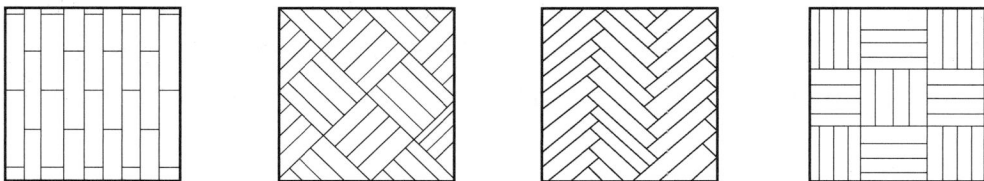

图 2-1　拼花木地板

（3）强化复合木地板

强化复合木地板是以原木为原料，经过粉碎、添加粘合及防腐材料后，加工制作成为地面铺装的型材。构造为三层复合：表层为含有耐磨材料的三聚氰胺树脂浸渍装饰纸，芯层为中、高密度纤维板或刨花板，底层为浸渍酚醛树脂的平衡纸。

强化复合木地板耐磨性好、经久耐用；具有较大的强度、耐冲击性、较好的弹性；耐污染腐蚀、抗紫外线、耐香烟灼烧、耐擦洗性能均优于实木地板；规格尺寸大，安装简捷；无需上漆打蜡，日常维护简便，使用成本低。强化复合木地板适用于办公室、会议室、商场、展览厅、民用住宅等的地面装饰。

（4）木线

木线通常选用木质细、不劈裂、切面光滑、加工性好、油漆色性好、粘结性好、钉着力强的木材，经干燥处理后用机械加工或手工加工而成，在室内装饰中起固定、连接、加强装饰效果的作用。

采用木线装饰可增添高雅、古朴、自然亲切的美感，适用于办公室、会议室、商场、展览厅、民用住宅等的装饰，主要用于建筑物室内墙面的腰饰线、墙面洞口装饰线、护壁板和勒脚的压条装饰线、门窗的镶边及家具的装饰、楼梯扶手、顶棚线角、弯线、挂镜线等（图 2-2、图 2-3）。

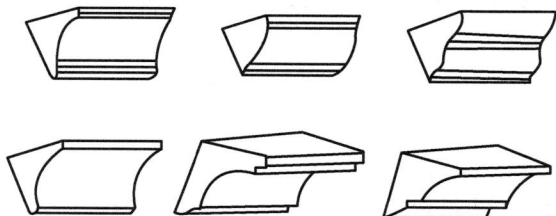

图 2-2　木装饰角线

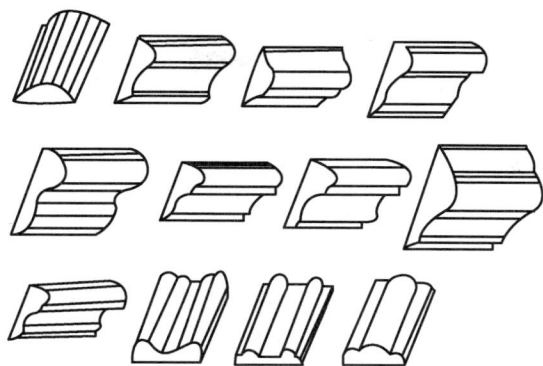

图 2-3　木装饰边线

（五）建筑装饰金属材料

1. 建筑装饰用钢型材的主要品种、特性及应用

钢材是铁元素和碳元素的合金，是由铁矿石经过冶炼得到铁，再进一步冶炼后得到钢。钢材普遍具有品质均匀、性能可靠、强度高、抗压、抗拉、抗冲击和耐疲劳等特性和一定的塑形、韧性等优点，以及可焊接、铆接或螺栓连接，可切割和弯曲等易于加工的性能，但防腐、防火性能差，如加热至 600℃ 左右时，强度几乎丧失，所以未经防锈、防火处理的钢构件要进行处理。

这里介绍建筑装饰用钢型材。

（1）圆钢管

圆钢管是指截面为圆形的钢管材。其规格用直径"ϕ"表示，如 $\phi16$ 表示其为直径 16mm 的圆钢管。常用的钢管材如镀锌钢管，主要用于电线套管、水管等。

（2）方矩形钢管

方矩形钢管是一种空心方形的截面型钢钢管，截面为正方形或矩形，规格见表 2-5。方矩形钢管主要用于各种石材干挂用钢骨架、铝塑板干挂底层骨架、铁艺门窗、家具金属结构等。

方矩形钢管规格　　　　　　　　　　　　　　　　　　　表 2-5

方钢管（mm）	矩形钢管（mm）	壁厚（mm）	方钢管（mm）	矩形钢管（mm）	壁厚（mm）
30×30	20×40	1.7～1.8	50×50	40×60	1.7～1.8
		2.0～2.2			2.0
		2.5～3.0			2.2
50×50	40×60	1.7～1.8			2.5～4.0
		2.0			4.5～4.75
		2.2	60×60	50×70	1.5～1.6
		2.5～4.0		40×80	1.7～1.8

40

续表

方钢管（mm）	矩形钢管（mm）	壁厚（mm）	方钢管（mm）	矩形钢管（mm）	壁厚（mm）
60×60	50×70	2.0	120×120	140×80	2.5~3.0
	40×80	2.5~4.0	125×125	100×150	3.25~4.0
		4.5~4.75		160×80	4.25~5.0
		5.0~5.75			5.25~6.0
70×70	60×80	1.7~1.8			6.25~7.0
	50×90	2.0			7.25~8.0
	100×40	2.2			8.25~10
		2.5~4.0	140×140	100×180	2.5~3.0
		4.5~4.75			3.25~4.0
		5.0~5.75			4.25~5.0
75×75	60×90	1.7~1.8			5.25~6.0
	100×50	2.0			6.25~7.0
		2.2			7.25~8.0
		2.5~4.0			8.25~10.0
		4.5~4.75	150×150	200×100	2.5~3.0
		5.0~5.75			3.25~4.0
80×80	100×60	1.7~1.8			4.25~5.0
		2.0~2.2			5.25~6.0
		2.5~4.0			6.25~7.0
		4.5~4.75			7.25~8.0
		5.0~5.75			8.25~9.0
		6.0~8.0			9.25~10.0
90×90	120×60	2.0~2.2	160×160	200×150	4.0~5.0
	100×80	2.5~4.0	180×180	250×100	5.25~6.0
		4.25~5.0			6.25~7.0
		5.25~6.0			7.25~8.0
		6.25~7.0			8.25~9.0
		7.25~8.0			9.25~10.0
100×100	120×80	2.0	200×200	250×150	4.0~5.0
		2.2			5.25~6.0
		2.5~4.0			6.25~7.0
		4.25~5.0			7.25~8.0
		5.25~6.0			8.25~9.0
		6.25~7.0			9.25~10.0
		7.25~8.0			10.25~12.0

（3）角钢

角钢分为等边角钢和不等边角钢两种（图2-4a、b）。

等边角钢的规格以"∠"与边宽度值×边宽度值×厚度值"（mm）表示。如：∠200×200×24（简记为∠200×24），表示边宽为200mm、厚度为24mm的等边角钢。

不等边角钢的规格以"∠"与长边宽度值×短边宽度值×厚度值（mm）表示。如：

$\angle 160 \times 100 \times 16$，表示长边宽为 160mm、短边宽为 100mm、厚度为 16mm 的不等边角钢。

角钢广泛用于各类装饰基础支架构件。

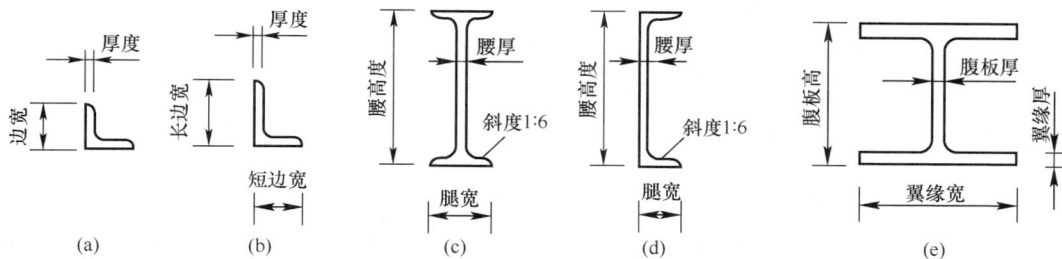

图 2-4 几种常用的型钢

（a）等边角钢；（b）不等边角钢；（c）工字钢；（d）槽钢；（e）H 型钢

（4）工字钢

工字钢是截面为工字形的长条钢材（图 2-4c）。工字钢的规格以"I"与腰高度值×腿宽度值×腰厚度值（mm）表示。如：I 450 × 150 × 11.5（简记为 I 45a），表示腰高为 450mm、腿宽为 150mm、腰厚为 11.5mm 的工字钢。

工字钢广泛用于建筑结构构件、装饰基础构件及厂房、桥梁等。

（5）槽钢

槽钢规格的表示方法与工字钢相同（图 2-4d），如 [120×53×5 表示槽钢的腹板高为 120mm、翼缘宽为 53mm、腹板厚为 5mm。

槽钢主要用于装饰结构边骨、其他装饰基础构件等。

（6）H 型钢

H 型钢属于高效经济截面型材。与普通工字钢不同的是，H 型钢的翼缘进行了加宽，且内、外表面通常是平行的，这样可便于用高强度螺栓和其他构件连接（图 2-4e）。

热轧 H 型钢分为宽翼缘 H 型钢、窄翼缘 H 型钢和 H 型钢柱三类，其代表符号分别为 HK、HZ、HU，规格以公称高度的毫米数表示，也可采用腹板高（mm）×翼缘宽（mm）×翼缘厚（mm）表示。

由于截面形状合理，能使钢材更好地发挥效能，提高承载能力，H 型钢在很多施工领域逐渐取代了工字钢。

2. 铝合金装饰材料的主要品种、特性及应用

（1）铝合金的分类及牌号

纯铝是银白色的轻金属，具有密度小（2.7g/cm³）、熔点低（660℃）、塑性高、强度低、导电性和导热性好等特点。在铝中添加镁、锰、铜、硅、锌等合金元素形成的铝基合金称为铝合金。铝合金既保持了铝质量轻的特性，同时，机械性能明显提高，是典型的轻质高强材料，同时其耐腐蚀性和低温变脆性得到较大改善。其主要缺点是弹性模量小、热膨胀系数大、耐热性低、焊接需采用惰性气体保护焊等焊接技术。

铝合金可以按合金元素分为二元和三元合金。根据成分和工艺的特点，铝合金可分为

形变铝合金（或称为压力加工铝合金）和铸造铝合金两大类。形变铝合金是通过冲压、弯曲、辊轧等压力加工使其组织、形状发生变化的铝合金。常用的形变铝合金有防锈铝合金、硬铝合金、超硬铝合金、锻铝合金等。用来制作铸件的铝合金称为铸造铝合金。建筑装饰工程中常用形变铝合金。

各种形变铝合金的牌号分别用汉语拼音字母和顺序号表示，顺序号不直接表示合金元素的含量。代表各种变形铝合金的汉语拼音字母如下：LF——防锈铝合金（简称防锈铝）；LY——硬铝合金（简称硬铝）；LC——超硬铝合金（简称超硬铝）；LD——锻铝合金（简称锻铝）；LT——特殊铝合金。

常用防锈铝合金的牌号为 LF21、LF2、LF3、LF5、LF6、LF11 等。常用的硬铝有 11 个牌号，LY12 是硬铝的典型产品。常用的超硬铝有 8 个牌号，LC9 是该合金应用较早、较广的产品。锻铝的典型牌号为 LD30 和 LD31。

（2）铝合金制品

在现代建筑中，常用的铝合金制品有铝合金门窗，铝合金装饰板及吊顶，铝及铝合金波纹板、压型板、冲孔平板，以及铝箔等，它们具有承重、耐用、装饰、保温、隔热等优良性能。

1）铝合金门窗

铝合金门窗是由经表面处理的铝合金型材，经过下料、打孔、铣槽、攻螺纹等加工工艺而制成的门窗框架，再与玻璃、连接件、密封件、五金配件等组合装配而成。按其结构与开启方式可分为推拉窗（门）、平开窗（门）、固定窗、悬挂窗、回转窗（门）、百叶窗、纱窗等。

铝合金门窗具有质量轻（每平方米耗用铝材为 8～12kg，比用钢木门窗的质量减轻50%）、性能好（气密性、水密性、隔热性和隔声性均比普通门窗好）、色泽美观、使用维修方便、便于工业化生产等优点，因此被广泛应用。

2）铝合金装饰板

铝合金装饰板具有质量轻、不燃烧、耐久性好、施工方便、装饰效果好等优点，适用于公共建筑室内外墙面和柱面的装饰。

装饰工程中用得较多的铝合金板材有以下几种：

① 铝合金花纹板及浅花纹板。它是采用防锈铝合金材料，用特殊的花纹机辊轧而成的，具有花纹美观大方，筋高适中（0.9～1.2mm），不宜磨损，防滑性好，防腐蚀性能强，便于安装等特点，广泛用于现代建筑墙面装饰及楼梯、踏板等处。

② 铝合金压型板。它是将纯铝或防锈铝在压型机上压制形成的断面异形的板材。具有质量轻、外形美观、耐腐蚀、经久耐用（在大气中可使用 20 年不需更换）、安装容易和施工快速等特点，是现代广泛采用的一种新型建筑材料，适用于作工程的围护结构，也可用作墙面和屋面。

③ 铝合金穿孔平板。它是用各种铝合金平板经机械穿孔而成的。孔形根据需要有圆孔、方孔、长方孔、三角孔和大小组合孔等，是近几年开发的一种吸声并兼有装饰效果的新产品。铝合金穿孔平板具有良好的防腐蚀性能，光洁度高，有一定的强度，易加工成各种形状、尺寸，有良好的防振、防火、防水性能及良好的消声效果，主要用于具有消声要求的各类建筑。

④ 铝合金波纹板。这种板有银白色等多种颜色，有很强的反射阳光能力，经久耐用（在大气中使用 20 年不需要更换），主要用于墙面装饰，也可用作屋面。

⑤ 铝合金龙骨。其是以铝合金板材为主要原料，轧制成各种轻薄型材后组合安装而成的一种金属龙骨架。它具有强度高、刚度大、自重轻、通用性好、耐火性能好、隔声性能强、安装简易等优点，且可灵活布置，装饰美观，被广泛用于各种民用建筑及吸声顶棚的吊顶构件。

3. 不锈钢装饰材料的主要品种、特性及应用

普通钢材容易锈蚀。而当钢中加入足够量的铬（Cr）元素时，就足以在钢的表面形成一层惰性的氧化铬膜，大大提高其耐腐蚀性，这就成为不锈钢。Cr 含量越高，钢的抗腐蚀性越好。不锈钢属于合金钢中的特殊性能钢。除铬外，不锈钢中还含有镍、锰、钛、硅等元素，这些元素都会影响不锈钢的强度、塑性、韧性和耐腐蚀性。

建筑装饰工程中使用的不锈钢材料主要有不锈钢装饰板材、管材和线材，其他新型不锈钢材料还有不锈钢厨卫设备（如不锈钢面盆、浴缸、淋浴器、水龙头、毛巾架、洗菜盆等），以及不锈钢五金配件（如不锈钢门把手、门锁、窗开、铰链等）。其表面可是无光泽的和高度抛光发亮的。如果通过化学浸渍着色处理，可制得褐、蓝、黄、红、绿等各种彩色不锈钢，既保持了不锈钢原有的优良耐腐蚀性能，又更进一步提高了其装饰效果。

（1）不锈钢装饰板材

按其表面不同，不锈钢装饰板材可分为镜面板、磨砂板、喷砂板、蚀刻板、压花板和复合板（组合板）等。镜面板是用研磨液通过抛光设备在不锈钢板面上进行抛光，使板面光度像镜子一样清晰。磨砂板的表面是亚光的，有丝状的或不规则乱纹。喷砂板是用锆珠粒通过机械设备在不锈钢板面进行加工，使板面呈现细微珠粒状砂面，形成独特的装饰效果。蚀刻板是以镜面板、磨砂板、喷砂板为底板，在其表面通过化学的方法腐蚀出各种花纹图案后进行深加工而形成的。

彩色不锈钢板是在不锈钢板上进行技术性和艺术性加工，使其表面成为具有各种绚丽色彩的不锈钢装饰板，其颜色有蓝、灰、紫、红、青、绿、金黄、橙、茶色等多种，能满足各种装饰的要求。

不锈钢板耐火、耐潮、耐腐蚀、不会变形和破碎，安装施工方便，是一种很好的装饰材料，特别是彩色不锈钢板，因其色彩绚丽、雍容华贵、彩色面层经久不褪色、色泽随光照角度不同会产生色调变幻，常被用作高档装饰板材。不锈钢装饰板材可用于高级宾馆、饭店、舞厅、会议厅、展览馆、影剧院等的墙面、柱面、顶棚面、造型面以及门面、门厅等装饰。

（2）不锈钢管材

不锈钢管材分为无缝管和焊接管（有缝管）两大类。按断面形状又可分为圆管和异形管。广泛应用的是圆形管，但也有一些方形、矩形、半圆形、六角形、等边三角形、八角形等异形管。

不锈钢管材一般用于门窗配件、厨房设备、卫生间配件、高档家具、楼梯扶手、栏杆等。

（3）不锈钢线材

不锈钢线材主要有角形线和槽形线两类，具有高强、耐蚀、表面光洁如镜、耐水、耐

擦、耐气候变化等特点。不锈钢线材的装饰效果好，属于高档装饰材料，可用于各种装饰面的压边线、收口线、柱角压线等处。

（六）建筑陶瓷与玻璃

1. 常用建筑陶瓷制品的种类、特性及应用

陶瓷制品源远流长，自古以来就作为建筑物的优良装饰材料之一。按陶瓷制品的烧结程度，陶瓷制品可分为陶质、瓷质和炻质三大类。陶质制品烧结程度相对较低，为多孔结构，吸水率较大（10%～22%），强度较低，抗冻性差，断面粗糙无光，不透明，敲击时声粗哑，分无釉和施釉两种制品。瓷质制品烧结程度高，结构致密，强度高，坚硬耐磨，吸水率小（<0.5%），呈现半透明性，通常施有釉层。炻质制品烧结程度介于陶质与瓷质两者之间，其构造比陶质致密，吸水率较小（5%～10%），但又不如瓷器洁白，其坯体多带有颜色。

建筑陶瓷制品最常用的有陶瓷砖、陶瓷锦砖、琉璃制品和卫生陶瓷。

（1）陶瓷砖

陶瓷砖是用于建筑物墙面、地面的陶质、炻质和瓷质饰面砖的总称。按表面特性分为有釉砖和无釉砖两种；按成型方法分为挤压法和干压法两种；按吸水率分为低吸水率砖、中吸水率砖和高吸水率砖。其中，根据国家现行标准《陶瓷砖》GB/T 4100 的规定，陶瓷砖按吸水率 E 的具体分类标准为：Ⅰ类为低吸水率砖（$E \leqslant 3\%$）；Ⅱ类为中吸水率砖（$3\% < E \leqslant 10\%$），Ⅲ类为高吸水率砖（$E > 10\%$）。

地砖大多为低吸水率砖。其主要特征是硬度大、耐磨性好、胎体较厚、强度较高、耐污染性好。主要品种有各类瓷质砖（施釉、不施釉、抛光、渗花砖等）、彩色釉面砖、红地砖、霹雳砖等。其中抛光砖是表面经过再加工的产品，装饰效果好，但耐污染性较差，因此要选用经过表面处理的产品。另外，其生产过程能源消耗高，噪声污染严重，不属于绿色产品。

建筑物外墙砖通常要求吸水率小于10%。其表面分为无釉和有釉两种。吸水率小的可以不施釉，吸水率较大的外墙砖施釉，其釉面多为亚光或无光。陶瓷外墙砖的主要品种为彩色釉面砖，选用时应根据室外气温的不同，选择不同吸水率的砖，如寒冷地区应选用低吸水率砖。

陶质砖主要用作厨房、卫生间、浴室等内墙面的装饰与保护。陶质砖不宜用于室外，否则，经常受大气温湿度影响及日晒雨淋作用，就会使釉层产生裂纹或剥落，严重影响建筑物的装饰效果。

（2）陶瓷锦砖

陶瓷锦砖又称"马赛克"，分为无釉和有釉两种，系指边长不大于40mm、具有多种色彩和不同形状的小块砖镶拼组成各种花色图案的陶瓷制品。无釉锦砖吸水率不大于0.2%，有釉锦砖吸水率不大于1.0%。主要用于洁净车间、化验室、浴室等室内地面铺贴以及高级建筑物的外墙装饰。

（3）琉璃制品

琉璃制品是覆有琉璃釉料的陶质器物。其常见的色彩有金黄蓝和青色，主要产品有琉

璃瓦、琉璃砖、琉璃兽、琉璃花窗和栏杆等。

琉璃制品表面光滑、色彩绚丽、造型古朴、坚实耐久和富有民族特色，是我国传统的建筑装饰材料。

（4）卫生陶瓷

卫生陶瓷属细炻质制品，如洗面器、洗涤器、大便器、小便器、水箱、水槽等，主要用于浴室、盥洗室、厕所等处。

近年来墙地砖又有了许多新产品，如渗水多孔砖、保温多孔砖、变色釉面砖、抗菌陶瓷砖和抗静电陶瓷砖。墙地砖选用时，除满足装饰效果外，尽量选用吸水率低、尺寸稳定性好的产品。

2. 平板玻璃的特性及应用

玻璃是以石英砂、纯碱、石灰石和长石等主要原料以及一些辅助材料在高温下的熔融成型、急冷而形成的一种无定形非晶态硅酸盐物质，是各向同性的脆性材料。

其中，平板玻璃，也称净片玻璃、白片玻璃，是指未经过其他特殊加工的平板状玻璃制品，它是深加工成各种技术玻璃的基础材料，是生产量最大、使用最多的一种。

（1）平板玻璃的特性

1）具有良好的透视、透光性能（3mm、5mm 厚的无色透明平板玻璃的可见光透射比分别为 88% 和 86%）。无色透明平板玻璃对太阳光中紫外线的透过率较低。

2）隔声，有一定的保温性能。

3）是典型的脆性材料，抗拉强度远小于抗压强度。

4）有较高的化学稳定性，通常情况下，对酸、碱、盐及化学试剂及气体有较强的抵抗能力。

5）热稳定性较差，急冷急热，易发生炸裂。

（2）平板玻璃的应用

平板玻璃市场主要包括两大方面，即建筑用平板玻璃（含加工玻璃）和汽车用玻璃。一般用于民用建筑、商店、饭店、办公大楼、机场、车站等建筑物的门窗、橱窗等，也可用于加工制造钢化、夹层等安全玻璃。3~5mm 的平板玻璃一般直接用于有框门窗的采光，8~12mm 的平板玻璃可用于隔断、橱窗、无框门。平板玻璃的另一个重要用途是作为钢化、夹层、镀膜、中空等深加工玻璃的原片。

3. 安全玻璃、节能玻璃、装饰玻璃、玻璃砖的种类与特性及应用

（1）安全玻璃

为减少玻璃的脆性，提高其强度，通常对普通玻璃进行增强处理，或与其他材料复合，或采用加入特殊成分等方法来加以改性。经过增强改性后的玻璃称为安全玻璃，常用的安全玻璃有钢化玻璃（又称强化玻璃）、夹丝玻璃和夹层玻璃。

1）钢化玻璃

钢化玻璃按钢化原理不同分为物理钢化和化学钢化两种。经过物理（淬火）或化学（离子交换）钢化处理的玻璃，可使玻璃表面层产生残余压缩应力，而使玻璃的抗折强度、抗冲击性、热稳定性大幅提高。物理钢化玻璃破碎时，不像普通玻璃那样形成尖锐的碎

片,而是形成较圆滑的微粒状,有利于人身安全,因此可用作高层建筑物的门窗、幕墙、隔墙、桌面玻璃、炉门上的观察窗以及汽车风挡、电视屏幕等。

2) 夹丝玻璃

夹丝玻璃是将平板玻璃加热到红热软化状态,再将预热处理的金属丝(网)压入玻璃中而制成。夹丝玻璃的表面可以是压花或磨光的,颜色可以是无色透明或彩色的。与普通平板玻璃相比,它的耐冲击性和耐热性好,在外力作用和温度剧变时,破而不散,而且具有防火、防盗功能。但夹丝玻璃的机械强度有所降低,而且丝网与玻璃的热学性能差别较大,因此在使用中注意尽量避免玻璃两面出现较大温差或局部冷热交替过于频繁。

夹丝玻璃适用于公共建筑的阳台、楼梯、电梯间、走廊、厂房天窗和各种采光屋顶。

3) 夹层玻璃

夹层玻璃系两片或多片玻璃之间嵌夹透明塑料薄片,经加热、加压粘合而成。夹层玻璃的层数有3、5、7层,最多可达9层,达9层时则一般子弹不易穿透,称为防弹玻璃。

夹层玻璃按形状可分为平面和曲面两类。按抗冲击性、抗穿透性可分为LⅠ和LⅡ两类。按夹层玻璃的特性可分为多个品种,如减薄型(破碎时能保持能见度)、遮阳型(可减少日照量和眩光)、电热型(通电后保持表面干燥)、防弹型、玻璃纤维增强型、报警型、防紫外线型以及隔声夹层玻璃型等。

夹层玻璃的抗冲击性能比平板玻璃高几倍,破碎时只产生辐射状裂纹而不分离成碎片,不致伤人。同时,它还具有耐久、耐热、耐湿、耐寒和隔声等性能,适用于有特殊安全要求的建筑物的门窗、隔墙,工业厂房的天窗和某些水下工程等。

(2) 节能玻璃

1) 吸热玻璃

吸热玻璃是能吸收大量红外线辐射能并保持较高可见光透过率的平板玻璃。

生产吸热玻璃的方法有两种:一种是在普通钠钙硅酸盐玻璃的原料中加入一定量的有吸热性能的着色剂,如氧化铁、氧化钴以及硒等;另一种是在平板玻璃表面喷镀一层或多层金属或金属氧化物薄膜而制成。吸热玻璃的颜色有灰色、茶色、蓝色、绿色、古铜色、青铜色、粉红色和金黄色等。我国目前生产的吸热玻璃主要有灰色、茶色、蓝色,厚度有2mm、3mm、5mm、6mm四种规格。

与普通平板玻璃相比,吸热玻璃能吸收更多太阳辐射热、减轻太阳光的强度、具有反眩效果,而且能吸收一定的紫外线。吸热玻璃已广泛用于建筑物的门窗、外墙以及用作车、船挡风玻璃等,起隔热、防眩、采光及装饰等作用。它还可以按不同用途进行加工,制成磨光、夹层、镜面及中空玻璃,在外部围护结构中用它配制彩色玻璃窗,在室内装饰中,用以镶嵌玻璃隔断,装饰家具,增加美感。吸热玻璃两侧温度差较大,热应力较高,易发生热炸裂,使用时应使窗帘、百叶窗等远离玻璃表面,以利于通风散热。

2) 热反射玻璃

热反射玻璃也称镜面玻璃,是具有较高的热反射能力而又保持良好透光性的平板玻璃,通过热解、真空蒸镀和阴极溅射等方法,在玻璃表面涂以金、银、铝、铬、镍和铁等金属或金属氧化物薄膜,或采用电浮法等离子交换方法,以金属离子置换玻璃表层原有离子而形成热反射膜。热反射玻璃有金色、茶色、灰色、紫色、褐色、青铜色和浅蓝色等颜色。

热反射玻璃具有良好的隔热性能，热反射率达到 30% 以上，而普通玻璃仅为 7%～8%。镀金属膜的热反射玻璃还有单向透像的作用，即白天能在室内看到室外景物，而室外却看不到室内的景象。

热反射玻璃主要用于有绝热要求的建筑物门窗、玻璃幕墙、汽车和轮船的玻璃等。

3）中空玻璃

中空玻璃是将两片或多片平板玻璃相互间隔 12mm 镶于边框中，且四周加以密封，间隔空腔中充填干燥空气或惰性气体，也可在框底放置干燥剂（图 2-5）。为获得更好的声控、光控和隔热等效果，还可充以各种能漫反射光线的材料、电介质等。

中空玻璃可以根据要求，选用各种不同性能和规格的玻璃原片，如浮法玻璃、钢化玻璃、夹层玻璃、夹丝玻璃、压花玻璃、彩色玻璃、热反射玻璃等制成。玻璃片厚度可为 3mm、4mm、5mm、6mm，充气层厚度一般有 6mm、9mm、12mm，中空玻璃厚度为 12～42mm。国产中空玻璃面积达 3m×2m。

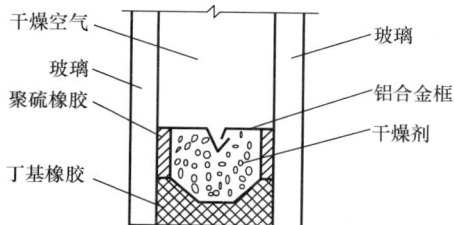

图 2-5　中空玻璃结构示意

中空玻璃具有良好的绝热、隔声效果，而且露点低、自重轻。其适用于需要供暖、制冷、防止噪声、防止结露以及需要无直射阳光和特殊光的建筑物，如住宅、办公楼、学校、医院、旅馆、商店、恒温恒湿的实验室以及工厂的门窗、天窗和玻璃幕墙等。

（3）装饰玻璃

装饰玻璃是指用于建筑物表面装饰的玻璃制品，包括板材和砖材。其主要品种有彩色玻璃、玻璃贴面砖、玻璃锦砖、压花玻璃、磨砂玻璃等。

彩色玻璃有透明和不透明的两种。彩色玻璃的颜色有红、黄、蓝、绿、灰色等十余种，可用以镶拼成各种图案花纹，并有耐蚀、抗冲刷、易清洗等特点，主要用于建筑物的内外墙、门窗及对光线有特殊要求的部位。

玻璃贴面砖是以要求尺寸的平板玻璃为主要基材，在玻璃的一面喷涂釉液，再在喷涂液表面均匀地撒上一层玻璃碎屑，以形成毛面，然后经 500～550℃ 热处理，使三者牢固地结合在一起制成，可用作内外墙的饰面材料。

玻璃锦砖又称玻璃马赛克或玻璃纸皮石，是一种小规格的饰面玻璃制品，分为透明、半透明、不透明三种。其一般尺寸为 20mm×20mm、30mm×30mm、40mm×40mm，厚 4～6mm。为便于施工，出厂前将玻璃锦砖按设计图案反贴在牛皮纸上，贴成 305.5mm×305.5mm 见方，称为一联。玻璃锦砖颜色绚丽，化学稳定性、急冷、急热稳定性好，雨天能自洗，经久常新，吸水率小，抗冻性好，不变色，不积尘，成本低，是一种良好的外墙装饰材料。

压花玻璃是将熔融的玻璃在急冷中通过带图案花纹的辊轴滚压成的制品，可一面压花，也可两面压花。压花玻璃分普通压花玻璃、真空冷膜压花玻璃和彩色膜压花玻璃等三种，一般规格为 800mm×700mm×3mm。压花玻璃具有透光不透视的特点，其表面有各种图案花纹，具有一定的艺术装饰效果，多用于办公室、会议室、浴室、卫生间以及公共场所分离室的门窗和隔断等处。使用时应将花纹朝向室内。

磨砂玻璃又称毛玻璃,指经研磨、喷砂或氢氟酸溶蚀等加工,使表面(单面或双面)成为均匀粗糙的平板玻璃。其特点是透光不透视,且光线不刺眼,用于要求透光而不透视的部位,如建筑物的卫生间、浴室、办公室等的门窗及隔断。

激光玻璃的特征在于经特种工艺处理,玻璃背面出现全息或其他几何光栅,在光源照射下,形成物理衍射分光而出现艳丽的七色光,且在同一感光点或感光面上会因光线入射角的不同而出现色彩变化。激光玻璃适用于酒店、宾馆和各种商业、文化、娱乐设施的装饰。

微晶玻璃兼有玻璃和陶瓷的优点。微晶玻璃制成的微晶玻璃装饰板不易砸碎,表面具有天然石材的质感,可铺地,可挂墙,可任意着色,是一种高档装饰材料。

智能调光玻璃是通过离子变色或表面膜的相变调节玻璃的透光率。其在建筑物门窗上使用,省去了设置窗帘的机构和空间,门窗上占用空间极小。

(4)玻璃砖

玻璃砖分为实心和空心两类。空心玻璃砖又有单腔和双控两种。

玻璃砖的形状和尺寸有多种,砖的内外表面可制成光面和凹凸花纹面,有无色透明或彩色的。形状有正方形、矩形以及各种异型砖,规格尺寸以 115mm、145mm、240mm、300mm 的正方形砖居多。

玻璃砖具有透光不透视、保温隔声、密封性强、不透灰、不结露、能短期隔断火焰、抗压耐磨、光洁明亮、图案精美、化学稳定性强等特点,可用于砌筑透光屋面、非承重结构外墙、内墙、门厅、通道及浴室等隔断,特别适用于宾馆、展览厅馆、体育场馆等高级建筑。

(七) 建筑装饰涂料与塑料制品

1. 建筑装饰涂料的主要品种、特性及应用

建筑涂料是一种能够均匀涂布于建筑物的表面,并形成一层牢固附着、有一定防护和装饰作用的连续膜状涂装材料。

涂料种类繁多,按主要成膜物质的性质可分为有机涂料、无机涂料和有机-无机复合涂料三大类;按分散介质种类分为溶剂型、水溶型和乳液型三类;按使用部位分为外墙涂料、内墙涂料和地面涂料等。

(1)内墙涂料

1)水溶性内墙涂料

水溶性内墙涂料有聚乙烯醇水玻璃涂料(俗称 106 涂料)及其改性聚乙烯醇甲醛水溶性涂料(俗称 803 涂料)。这类涂料的耐水性、耐刷洗性、附着力不好,涂膜经不起雨水冲刷和冷热交替,803 涂料产品中残留的游离甲醛对人体、环境和施工时的劳动保护都有不利影响。

2)合成树脂乳液内墙涂料(乳胶漆)

常用的品种有苯丙乳胶漆、乙-丙乳胶漆、聚醋酸乙烯乳胶漆和氯-偏共聚乳液等内墙涂料。其具有耐水、耐洗刷、耐腐蚀和耐久性好的特点,是一种中档内墙涂料。

3）溶剂型内墙涂料

溶剂型内墙涂料主要品种有过氯乙烯墙面涂料、氯化橡胶墙面涂料、丙烯酸酯墙面涂料、聚氨酯系墙面涂料。其光洁度好，易于冲洗，耐久性好，但透气性差，墙面易结露，多用于厅堂、走廊等处。

4）内墙粉末涂料

内墙粉末涂料是以水溶性树脂或有机胶粘剂为基料，配以适当的填充料等经研磨加工而成。这种涂料具有不起壳、不掉粉、价格低、使用方便等特点。加入一些功能性组分如二氧化钛、海泡石等还可制成具有净化空气、调湿和抗菌功能的涂料。

5）多彩内墙涂料

多彩内墙涂料是一种内墙、顶棚装饰材料。按其介质可分为水包油型、油包水型、油包油型和水包水型四种，常用的是水包油型。多彩内墙涂料涂层色泽丰富，富有立体感，装饰效果好；涂膜质地厚，有弹性，类似壁纸，整体感好；耐油、耐水、耐腐蚀、耐洗刷、耐久性好；具有较好的透气性。

（2）外墙涂料

1）丙烯酸酯乳胶漆

丙烯酸酯乳胶漆是由甲基丙烯酸丁酯、丙烯酸丁酯、丙烯酸乙酯等丙烯系列单体，经共聚而制得的纯丙烯酸酯系乳液作为成膜物质，再加入填料、颜料及其他助剂而制成。它具有优良的耐热性、耐候性、耐腐蚀性、耐沾污性，附着力高，保色保光性好；但硬度、抗污染性、耐溶剂性等方面不尽如人意。在实际工程中广泛使用，市场占有率约占外墙涂料的85%以上。

2）聚氨酯系列外墙涂料

这类涂料是以聚氨酯树脂或聚氨酯与其他树脂复合物为主要成膜物质的优质外墙涂料。这类涂料具有优良的耐酸碱性、耐水性、耐老化性、耐高温性，涂膜光泽度极好，呈瓷质感。

3）彩色砂壁状外墙涂料

彩色砂壁状外墙涂料简称彩砂涂料，是以合成树脂乳液（一般为苯-丙乳液或丙烯酸乳液）为主体制成，可用不同的施工工艺做成仿大理石、仿花岗石等。涂层具有丰富的色彩和质感，保色性、耐水性、耐候性好，使用寿命达10年以上。

4）水乳型合成树脂乳液外墙涂料

这类涂料是以合成树脂配以适量乳化剂、增稠剂和水通过高速搅拌分散而成的稳定乳液为主要成膜物质配制而成，主要有乙-丙乳胶、丙烯酸酯乳胶漆、乙-丙乳液厚膜涂料等。这类涂料施工方便，可以在潮湿的基层上施工，涂膜的透气性好，不易发生火灾，环境污染少，对人体毒性小。

5）氟碳涂料

含有C-F键的涂料统称为氟碳涂料。这类涂料具有许多独特的性质，如超耐气候老化性、超耐化学腐蚀性等，足以抵御褪色、起霜、龟裂、粉化、锈蚀和大气污染、环境破坏、化学侵蚀等作用。

（3）地面涂料

地面涂料主要有聚氨酯地面涂料、环氧树脂厚质地面涂料、环氧树脂自流平地面涂料、聚醋酸乙烯地面涂料、过氯乙烯地面涂料等品种。它们具有优良的耐磨性、耐碱性、耐水性和抗冲击性。地面涂料的主要功能是装饰与保护室内地面，使地面清洁美观，与室内墙面及其他装饰相适应。

2. 建筑装饰塑料制品的主要品种、特性及应用

目前，用于建筑装饰的塑料制品品种非常多，最常见的有以下几种：

（1）塑料墙纸和墙布

塑料墙纸和墙布是以一定材料为基材，在其表面进行涂塑后再经过印花、压花或发泡处理等多种工艺而制成的一种墙面、顶棚装饰材料。

塑料墙纸、墙布的规格一般有以下三种：①幅宽 530～600mm，长 10～12m，每卷为5～6m² 的窄幅小卷；②幅宽 760～900mm，长 25～50m，每卷为 20～45m² 的中幅中卷；③幅宽 920～1200mm，长 50m，每卷为 46～90m² 的宽幅大卷。

塑料墙纸和墙布具有以下特点：①装饰效果好。由于塑料墙纸表面可进行印花、压花及发泡处理，能仿天然石纹、木纹及锦缎，并通过精心设计，印制适合各种环境的花纹图案。色彩也可任意调配，做到自然流畅，清淡高雅。②性能优越。根据需要可加工成具有难燃、隔热、吸声、防霉，且不容易结露，不怕水洗，不易受机械损伤的产品。③适合大规模生产。塑料墙纸的加工性能良好，可进行工业化连续生产。④粘贴施工方便。纸基的塑料墙纸，可用普通 108 胶粘剂或白乳胶即可粘贴，透气性好，且施工简单，节约大量粉刷工作，因此可提高工效，缩短施工周期。⑤使用寿命长、易维修保养，塑料壁纸陈旧后，易于更换。⑥塑料墙纸具有一定的伸缩性，抗裂性较好，表面可擦洗，对酸碱有较强的抵抗能力。

（2）塑料装饰板

塑料装饰板是以树脂材料为基材或为浸渍材料，经一定工艺制成的具有装饰功能的板材。装饰板具有轻质、高强、隔声、透光、防火、可弯曲、安装方便等特点，不仅可替代木材、钢材等，还可以改善建筑功能、美化环境，满足现代建筑装饰的需求。塑料装饰板的耐久性优于涂料，其使用寿命比油漆能延长 4～5 倍，保养简单，易于清洁，维护费用较低。塑料装饰板的生产工艺简单，加工成型方便，劳动生产率较高，创造价值较大。

常用的塑料装饰板有以下几种：

1）硬质 PVC 装饰板。硬质 PVC 板是一种薄壁（1～2mm）板材，为提高其刚度，一般将平板加工成波纹板、异型板和格子板（图 2-6）。硬质 PVC 装饰板可以用作护墙板和屋面板以及室内装饰板。

2）塑料贴面板

塑料贴面板又称防火板，具有较高的耐热性、耐湿性、吸水率低等特点，可在沸水条件下长期使用，有时使用温度可达 150～200℃。密胺塑料制品表面硬度较高，耐污染，能像陶瓷那样方便地去除污渍，因而用途非常广泛，在建筑上常用作装饰层压板。

3）塑料金属复合板

① 钢塑复合板，系指塑料与镀锌钢板复合而成的板材。建筑用的塑钢板宽度为610mm、914mm、1200mm 等，厚度为 0.4～1.5mm。钢塑复合板在建筑上的应用主要是

(a)

(b)

(c)

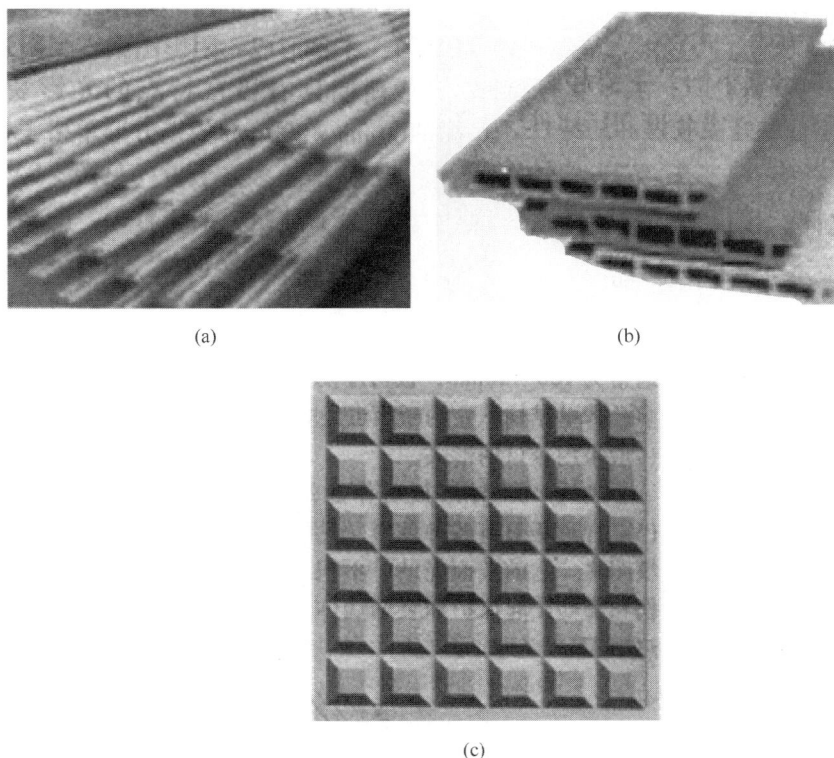

图 2-6　硬质 PVC 装饰板

（a）硬质 PVC 波纹板；（b）硬质 PVC 异型板；（c）硬质 PVC 格子板

被加工成波编纹板，作为外墙围护墙板和屋面板，特别适用于工业建筑、仓库等大型建筑物。

② 铝塑复合板也称铝塑板，是以铝合金薄板作为表层，以聚乙烯或聚氯乙烯塑料作为芯层或底层复合加工而成的。它有铝-塑-铝三层板或铝-塑双层复合板等品种，厚度一般为 3mm、4mm、6mm、8mm 几种。该种板材质量轻，坚固耐久，比铝合金薄板有更强的抗冲击性和抗凹陷性；可自由弯曲，弯曲后不反弹，因此成型方便，沿弧面基体弯曲时，不需特殊固定，便可与基体良好紧贴，便于粘贴固定；由于经过阳极氧化和着色、涂装等表面处理，所以不但装饰性好，而且有较强的耐候性；可锯、铆、刨（侧边）、钻、冷弯、冷折等，易加工、易组装、易维修、易保养等。

（3）塑料地板

塑料地板可以粘贴在如水泥混凝土或木材等基层上，构成饰面层。塑料地板具有质量轻、尺寸稳定、施工方便、经久耐用、脚感舒适、色泽艳丽美观、耐磨、耐油、耐腐蚀、防火、隔声及隔热等优点。

（4）树脂印花胶合板

树脂印花胶合板是用合成树脂处理后的木材片材，表面印成天然木纹花纹，经浸渍树脂，热压成型形成。其耐水防潮性、刚性、耐磨性能优良，比天然木地板具有更好的质感和外观，施工简单。

（5）塑钢门窗型材

塑钢门窗的型材一般采用聚氯乙烯（PVC）塑料，它是在 PVC 塑料中空异型材内安装金属衬筋，采用热焊接和机械连接制成。塑钢门窗有良好的隔热性、气密性、耐候性、耐腐蚀性，有明显的节能效果，而且不必涂油漆，可加工性好。

三、装饰工程识图

（一）施工图的基本知识

1. 房屋建筑施工图的组成及作用

房屋建筑施工图是指利用正投影的方法把所设计房屋的大小、外部形状、内部布置和室内装修，以及各部分结构、构造、设备等的做法，按照建筑制图国家标准规定绘制的工程图样。它是工程设计阶段的最终成果，同时又是工程施工、监理和计算工程造价的主要依据。

按照内容和作用不同，房屋建筑施工图分为建筑施工图（简称"建施"）、结构施工图（简称"结施"）和设备施工图（简称"设施"）。通常，一套完整的施工图还包括图纸目录、设计总说明（即首页）。

（1）建筑施工图的组成及作用

建筑施工图一般包括建筑设计说明、建筑总平面图、平面图、立面图、剖面图及建筑详图等。其中，平面图、立面图和剖面图简称"平、立、剖"，是建筑施工图中最重要、最基本的图样，称为基本建筑图。

建筑施工图表达的内容主要包括空间设计方面内容和构造设计方面内容。空间设计方面内容包括房屋的造型、层数、平面形状与尺寸以及房间的布局、形状、尺寸、装修做法等。构造设计方面内容包括墙体与门窗等构配件的位置、类型、尺寸、做法以及室内外装修做法等。建造房屋时，建筑施工图主要作为定位放线、砌筑墙体、安装门窗、进行装修的依据。

各图样的作用分别是：

建筑设计说明主要说明装修做法和门窗的类型、数量、规格、采用的标准图集等情况。

建筑总平面图也称总图，用以表达建筑物的地理位置和周围环境，是新建房屋及构筑物施工定位，规划设计水、暖、电等专业工程总平面图及施工总平面图设计的依据。

建筑平面图主要用来表达房屋平面布置的情况，包括房屋平面形状、大小、房间布置，墙或柱的位置、大小、厚度和材料，门窗的类型和位置等，是施工备料、放线、砌墙、安装门窗及编制概预算的依据。

建筑立面图主要用来表达房屋的外部造型、门窗位置及形式、外墙面装修、阳台、雨篷等部分的材料和做法等，在施工中是外墙面造型、外墙面装修、工程概预算、备料等的依据。

建筑剖面图主要用来表达房屋内部垂直方向的高度、楼层分层情况及简要的结构形式和构造方式，是施工、编制概预算及备料的重要依据。

因为建筑物体积较大，建筑平面图、立面图、剖面图常采用缩小的比例绘制，所以房屋上许多细部的构造无法表示清楚，为了满足施工的需要，必须分别将这些部位的形状、尺寸、材料、做法等用较大的比例画出，这些图样就是建筑详图。

（2）结构施工图的组成及作用

结构施工图一般包括结构设计说明、结构平面布置图和结构详图三部分，主要用以表示房屋骨架系统的结构类型、构件布置、构件种类、数量、构件的内部构造和外部形状、大小，以及构件间的连接构造。施工放线、开挖基坑（槽），施工承重构件（如梁、板、柱、墙、基础、楼梯等）主要依据结构施工图。

结构设计说明是带全局性的文字说明，它包括设计依据，工程概况，自然条件，选用材料的类型、规格、强度等级，构造要求，施工注意事项，选用标准图集等。主要针对图形不容易表达的内容，利用文字或表格加以说明。

结构平面布置图是表示房屋中各承重构件总体平面布置的图样，一般包括：基础平面布置图、楼层结构布置平面图、屋顶结构平面布置图。

结构详图是为了清楚地表示某些重要构件的结构做法，而采用较大的比例绘制的图样，一般包括梁、柱、板及基础结构详图，楼梯结构详图，屋架结构详图，其他详图（如天沟、雨篷、过梁等）。

（3）设备施工图的组成及作用

设备施工图可按工种不同再分成给水排水施工图（简称水施图）、供暖通风与空调施工图（简称暖施图）、电气设备施工图（简称电施图）等。水施图、暖施图、电施图一般都包括设计说明、设备的布置平面图、系统图等内容。设备施工图主要表达房屋给水排水、供电照明、供暖通风、空调、燃气等设备的布置和施工要求等。

（4）装饰施工图的组成及作用

建筑装饰装修施工图简称装饰施工图、饰施图，是装饰装修设计阶段的最终成果，主要表达室内设施的平面布置，以及地面、墙面、顶棚的造型、细部构造、装饰材料与做法等内容，是用于指导装饰施工的技术文件，也是进行造价管理、工程监理等工作的主要技术文件。装饰施工图可以说是建筑施工图的一种，只是表达的内容重点不同，要求不同。

因装饰装修工程的规模、复杂程度以及设计者的表达习惯不同，装饰施工图的组成不尽一致，但一般包括装饰装修施工工艺说明、装饰平面布置图、地面铺装图、顶棚平面图、装饰立面图、装饰详图等。装饰装修施工工艺说明、装饰平面布置图、地面铺装图、顶棚平面图、装饰立面图称为基本图。当然，一套完整的装饰施工图通常还有图纸目录、效果图、主材表等。

装饰装修施工工艺说明用以表达图样中未能详细标明或图样不易标明的内容。

装饰平面布置图的作用主要是用来表明建筑室内外各种装饰布置的平面形状、位置、大小和所用材料；表明这些布置与建筑主体结构之间，以及各种布置之间的相互关系等。

地面铺装图的作用主要是用来表明建筑室内外各种地面的造型、色彩、位置、大小、高度、图案和地面所用材料；表明房间内固定布置与建造主体结构之间，以及各种布置与地面之间、不同的地面间的相互关系等。

装修立面图用于反映室内空间垂直方向的装饰设计形式、尺寸与做法、材料与色彩的选用等内容，是装饰工程施工图中的主要图样之一，是确定墙面做法的主要依据。

顶棚平面图的作用主要是用来表明顶棚装饰的平面形式、尺寸和材料，以及灯具和其他各种室内顶部设施的位置和大小等。

装饰详图也称大样图，包括装饰构配件详图和装饰节点详图，其作用是把在平面布置图、地面铺装图、顶棚布置图、装饰立面图等图样中无法表示清楚的部分放大比例表示出来。

2. 房屋建筑施工图的图示特点

房屋建筑施工图的图示特点主要体现在以下几方面：

（1）施工图中的各图样用正投影法绘制。一般在水平面（H面）上作平面图，在正立面（V面）上作正、背立面图，在侧立面（W面）上作剖面图或侧立面图。平面图、立面图、剖面图是建筑施工图中最基本、最重要的图样，在图纸幅面允许时，最好将其画在同一张图纸上，以便阅读。

（2）由于房屋形体较大，施工图一般都用较小比例绘制，但对于其中需要表达清楚的节点、剖面等部位，则用较大比例的详图来表现。

（3）房屋建筑的构、配件和材料种类繁多，为作图简便，国家标准采用一系列图例来代表建筑构配件、卫生设备、建筑材料等。为方便读图，国家标准还规定了许多标注符号，构件的名称应用代号表示。

装饰施工图作为建筑施工图的一种，具有上述房屋建筑施工图一般图示特点。但是，建筑装饰设计通常是在建筑设计的基础上进行的，在制图和识图上装饰施工图有其自身的规律，如图样的组成、施工工艺及细部做法的表达等都与建筑施工图有所不同，主要表现在：

（1）为了方便识读，必要时装饰施工图可绘制透视图、轴测图等辅助表达。

（2）装饰施工图受业主的影响大。装饰设计有方案设计和施工图设计两个阶段。方案设计完成后，报业主或有关主管部门审批，才能进入施工图设计阶段。

（3）装饰施工图具有易识别性。装饰工程图交流的对象不仅仅是专业人员，还包括各种客户群，为了让他们一目了然，增加沟通能力，在设计中采用的图例大多具有具象性。

（4）装饰施工图图例繁杂。装饰施工图不仅涉及建筑，还包括家具、机械、电气设备；不仅包括材料，还包括成品和半成品，这就导致装饰施工图图例繁杂。

（5）装饰施工图详图多，必要时应提供材料样板。

3. 建筑装饰制图相关规定

（1）常用图例

装饰施工图的常用图例见表 3-1～表 3-10。

常用装饰装修材料图例   表 3-1

序号	名称	图例	备注
1	夯实土壤		—
2	砂砾石，碎砖三合土		—

序号	名称	图例	备注
3	石材		注明厚度
4	毛石		必要时注明石料块面大小及品种
5	普通砖		包括实心砖、多孔砖、砌块等。断面较窄不易画出图例线时,可涂黑,并在备注中加注说明,画出该材料图例
6	轻质砌块砖		指非承重砖砌体
7	轻钢龙骨板材隔墙		注明材料品种
8	饰面砖		包括铺地砖、墙面砖、陶瓷锦砖等
9	混凝土		1. 指能承重的混凝土及钢筋混凝土; 2. 各种强度等级、骨料、添加剂的混凝土; 3. 在剖面图上画出钢筋时,不画图例线; 4. 断面图形小,不易画出图列线时,可涂黑
10	钢筋混凝土		
11	多孔材料		包括水泥珍珠岩、沥青珍珠岩、泡沫混凝土、非承重加气混凝土、软木、蛭石制品等
12	纤维材料		包括矿棉、岩棉、玻璃棉、麻丝、木丝板、纤维板等
13	泡沫塑料材料		包括聚苯乙烯、聚乙烯、聚氨酯等多孔聚合物类材料
14	密度板		注明厚度
15	实木		表示垫木、木砖或木龙骨
			表示木材横断面

续表

序号	名称	图例	备注
15	实木		表示木材纵断面
16	胶合板		注明厚度或层数
17	多层板		注明厚度或层数
18	木工板		注明厚度
19	石膏板		1. 注明厚度； 2. 注明石膏板品种名称
20	金属		1. 包括各种金属，注明材料名称； 2. 图形小时，可涂黑
21	液体	（平面）	注明具体液体名称
22	玻璃砖		注明厚度
23	普通玻璃	（立面）	注明材质、厚度
24	磨砂玻璃	（立面）	1. 注明材质、厚度； 2. 本图例采用较均匀的点

续表

序号	名称	图例	备注
25	夹层（夹组、夹纸）玻璃	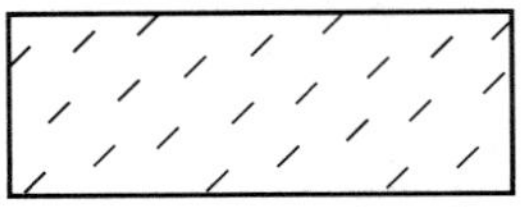 （立面）	注明材质、厚度
26	镜面	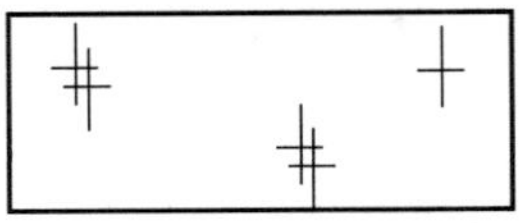 （立面）	注明材质、厚度
27	橡胶	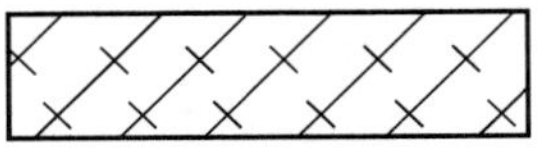	—
28	塑料	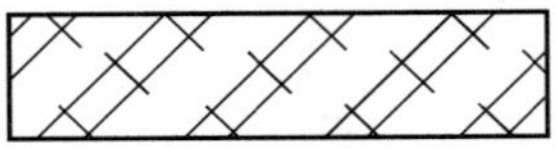	包括各种软、硬塑料及有机玻璃等
29	地毯	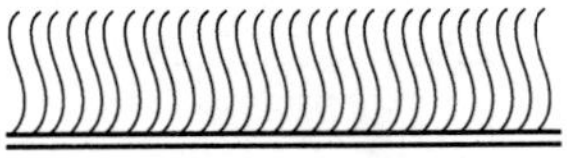	注明种类
30	防水材料	（小尺度比例） 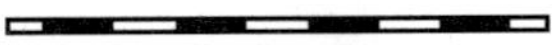（大尺度比例）	注明材质、厚度
31	粉刷		本图例采用较稀的点
32	窗帘	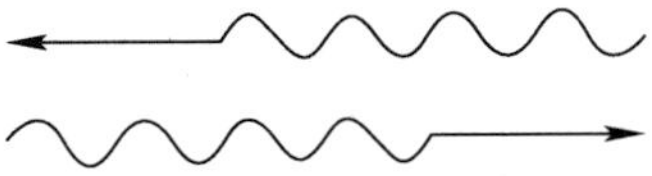 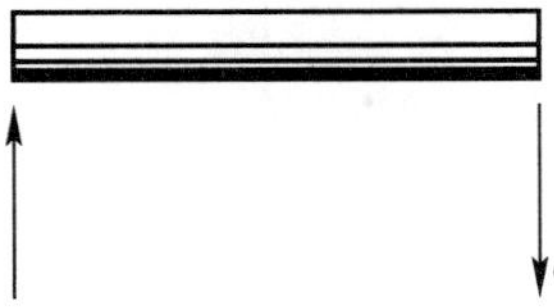 （立面）	箭头所示为开启方向

注：序号1、3、5、6、10、11、16、17、20、23、25、27、28图例中的斜线、短斜线、交叉斜线等均为45°。

常用家具图例 表 3-2

序号	名称		图例	备注
1	沙发	单人沙发	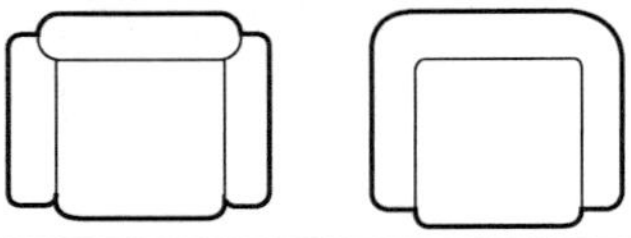	1. 立面样式根据设计自定； 2. 其他家具图例根据设计自定
		双人沙发	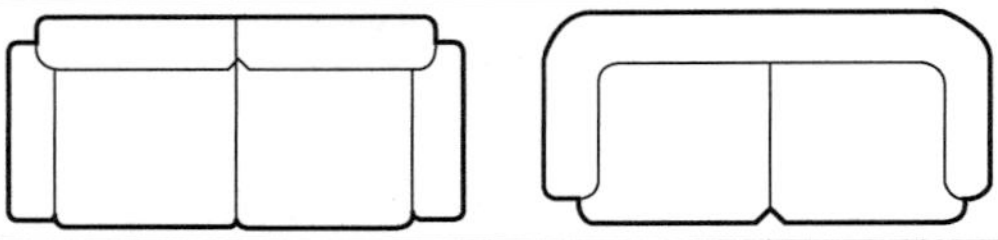	

序号	名称		图例	备注
1	沙发	三人沙发		
2	办公桌			
3	椅	办公椅		1. 立面样式根据设计自定； 2. 其他家具图例根据设计自定
		休闲椅		
		躺椅		
4	床	单人床		
		双人床		
5	橱柜	衣柜		1. 柜体的长度及立面样式根据设计自定； 2. 其他家具图例根据设计自定
		低柜		
		高柜		

常用电器图例 表3-3

序 号	名 称	图 例	备 注
1	电视	 TV	
2	冰箱	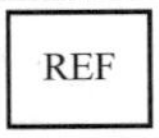 REF	
3	空调	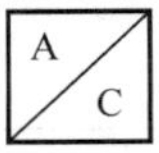 A / C	
4	洗衣机	 W / M	1. 立面样式根据设计自定;
5	饮水机	 WD	2. 其他电器图例根据设计自定
6	电脑	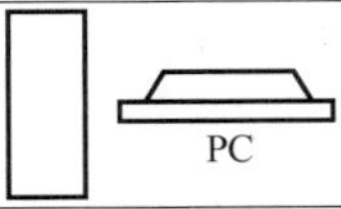 PC	
7	电话	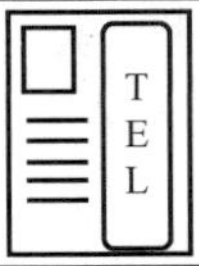 T E L	

常用厨具图例 表3-4

序号	名称	图例	备注
1	灶具	单头灶	1. 立面样式根据设计自定;
		双头灶	
		三头灶	
		四头灶	2. 其他厨具图例根据设计自定
		六头灶	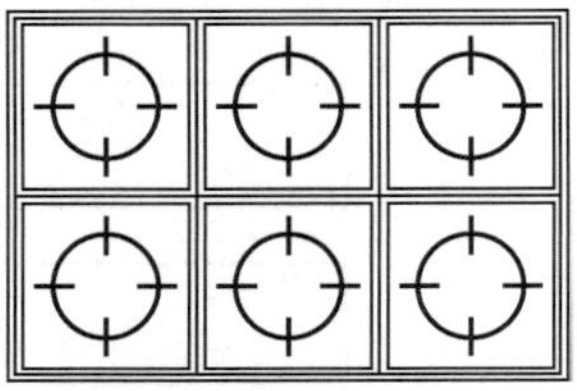

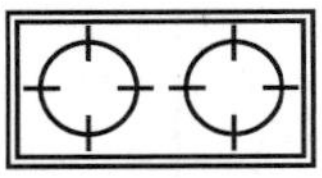

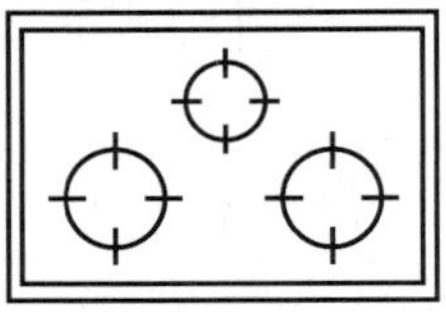

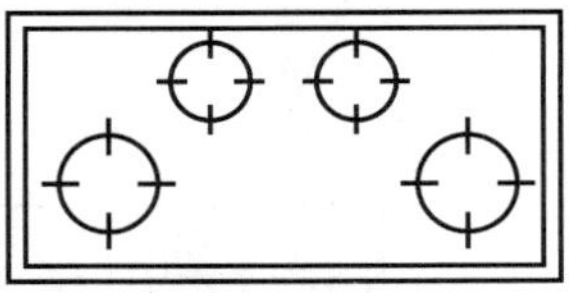

续表

序　号	名　称		图　例	备　注
2	水槽	单盆	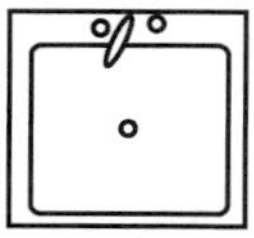 	1. 立面样式根据设计自定； 2. 其他厨具图例根据设计自定
		双盆	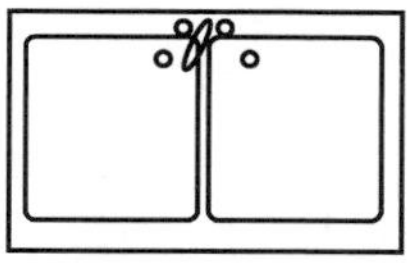 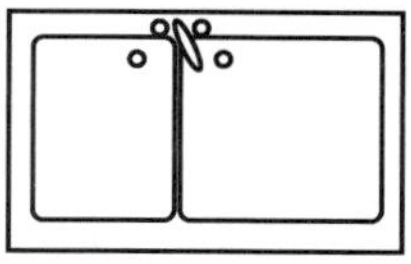	

常用洁具图例　　　　　　　　　　　　　　　　表 3-5

序号	名称		图　例	备注
1	大便器	坐式	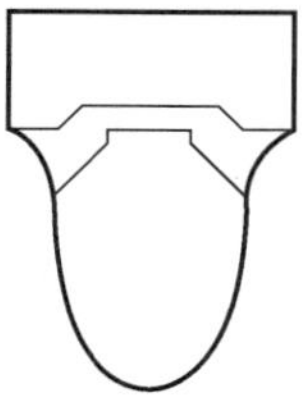 	1. 立面样式根据设计自定； 2. 其他洁具图例根据设计自定
		蹲式	 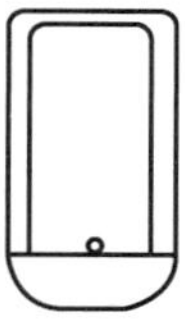	
2	小便器		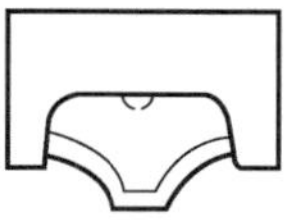 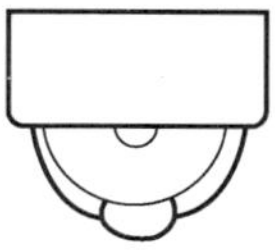	
3	台盆	立式	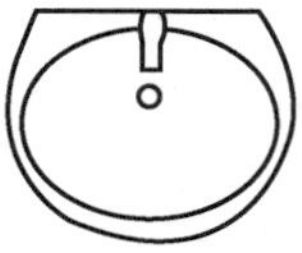 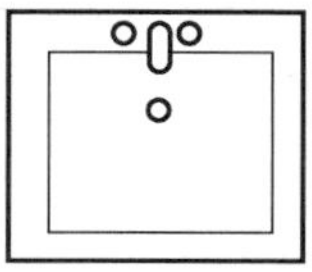	
		台式	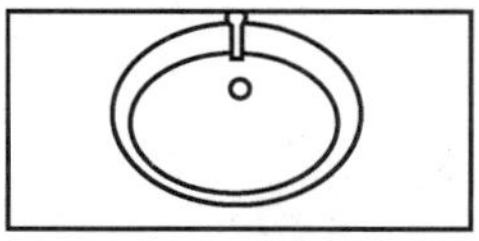 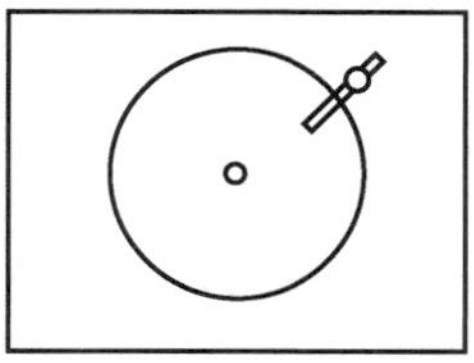	
		挂式	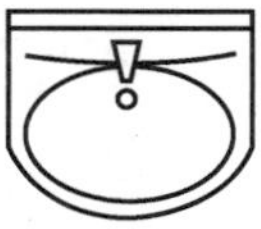 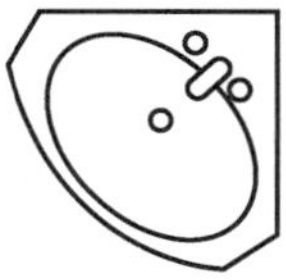	

序号	名称		图例	备注
4	污水池			
5	浴缸	长方形		1. 立面样式根据设计自定; 2. 其他洁具图例根据设计自定
		三角形		
		圆形		
6	淋浴房			

室内常用景观配饰图例　　　　　　　　　　　　　　　　表 3-6

序号	名称	图例	备注
1	阔叶植物		1. 立面样式根据设计自定; 2. 其他景观配饰图例根据设计自定
2	针叶植物		
3	落叶植物		

续表

序号	名称		图例	备注
4	盆景类	树桩类		
		观花类		
		观叶类		
		山水类		
5	插花类			
6	吊挂类			1. 立面样式根据设计自定;
7	棕榈植物			2. 其他景观配饰图例根据设计自定
8	水生植物			
9	假山石			
10	草坪		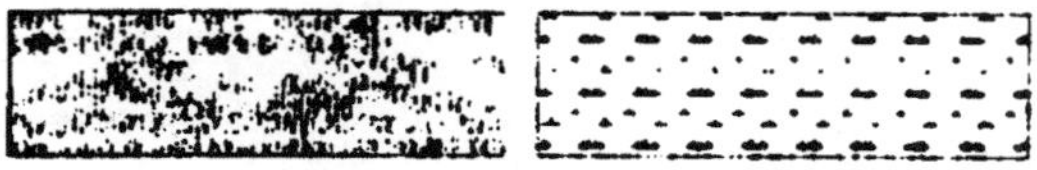	
11	铺地	卵石类		
		条石类		
		碎石类		

常用灯光照明图例 表 3-7

序号	名称	图例
1	艺术吊灯	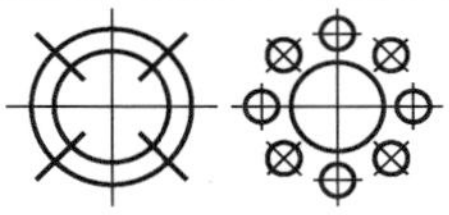

序号	名称	图例
2	吸顶灯	
3	筒灯	
4	射灯	
5	轨道射灯	
6	格栅射灯	（单头） （双头） （三头）
7	格栅荧光灯	（正方形） （长方形）
8	暗藏灯带	------------------
9	壁灯	
10	台灯	
11	落地灯	
12	水下灯	
13	踏步灯	

续表

序号	名称	图例
14	荧光灯	
15	投光灯	
16	泛光灯	
17	聚光灯	

常用设备图例   表 3-8

序号	名称	图例
1	送风口	（条形） （方形）
2	回风口	（条形） （方形）
3	侧送风、侧回风	
4	排气扇	
5	风机盘管	（立式明装） （卧式明装）
6	安全出口	EXIT
7	防火卷帘	F
8	消防自动喷淋头	
9	感温探测器	
10	感烟探测器	S
11	室内消火栓	（单口） （双口）
12	扬声器	

开关、插座立面图例　　　　　　　　　　　　　　　　　　　表 3-9

序号	名称	图例
1	单相二极电源插座	
2	单相三极电源插座	
3	单相二、三极电源插座	
4	电话、信息插座	（单孔） （双孔）
5	电视插座	（单孔） （双孔）
6	地插座	
7	连接盒、接线盒	
8	音响出线盒	
9	单联开关	
10	双联开关	
11	三联开关	
12	四联开关	
13	钥匙开关	
14	请勿打扰开关	
15	可调节开关	
16	紧急呼叫按钮	

插座、开关平面图例　　　　　　　　　　表 3-10

序号	名称	图例
1	（电源）插座	
2	三个插座	
3	带保护极的（电源）插座	
4	单相二、三极电源插座	
5	带单极开关的（电源）插座	
6	带保护极的单极开关的（电源）插座	
7	信息插座	C
8	电接线箱	J
9	公用电话插座	
10	直线电话插座	
11	传真机插座	F
12	网络插座	C
13	有线电视插座	TV
14	单联单控开关	
15	双联单控开关	
16	三联单控开关	
17	单极限时开关	t
18	双极开关	
19	多位单极开关	
20	双控单极开关	
21	按钮	
22	配电箱	AP

（2）图线

建筑装饰专业制图的线型见表 3-11。

线型及其应用 表 3-11

名称		线型	线宽	一般用途
实线	粗		b	1. 平、剖面图中被剖切的房屋建筑和装饰装修构造的主要轮廓线； 2. 房屋建筑室内装饰装修立面图的外轮廓线； 3. 房屋建筑室内装饰装修构造详图、节点图中被剖切部分的主要轮廓线； 4. 平、立、剖面图的剖切符号
	中粗		$0.7b$	1. 平、剖面图中被剖切的房屋建筑和装饰装修构造的次要轮廓线； 2. 房屋建筑室内装饰装修详图中的外轮廓线
	中		$0.5b$	1. 房屋建筑室内装饰装修构造详图中的一般轮廓线； 2. 小于 $0.7b$ 的图形线、家具线、尺寸线、尺寸界线、索引符号、标高符号、引出线、地面、墙面的高差分界线等
	细		$0.25b$	图形和图例的填充线
虚线	中粗	- - - - - - -	$0.7b$	1. 表示被遮挡部分的轮廓线； 2. 表示被索引图样的范围； 3. 拟建、扩建房屋建筑室内装饰装修部分轮廓线
	中	- - - - - - -	$0.5b$	1. 表示平面中上部的投影轮廓线； 2. 预想放置的房屋建筑或构件
	细	- - - - - - -	$0.25b$	表示内容与中虚线相同，适合小于 $0.5b$ 的不可见轮廓线
单点长画线	中粗		$0.7b$	运动轨迹线
	细		$0.25b$	中心线、对称线、定位轴线
折断线	细		$0.25b$	不需要画全的断开界线
波浪线	细		$0.25b$	1. 不需要画全的断开界线； 2. 构造层次的断开界线； 3. 曲线形构件断开界线
点线	细	- - - - - - -	$0.25b$	剖面图需要的辅助线
样条曲线	细		$0.25b$	1. 不需要画全的断开界线； 2. 剖面图需要的引出线
云线	中		$0.5b$	1. 圈出被索引的图样范围； 2. 标注材料的范围； 3. 标注需要强调、变更或改动的区域

（3）尺寸标注

图样上的尺寸，应包括尺寸界线、尺寸线、尺寸起止符号和尺寸数字四个要素。其中尺寸起止符号用中粗短斜线或黑色圆点绘制，如图 3-1 所示。

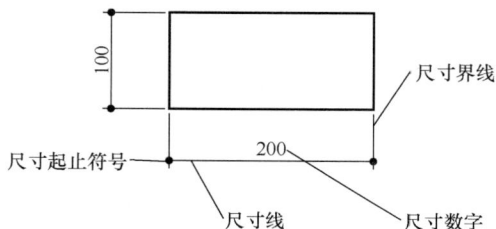

图 3-1 尺寸组成四要素

几种尺寸的标注形式见表 3-12。

几种尺寸的标注形式 表 3-12

注写的内容	注法示例	说明
半径	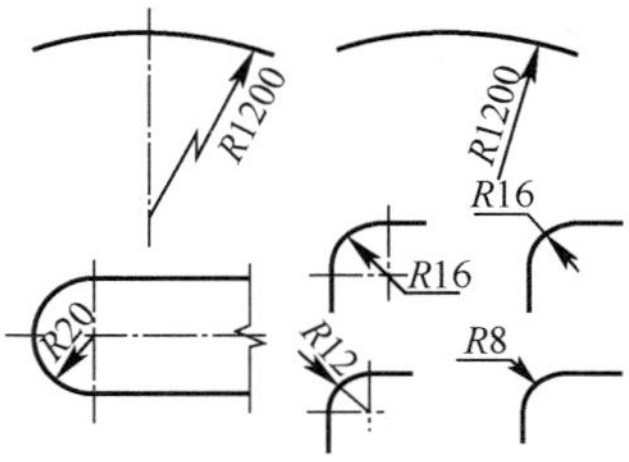	半圆或小于半圆的圆弧应标注半径，如左下方的例图所示。标注半径的尺寸线应一端从圆心开始，另一端画箭头指向圆弧，半径数字前应加注符号"R"。 较大圆弧的半径，可按上方两个例图的形式标注；较小圆弧的半径，可按右下方四个例图的形式标注
直径	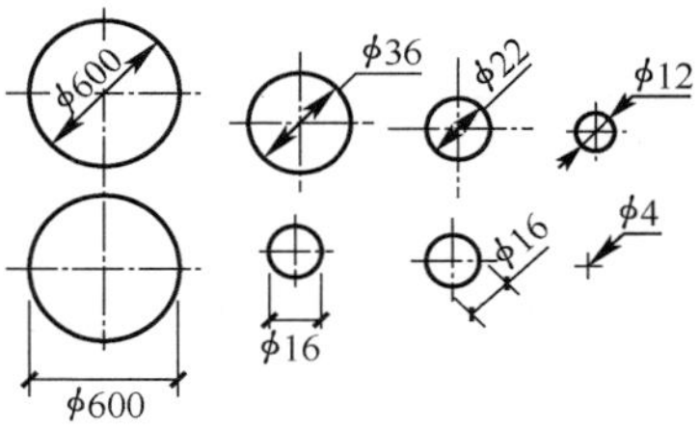	圆及大于半圆的圆弧应标注直径，如左侧两个例图所示，并在直径数字前加注符号"φ"。在圆内标注的直径尺寸线应通过圆心，两端画箭头指向圆弧。 较小圆的直径尺寸，可标注在圆外，如右侧六个例图所示
薄板厚度	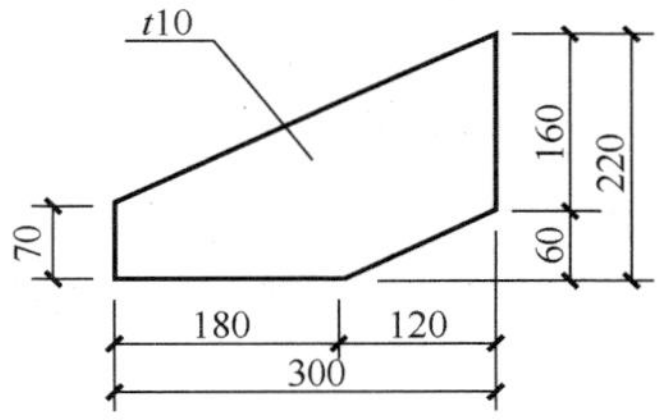	应在厚度数字前加注符号"t"
正方形	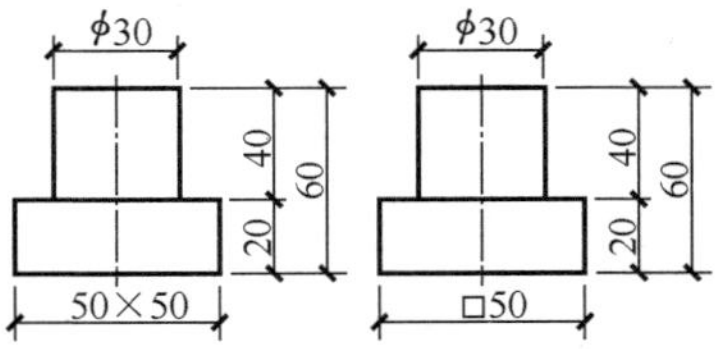	在正方形的侧面标注该正方形的尺寸，可用"边长×边长"标注，也可在边长数字前加正方形符号"□"
坡度	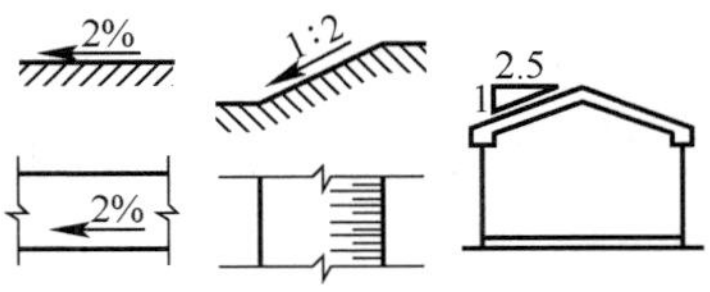	标注坡度时，在坡度数字下应加注坡度符号，坡度符号为单面箭头，一般指向下坡方向。 坡度也可用直角三角形形式标注，如右侧的例图所示。 图中在坡面高的一侧水平边上所画的垂直于水平边的长短相间的等距细实线，称为示坡线，也可用它来表示坡面
角度、弧长与弦长	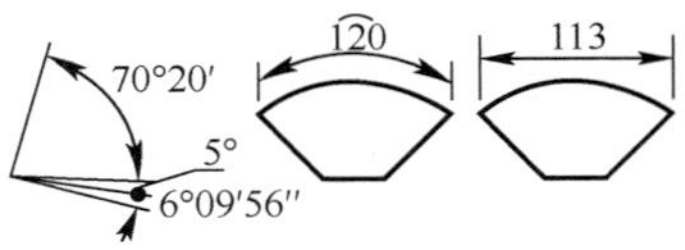	如左方的例图所示，角度的尺寸线是圆弧，圆心是角顶，角边是尺寸界线。尺寸起止符号用箭头；如没有足够的位置画箭头，可用圆点代替。角度的数字应水平方向注写。 如中间例图所示，标注弧长时，尺寸线为同心圆弧，尺寸界线垂直于该圆弧的弦，起止符号用箭头，弧长数字上方加圆弧符号。 如右方的例图所示，圆弧的弦长的尺寸线应平行于弦，尺寸界线垂直于弦

续表

注写的内容	注法示例	说明
连续排列的等长尺寸	180　5×100=500　60	可用"个数×等长尺寸＝总长"的形式标注
相同要素	6×φ30　φ120　φ200	当构配件内的构造要素（如孔、槽等）相同时，可仅标注其中一个要素的尺寸及个数

（4）标高

标高是表示建筑的地面或某一部位的高度。

标高分为相对标高和绝对标高两种。我国把青岛市外的黄海海平面作为零点所测定的高度尺寸称为绝对标高。

在装饰施工图中，采用标高表示有关部位的高度。标高标注时，以本层室内地坪装饰装修完成面为基准点±0.000。标高符号可采用等腰直角三角形，也可采用涂黑的三角形或90°对顶角的圆，如图3-2所示。标高符号的尖端应指至被标注的高度，尖端可向下也可向上。在施工图中一般注写到小数点后三位即可。零点标高注写成±0.000，负标高数字前必须加注"－"，正标高数字前不写"＋"。标高单位除建筑总平面图以米为单位外，其余一律以毫米为单位。

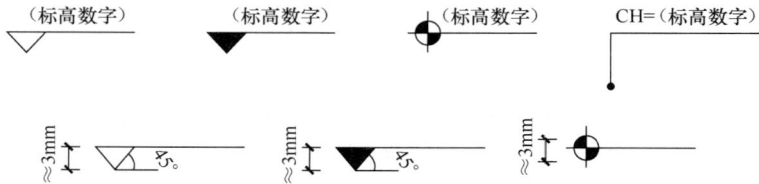

图3-2　标高符号

（5）剖切符号

施工图中剖视的剖切符号用粗实线表示，它由剖切位置线和投射方向线组成（图3-3）。

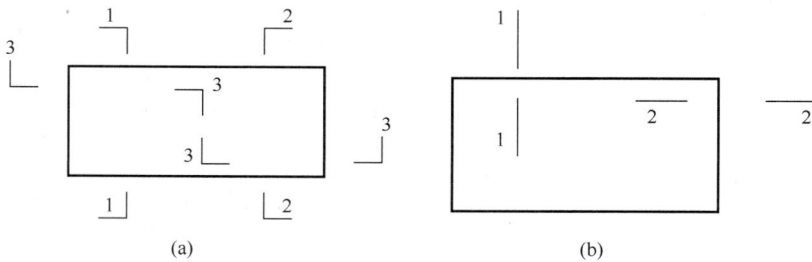

图3-3　剖切符号

（a）剖视的剖切符号；（b）断面的剖切符号

（6）索引符号

图样中的某一局部或构件需另见详图时，以索引符号标注。

表示室内立面在平面上的位置及立面图所在图纸编号，应在平面图上使用立面索引符号（图3-4）；表示剖切面在界面上的位置或图样所在图纸编号，应在被索引的界面或图样上使用剖切索引符号（图3-5）；表示局部放大图样在原图上的位置及本图样所在页码，应在被索引详图上使用详图索引符号（图3-6）；表示各类设备（含设备、设施、家具、灯具等）的品种及对应的编号，应在图样上使用设备索引符号（图3-7）。

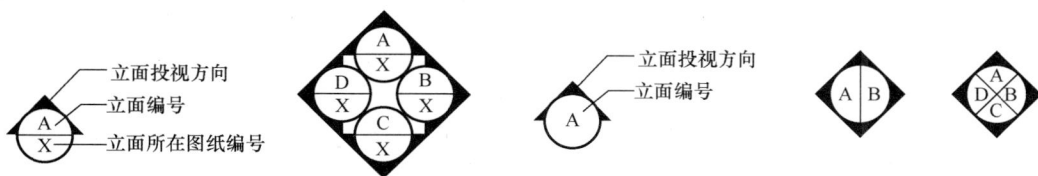

图 3-4　立面索引符号

图 3-5　剖切索引符号

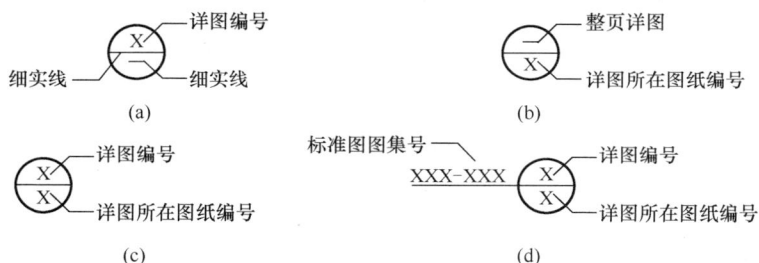

图 3-6　详图索引符号

（a）本页索引符号；（b）整页索引符号；（c）不同页索引符号；（d）标准图索引符号

（7）详图符号

当详图与被索引出的图样不在同一张图纸时，用细实线在详图符号内画一水平直径，上半圆中注明详图的编号，下半圆注明被索引图纸的编号，如图3-8（a）所示。当详图与被索引出的图样在同一张图纸内时，在详图符号内用阿拉伯数字注明该详图编号，如图3-8（b)所示。

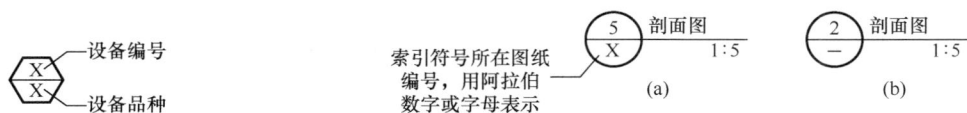

图 3-7　设备索引符号

图 3-8　详图符号

（a）与被索引出的图样不在同一张图纸的详图符号；

（b）与被索引出的图样在同一张图纸的详图符号

（8）引出线

施工图中的引出线用细实线表示，它由水平方向的直线或与水平方向成 30°、45°、60°、90°的直线和经上述角度转折的水平直线组成。

多层构造或多个部位共用引出线要通过被引出的各层。文字说明注写在水平线的上方或端部，说明的顺序由上至下，与被说明的层次一致，如图 3-9 所示。

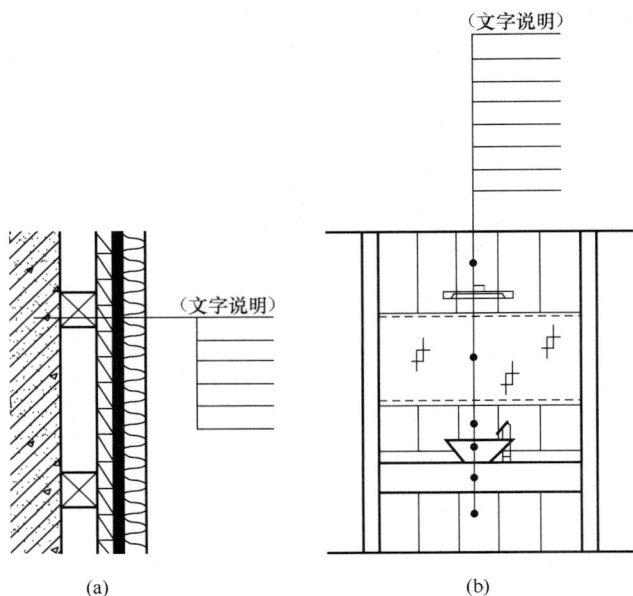

图 3-9 共用引出线

（a）多层构造引出线；（b）多个部位共用引出线

（9）对称符号

施工图中的对称符号由对称线和分中符号组成。对称线用细点画线表示，分中符号可采用两对平行线或英文缩写（大写英文 CL）表示（图 3-10）。

（10）转角符号

在装饰施工图中，立面的转角应采用转角符号表示。转角符号以垂直线连接两端交叉线，并加注角度符号表示，如图 3-11 所示。

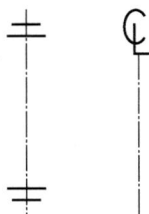

图 3-10 对称符号

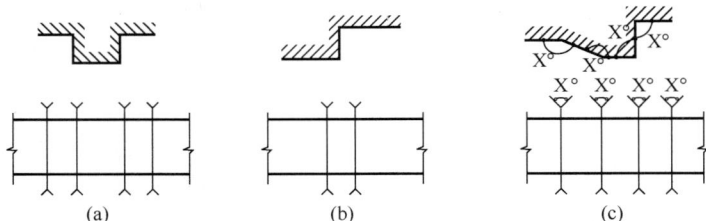

图 3-11 转角符号

（a）表示成 90°外凸立面；（b）表示成 90°内转折立面；（c）表示不同角度转折外凸立面

（二）装饰施工图的图示方法及内容

1. 装饰平面布置图

（1）图示方法

装饰平面布置图是假想用一个水平的剖切平面，在略高于窗台的位置，将经过内外装修后的房屋整个剖开，移去上面部分向下所作的水平投影图。

装饰平面布置图中所表达的建筑平面图的有关内容，包括建筑平面图上由剖切引起的墙柱断面和门窗洞口、定位轴线及其编号、建筑平面结构的各部尺寸、室外台阶、雨篷、花台、阳台及室内楼梯和其他细部布置等，表示方法与建筑平面图相同，即剖切到的构件用粗线，看到的用细线。为了使图面不过于繁杂，一般与装饰平面图示关系不大或完全没有关系的内容均应予以省略，如指北针、建筑详图的索引标志、建筑剖面图的剖切符号，以及某些大型建筑物的外包尺寸等。

装饰平面布置图中门窗的平面形式主要用图例表示，其装饰应按比例和投影关系绘制，标明门窗是里装、外装还是中装等，并注明设计编号；垂直构件的装饰形式，可用中实线画出它们的水平断面外轮廓，如门窗套、包柱、壁饰、隔断等；墙柱的一般饰面则用细实线表示。

各种室内陈设品（如家具、厨具、洁具、家电、灯饰、绿化、装饰构件等）用图例表示。这些图例一般都是简化的轮廓投影，并且按比例用中实线画出，对于特征不明显的图例用文字注明它们的名称。

为了美化图面效果，还可在无陈设品遮挡的空余部位画出。

（2）图示内容

1）建筑主体结构，如墙、柱、门窗、台阶等。

2）各功能空间（如客厅、餐厅、卧室等）的家具的平面形状和位置，如沙发、茶几、餐桌、餐椅、酒柜、地柜、床、衣柜、梳妆柜、床头柜、书柜、书桌等。

3）厨房的橱柜、操作台、洗涤池等的形状和位置。

4）卫生间的浴缸、大便器、洗手台等的形状和位置。

5）家电的形状和位置，如空调机、电冰箱、洗衣机、电视机、电风扇、落地灯等。

6）隔断、绿化、装饰构件、装饰小品等的布置。

7）标注建筑主体结构的开间和进深等尺寸、主要的装修尺寸。

装饰平面布置图的尺寸标注分外部尺寸和内部尺寸。外部尺寸一般是套用建筑平面图的轴间尺寸和门窗洞、洞间墙尺寸，而装饰结构和配套布置的尺寸主要在图样内部标注。内部尺寸直接标注在所示内容附近，并尽可能连续标注。

为了区别装饰平面布置图上不同平面的上下关系，必要时应该注出标高。标注标高时，取各层室内主要地面的装饰装修完成面为基准点。

8）装修要求等文字说明。

9）装饰视图符号。

为了表示室内立面图在装饰平面布置图中的位置，应在平面布置图上用内视符号注明视点位置、方向及立面编号。立面编号宜用拉丁字母或阿拉伯数字。

　　为了表示装饰平面布置图与室内其他图的对应关系，装饰平面布置图还应标注各种视图符号，如剖切符号、索引符号、投影符号等。这些符号的标识方法均与建筑平面图相同。

　　图 3-12 为某住宅装饰平面布置图。

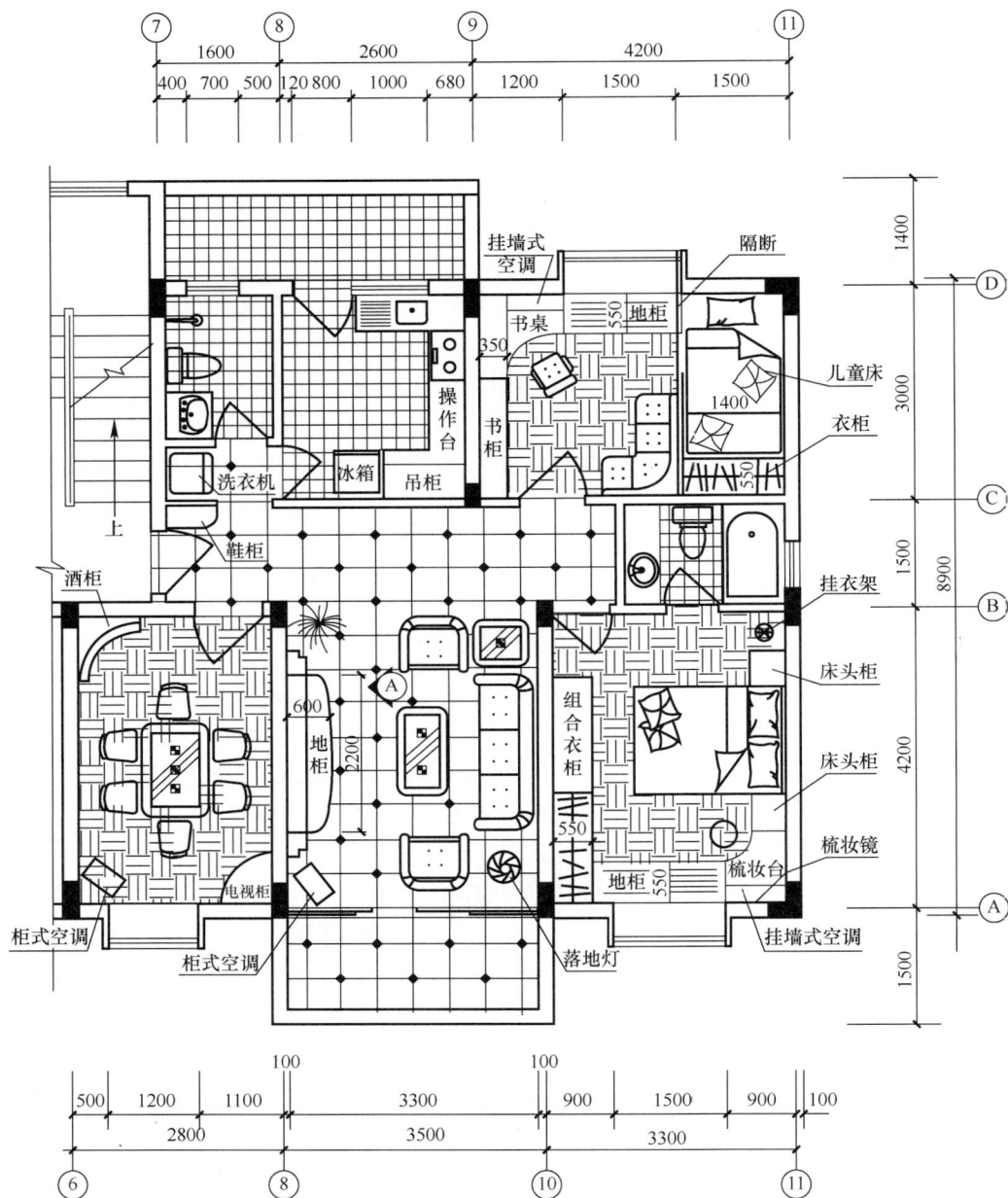

平面布置图　　1:50

注：1.图中尺寸不详之处参见立面图或家具详图。
　　2.厨房的操作台为定购件，尺寸由住户现场定。

图 3-12　某住宅装饰平面布置图

2. 地面铺装图

（1）图示方法

地面铺装图是在装饰平面布置图的基础上，把地面（包括楼面、台阶面、楼梯平台面等）装饰单独独立出来而绘制的图样。它是在室内不布置可移动的装饰要素（如家具、设备、盆栽等）的状况下，假想用一个水平的剖切平面，在略高于窗台的位置，将经过内外装修的房屋整个剖开，移去以上部分向下所作的水平投影图。

（2）图示内容

1）建筑平面基本结构和尺寸。地面铺装图需表达建筑平面图的有关内容。

2）装饰结构的平面形式和位置。

3）室内外地面的平面形式和位置。地面装饰的平面形式要求绘制准确、具体，按比例用细实线画出该形式的材料规格、铺装和构造分格线等，并标明其材料品种和工艺要求，必要时应填充恰当的图案和材质实景表示。标明地面的具体标高和收口索引。

4）装饰结构与地面布置的尺寸标注。地面铺装图的尺寸标注分为外部尺寸和内部尺寸，外部尺寸一般是套用装饰平面布置图的轴线尺寸和总尺寸，而装饰结构和地面布置的尺寸主要在图样内部标注。内部尺寸标注时尽可能标注在统一的方向，并尽可能连续标注。为了区别地面铺装图上不同地面的上下关系，应该注出标高。标注标高时，取各层室内主要地面装饰装修完成面为基准点。地面铺装图上还应标注各种视图符号，如剖切符号、索引符号等。这些符号标识方法均与装饰平面布置图相同。

5）必要的文字说明。为了使图面的表达更为详尽周到，必要的文字说明是不可缺少的，如房间的名称、饰面材料的规格品种和颜色、工艺做法与要求、某些装饰构件与配套布置的名称等。

图 3-13 为某住宅地面铺装图。

3. 顶棚平面图

（1）图示方法

顶棚平面图也称天花平面图，是采用镜像投影法，将地面视为镜面，对镜中顶棚的形象作正投影而成。

（2）图示内容

1）标明墙柱和门窗洞口位置。用镜像投影法绘制的顶棚图，其图形上的前后、左右位置与装饰平面布置图完全相同，纵横轴线的排列也与之相同。但是，在图示了墙柱断面和门窗洞口以后，仍要标注轴线尺寸、总尺寸。洞口尺寸和洞间墙尺寸可不必标出，这些尺寸可对照装饰平面布置图阅读。定位轴线和编号也不必全部标出，只在平面图形的四角部分标出，能确定它与装饰平面布置图的对应位置即可。顶棚平面图一般不图示门扇及其开启方向线，只图示门窗过梁底面。为区别门洞与窗洞，窗扇用一条细虚线表示。

2）标明顶棚装饰造型的平面形式和尺寸，并通过附加文字说明其所用材料、色彩及工艺要求。顶棚的跌级变化应结合造型平面分区用标高来表示，所注标高是顶棚各构件底面的高度。

3）标明顶部灯具的种类、式样、规格、数量及布置形式和安装位置。顶棚平面图上

76

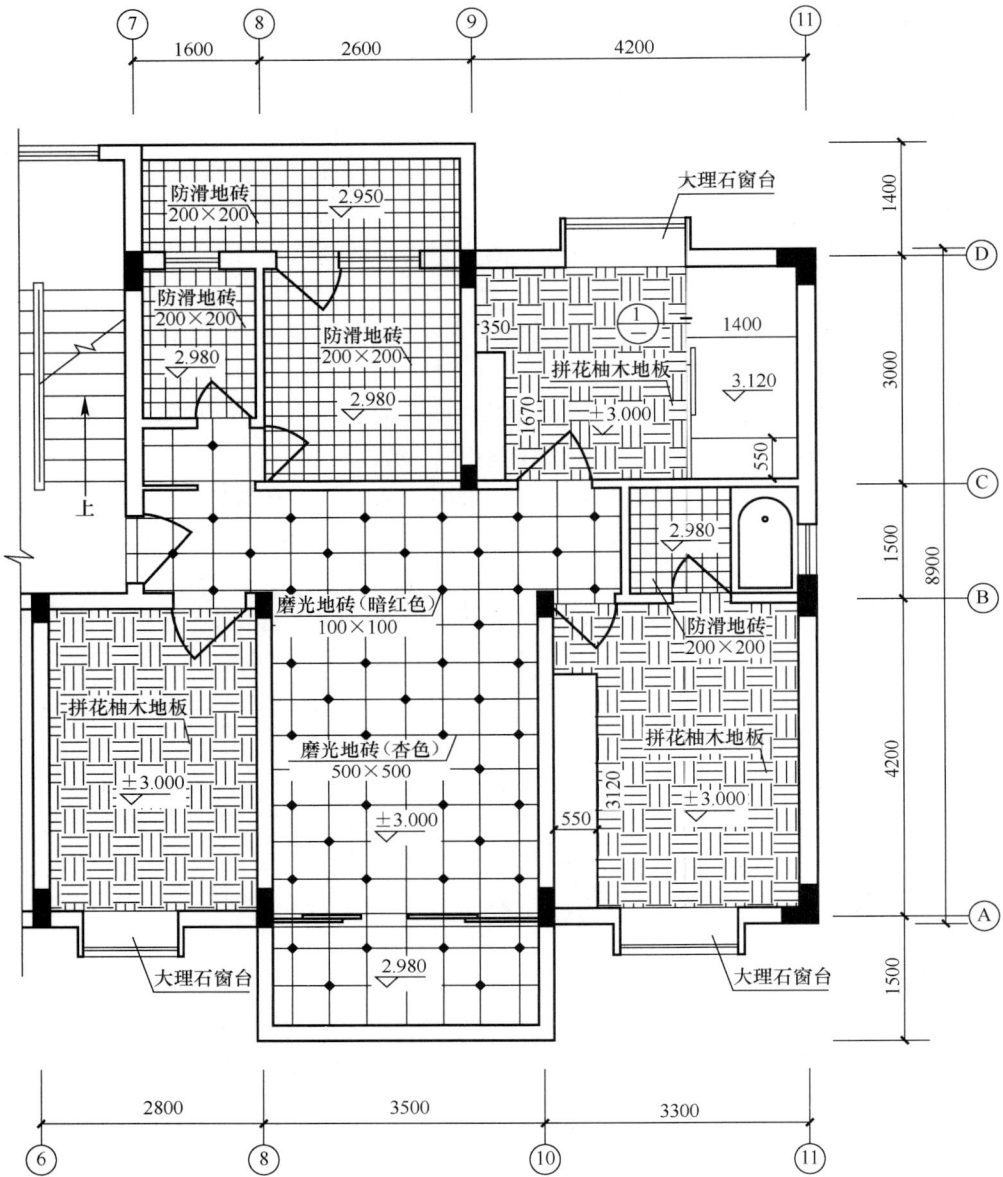

地面铺装图　　1:50　注：1.图中所示材料的具体品种另见样板。
　　　　　　　　　　　2.木地板的铺装是在固定家具制作完成后进行。

图 3-13　某住宅地面铺装图

的小型灯具按比例用一个细实线圆表示，大型灯具可按比例画出它的正投影外形轮廓，力求简明概括，并附加文字说明。

　　4）标明空调风口、顶部消防与音响设备等设施的布置形式与安装位置。

　　5）标明墙体顶部有关装饰配件（如窗帘盒、窗帘等）的形式和位置。

　　6）标明顶棚剖面构造详图的剖切位置及剖面构造详图的所在位置。

图 3-14 为某住宅顶棚平面图。

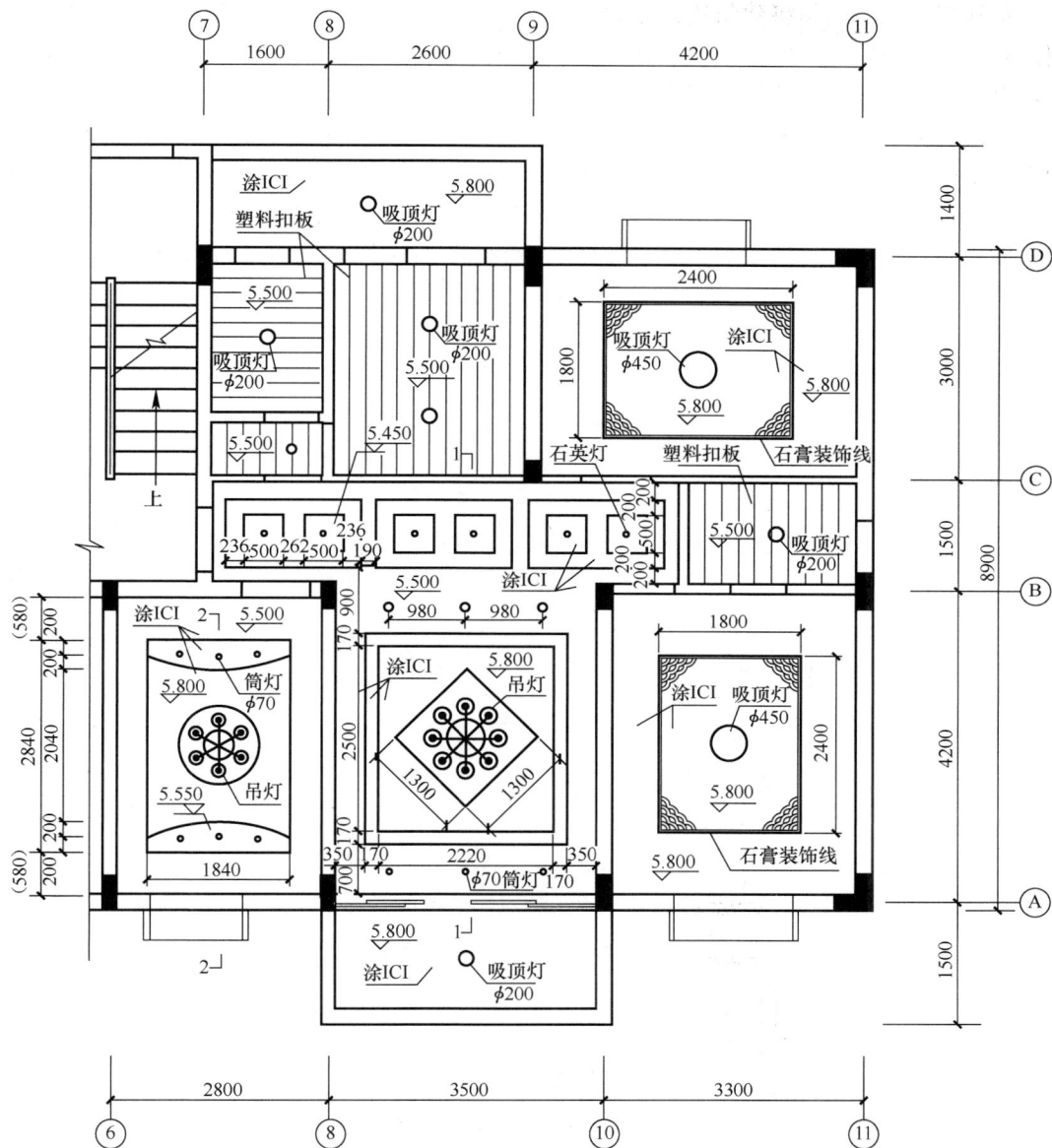

顶棚平面图（镜像） 1:50

注：1.图中尺寸不详之处另节点详图。
2.图中的ICI乳胶漆均采用白色。
3.图中的标高是相对于楼面的高度。

图 3-14　某住宅顶棚平面图

4. 装饰立面图

（1）图示方法

装饰立面图主要反映墙柱面装饰装修情况。装饰立面图包括室外装饰立面图和室内装饰立面图。

室外装饰立面图是将建筑物经装饰装修后的外观形象，向铅直投影面所作的正投影图。它主要表明屋顶、檐头、外墙面、门头与门面等部位的装饰造型、装饰尺寸和饰面处理，以及室外水池、雕塑等建筑装饰小品布置等内容。

室内装饰立面图也按正投影法绘制。装饰立面图的线型选择和建筑立面图基本相同，即立面图的最外轮廓线用粗实线表示；外轮廓线以内的细部轮廓，如凸出墙面的雨篷、阳台、柱、窗台、台阶、屋檐的下檐线以及窗洞、门洞等用中粗线画出；其余轮廓线如腰线、粉刷线、分格线、落水管以及引出线等均采用细实线画出；地坪线用标准粗度的1.2~1.4倍的加粗线画出。但细部描绘应注意力求概括，所有为增加效果的细节描绘均应以细淡线表示。

（2）图示内容

1）墙柱面造型（如壁饰、龛、装饰线、固定于墙身的柜、台、座等）的轮廓线、壁灯、装饰件等；

2）吊顶顶棚及吊顶以上的主体结构（如梁、楼板等）；

3）墙柱面的饰面材料和涂料的名称、规格、颜色、工艺说明等；

4）尺寸标注：壁饰、龛、装饰线等造型的定型尺寸、定位尺寸；楼地面标高、吊顶顶棚标高等。

标高标注时，以室内地面为基准点，并以此为基准来标明装饰立面图上有关部位的标高。

5）详图索引、剖面、断面等符号标注；

6）立面图两端墙柱体的定位轴线、编号。

图3-15为某住宅客厅墙面装饰立面图。

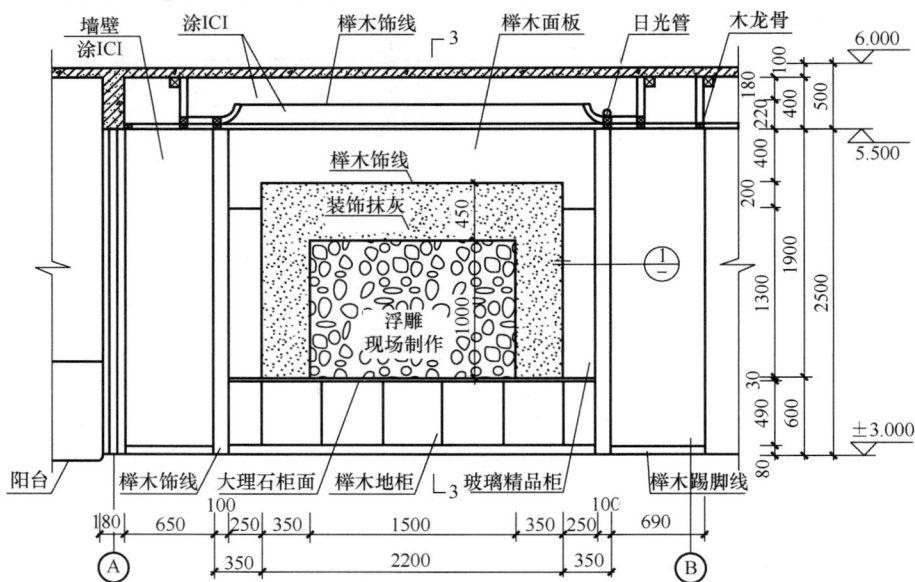

客厅立面图　　　　1:40

图3-15　某住宅客厅墙面装饰立面图

5. 装饰详图

装饰详图可有不同分类方法，不同分类方法有不同的详图。

（1）按照隶属关系分类的装饰详图

按隶属关系不同，装饰详图可分为功能房间大样图、装饰构配件详图、装饰节点详图等多个层次。

1）功能房间大样图。它是以整体设计中某一重要或有代表性的房间单独提取出来放大做设计图样，图示内容详尽，包含该房间的平面综合布置图、顶棚综合图以及该房间的各立面图、效果图。

2）装饰构配件详图。建筑装饰所属的构配件项目很多，它包括各种室内配套设置体，如酒吧台、酒吧柜、服务台、售货柜和各种家具等；还包括结构上的一些装饰构件，如装饰门、门窗套、装饰隔断、花格、楼梯栏板（杆）等。这些配置体和构件受图幅和比例的限制，在基本图中无法表达精确，都要另行作出比例较大的图样来详细表明它们的式样、用料、尺寸和做法，这些图样即为装饰构配件详图。装饰构配件详图的主要内容有：构配件的形状、详细构造、层次、详细尺寸和材料图例，构配件各部分所用材料的品名、规格、色彩以及施工做法和要求，部分尚需放大比例详示的索引符号和节点详图，也可附带轴测图或透视图表达。

3）装饰节点详图。它是将两个或多个装饰面的交汇点或构造的连接部位，按垂直和水平方向剖开，并以较大比例绘出的详图。它是装饰工程中最基本和最具体的施工图。节点详图的比例常采用 1∶1、1∶2、1∶5、1∶10，其中比例为 1∶1 的详图又称为足尺图。

（2）按照详图的部位分类的装饰详图

1）地面构造装饰详图。不同地面（坪）图示方法不尽相同。一般若地面（坪）做有花饰或图案时应绘出地面（坪）花饰平面图。对地面（坪）的构造则应用断面图表明，地面具体做法多用分层注释方法表明。

2）墙面构造装饰详图。一般进行软包装或硬包装的墙面绘制装饰详图，构造装饰详图通常包括墙体装饰立面图和墙体断面图。

3）隔断装饰详图。隔断的形式、风格及材料与做法种类繁多。隔断通常可以用隔断整体效果的立面图、结构材料与做法的剖面图和节点立体图来表示。

4）吊顶装饰详图。室内吊顶也是装饰设计主要的内容，其形式很多。一般吊顶装饰详图应包括吊顶平面搁栅布置图和吊顶固定方式节点图等。

5）门、窗装饰构造详图。在装饰设计中门、窗一般要进行重新装修或改建。因此门、窗构造详图是必不可少的图示内容。其表现方法包括：表示门、窗整体的立面图和表示具体材料、结构的节点断面图。

6）其他详图。在装饰工程设计中有许多建筑配件需要装饰处理，例如门、窗及扶手、栏板、栏杆等，而这些在平、立面上是很难表达清楚的，因此将需要进一步表达的部位另画大样图，这就是建筑配件装饰大样图。在高级装修中，除了对建筑配件进行装饰外，还有一些装饰部件，如墙面、顶棚的装饰浮雕，通风口的通风箅子，栏杆的图案构件及彩画装饰等，设计人员常用 1∶1 的比例画出它的实际尺寸图样，并在图中画出局部断面形式，以利于施工。

图 3-16 为某住宅客厅精品柜节点详图，图 3-17 为某住宅客厅吊顶顶棚剖面详图。

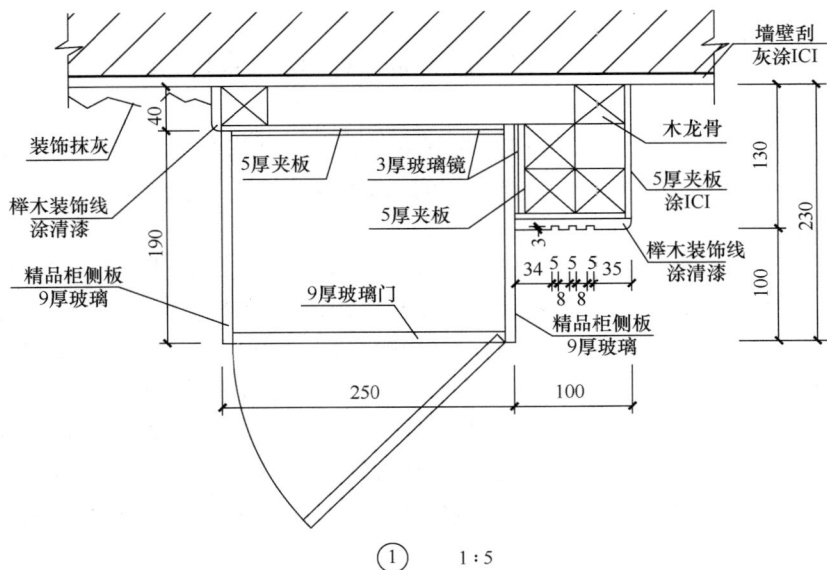

①   1:5

图 3-16 某住宅客厅精品柜节点详图

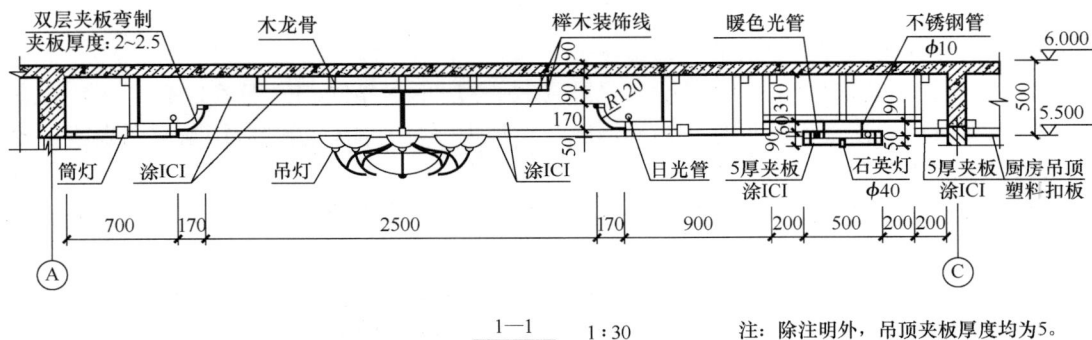

1—1   1:30   注: 除注明外，吊顶夹板厚度均为5。
                                            1—1剖切位置对应图3-14。

图 3-17 某住宅客厅吊顶顶棚剖面详图

（三）装饰施工图的绘制与识读

1. 装饰施工图绘制的步骤与方法

（1）装饰平面布置图的绘制

1）选比例、定图幅。装饰施工图绘制的常用比例见表 3-13。

装饰施工图绘制的常用比例 表 3-13

比例	部位	图纸内容
1∶200～1∶100	总平面、总顶面	总平面布置图、总顶棚平面布置图
1∶100～1∶50	局部平面、局部顶棚平面	局部平面布置图、局部顶棚平面布置图
1∶100～1∶50	不复杂的立面	立面图、剖面图
1∶50～1∶30	较复杂的立面	立面图、剖面图
1∶30～1∶10	复杂的立面	立面放大图、剖面图
1∶10～1∶1	平面及立面中需要详细表示的部位	详图
1∶10～1∶1	重点部位的构造	节点图

81

2）画出建筑主体结构（如墙、柱、门、窗等）的平面图，比例为 1∶50 或大于 1∶50时，应用细实线画出墙身饰面材料轮廓线。

3）画出家具、厨房设备、卫生间洁具、电气设备、隔断、装饰构件等的布置。

4）标注尺寸、剖面符号、详图索引符号、图例名称、文字说明等。

5）画出地面的拼花造型图案、绿化等。

6）描粗整理图线。墙、柱用粗实线表示，门窗、楼梯等用中实线表示；装饰轮廓线如隔断、家具、洁具、电器等主要轮廓线用中实线表示；地面拼花等次要轮廓线用细实线表示。

（2）地面铺装图的绘制

1）选比例、定图幅。

2）画出建筑主体结构（如墙、柱、门、窗等）的平面图和现场制作的固定家具、隔断、装饰构件等。

墙、柱用粗实线表示；门窗、楼梯、台阶、固定家具、铺地之前安装的洁具等轮廓线用中实线表示；地面拼花分割线等用细实线表示。

3）画出客厅、过道、餐厅、卧室、厨房、卫生间、阳台等的地面材料拼装分格线。

4）标注尺寸、剖面符号、详图索引符号、文字说明等。

（3）顶棚平面图的绘制

1）选比例、定图幅。

2）画出建筑主体结构的平面图。门窗洞一般不用画出，也可用虚线画出门窗洞的位置。

3）画出顶棚的造型、灯饰及各种设施的轮廓线。

4）标注尺寸、剖面符号、详图索引符号、文字说明等。

5）描粗整理图线：墙、柱用粗实线表示；顶棚的藻井、灯饰等主要造型轮廓线用中实线表示；顶棚的装饰线、面板的拼装分格等次要的轮廓线用细实线表示。

（4）装饰立面图的绘制

1）选比例、定图幅，画出地面、楼板及墙面两端的定位轴线等。

2）画出墙面的主要造型轮廓线。

3）画出墙面的次要轮廓线、标注尺寸、剖面符号、详图索引符号、文字说明等。

4）描粗整理图线。建筑主体结构的梁、板、墙用粗实线表示；墙面的主要造型轮廓线用中实线表示；次要的轮廓线如装饰线、浮雕图案等用细实线表示。

（5）装饰详图的绘制

以图 3-16 所示某住宅客厅精品柜节点详图的绘制为例。

1）选比例、定图幅。

2）画出精品柜结构的主要轮廓线，如木龙骨、夹板、玻璃侧板、玻璃门、玻璃镜等。

3）画出精品柜结构的次要轮廓线，标注尺寸、文字说明等。

4）描粗整理图线。建筑主体结构墙、梁、板等用粗实线表示；主要造型轮廓线如龙骨、夹板、玻璃等用中实线表示，次要轮廓线用细实线表示。

2. 装饰施工图识读的步骤与方法

（1）装饰施工图识读的一般步骤与方法

装饰施工图的识读，一般遵循以下方法：

1）总揽全局。先阅读装饰施工基本图样，建立建筑物及装饰的轮廓概念，然后再针对性地阅读详图。

2）循序渐进。根据投影关系、构造特点和图纸顺序，从前往后、从上往下、从左往右、由外向内、由大到小、由粗到细反复阅读。

3）相互对照。识读装饰施工图时，应当图样与说明对照看，基本图与详图对照看。必要时还需查阅建筑施工图、结构施工图、设备施工图，弄清相互对应关系与配合要求。

4）重点细读。有重点地细读施工图，掌握施工必需的信息。

识读装饰施工图的一般顺序如下：

1）阅读图纸目录。根据目录对照检查全套图纸是否齐全，标准图是否配齐，图纸有无缺损。

2）阅读装饰装修施工工艺说明。了解本工程的名称、工程性质以及采用的材料和特殊要求等。对本工程有一个完整的概念。

3）通读图纸。对图纸进行初步阅读。读图时，按照先整体后局部，先文字说明后图样，先图形后尺寸的顺序进行。

4）精读图纸。在初读基础上，对图纸进行对照、精细阅读，对图样上的每个线面、每个尺寸都务必认清看懂，并掌握与其他图的关系。

（2）各图样识读的具体方法和步骤

1）装饰平面布置图识读

先看图名、比例、标题栏，弄清该图是什么平面图；再看建筑平面基本结构及其尺寸，弄清各房间名称、面积，以及门窗、走廊、楼梯等的主要位置和尺寸；然后看建筑平面结构内的装饰结构和装饰设置的平面布置等内容。通过对各房间和其他空间主要功能的了解，明确为满足功能要求所设置的设备与设施的种类、规格和数量。

通过图中对装饰面的文字说明，了解各装饰面对材料规格、品种、色彩和工艺的要求，明确各装饰面的结构材料与饰面材料的衔接关系与固定方式。

装饰施工图的尺寸众多，要注意区分建筑尺寸和装饰尺寸。在装饰尺寸中，又要区分定位尺寸、外形尺寸和结构尺寸。定位尺寸是确定装饰面或装饰物在平面布置图上位置的尺寸，其基准往往是建筑结构面。外形尺寸是装饰面或装饰物的外轮廓尺寸，据此可确定装饰面或所需装饰物的平面形状与大小。结构尺寸是组成装饰面和装饰物各构件及其相互关系的尺寸，据此可确定各种装饰材料的规格，以及材料之间和材料与主体结构之间的连接固定方法。平面布置图上为了避免重复，同样的尺寸往往只代表性地标注一个，读图时要注意将相同的构件或部位归类。

通过装饰平面布置图上的内视符号，明确视点位置、立面编号和投影方向，并进一步查出各投影方向的立面图。

通过装饰平面布置图上的剖切符号，明确剖切位置及其剖视方向，进一步查阅相应的剖面图。

通过装饰平面布置图上的索引符号，明确被索引部位及详图所在位置。

2）地面铺装图识读

先看图名、比例，了解是哪个房间的地面布置，核实尺度是否具有量度性，以便尺寸不清楚时，可以量度核准；再依次逐个看房间内部地面装修：一是看大面材料，二是看工艺做法，三是看质地、图案、花纹、色彩、标高，四是看造型及起始位置，确定定位放线的可能性，实际操作的可能性。

通过地面铺装图上的剖切符号，明确剖切位置及其剖视方向，进一步查阅相应的剖面图。

通过地面铺装图上的索引符号，明确被索引部位及详图所在位置。

3）顶棚平面图识读

首先应弄清楚顶棚平面图与平面布置图各部分的对应关系，核对顶棚平面图与平面布置图在基本结构和尺寸上是否相符。对于某些有跌级变化的顶棚，要分清它的标高和尺寸，并结合造型平面分区，在平面上建立起三维空间的尺度概念。

通过顶棚平面图，了解顶部灯具和设备设施的规格、品种与数量。

通过顶棚平面图上的文字标注，了解顶棚所用材料的规格、品种及其施工要求。

通过顶棚平面图上的索引符号，找出相应详图对照阅读，弄清楚顶棚的详细构造。当顶棚过于复杂时，常常分成顶棚布置图、顶棚造型及尺寸定位图、顶棚照明及电气设备定位图等多种图样进行绘制，识图时应相互对照。

4）装饰立面图识读

首先根据图中不同线型的含义以及各部分尺寸和标高，弄清楚立面上各种装饰造型的凹凸起伏变化和转折关系，弄清楚每个立面上有几种不同的装饰面，以及这些装饰面所选用的材料与施工工艺要求。再依次逐个地看房间内部墙面装修情况，包括大面材料、工艺做法、质地、图案、花纹、色彩、标高、造型及起始位置。

立面上各装饰面之间的衔接收口较多，这些内容在立面图上表达比较概括，多在节点详图中详细表明。要注意找出这些详图，明确它们的收口方式、工艺和所用材料。明确装饰结构之间以及装饰结构与建筑结构之间的连接固定方式。要注意设施的安装位置、电源开关、插座的安装位置和安装方式，以便在施工中留位。

阅读室内装饰立面图时，要结合装饰平面布置图、顶棚平面图和该室内其他立面图对照阅读，明确该室内的整体做法与要求。

阅读室外装饰立面图时，要结合装饰平面布置图和该部位的装饰剖断面图综合阅读，全面弄清楚它的构造关系。

5) 装饰详图的识读

第一，看图名和比例；第二，看详图的出处，装饰详图是从基本图索引出来的，因此，看详图时应先看它由哪个部位索引而来，具体表达哪个部位的某种关系；第三，看该详图的系统组成，弄清该详图是一个房间的详图、一个家具的详图，还是一个剖断详图，或者仅仅是一个节点详图，分清它们间的从属关系；第四，看构造做法、构造层次、构造说明及构造尺度。读图时先看层次，再看说明、尺寸及做法。

四、建筑装饰施工技术

建筑装饰装修工程按装饰装修部位可分为室内装饰装修和室外装饰装修。室内装饰装修的部位包括：楼地面、踢脚、墙裙、内墙面、顶棚、楼梯、栏杆扶手等。室外装饰装修的部位主要有：外墙面、散水、勒脚、台阶、坡道、窗台、窗楣、雨篷、壁柱、腰线、挑檐、女儿墙及压顶等。

（一）抹灰工程

用砂浆、水泥石子浆等涂抹在建筑结构的表面上，直接做成饰面层的装饰称为抹灰。抹灰工程是最为直接也是最初始的装饰工程。

抹灰工程按使用材料和装饰效果不同，可分为一般抹灰、装饰抹灰和特种抹灰三类；按工程部位不同，则又可分为墙面抹灰、顶棚抹灰和地面抹灰三种。

一般抹灰所用的材料有：水泥砂浆、水泥混合砂浆、聚合物水泥砂浆、石灰砂浆、麻刀石灰、纸筋石灰、石膏灰等。

一般抹灰分为普通抹灰、高级抹灰。普通抹灰要求做一层底层、一层中层和一层面层；高级抹灰要求做一层底层、数层中层和一层面层。

1. 内墙抹灰施工工艺

（1）施工工艺流程

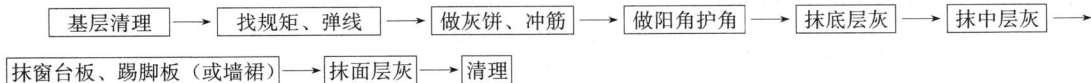

基层清理 → 找规矩、弹线 → 做灰饼、冲筋 → 做阳角护角 → 抹底层灰 → 抹中层灰 →

抹窗台板、踢脚板（或墙裙）→ 抹面层灰 → 清理

（2）施工要点

1）基层清理。清扫墙面上浮灰污物，检查门窗洞口位置尺寸，打凿补平墙面，浇水润湿基层。

2）找规矩、弹线。四角规方、横线找平、立线吊直、弹出准线、墙裙线、踢脚线。

3）做灰饼、冲筋。为控制抹灰层厚度和平整度，必须用与抹灰材料相同的砂浆先做出灰饼和冲筋。先用托线板检查墙面平整度和垂直度，大致决定抹灰厚度（最薄处一般不小于7mm），再在墙的上角各做一个标准灰饼（遇有门窗口垛角处要补做灰饼），大小为50mm见方，然后根据这两个灰饼用托线板或挂垂线作墙面下角的两个标准灰饼（高低位置一般在踢脚线上口），厚度以垂线为准；再在灰饼左右墙缝里钉钉子，按灰饼厚度拴上小线挂通线，并沿小线每隔1.2~1.5m上下加做若干标准灰饼。待灰饼稍干后，在上下灰饼之间抹上宽约100mm的砂浆冲筋，用木杠刮平，厚度与灰饼相平，待稍干后即可进行底层抹灰。

4）做阳角护角。室内墙面、柱面和门洞口的阳角护角做法应符合设计要求。如设计无要求，一般采用 1:2 水泥砂浆做暗护角，其高度不应低于 2m，每侧宽度不应小于 50mm。

5）抹底层灰。冲筋有一定强度后，洒水润湿墙面，然后在两筋之间用力抹上底灰，用木抹子压实搓毛。底层灰应略低于冲筋，约为标筋厚度的 2/3，由上往下抹。若基层为混凝土时，抹灰前应刮素水泥浆一道；在加气混凝土或粉煤灰砌块基层抹石灰砂浆时，应先刷 108 胶溶液一道（108 胶：水＝1:5），抹混合砂浆时，应先刷 108 胶水泥浆一道，108 胶掺量重量比为水泥重量的 10%～15%。

6）抹中层灰。中层灰应在底层灰干至六七成后进行。抹灰厚度以垫平冲筋为准，并使其稍高于冲筋。抹上砂浆后，用木杠按标筋刮平，刮平后紧接着用木抹子搓压，使表面平整密实。在墙的阴角处，先用方尺上下核对方正（水平标筋则免去此道工序），然后用阴角器上下拖动搓平，使室内四角方正。在加气混凝土基层上抹底灰的强度与加气混凝土的强度接近，中层灰的配合比也宜与底灰基本相同，底灰宜用粗砂，中层灰和面灰宜用中砂。板条或钢丝网的缝隙中，各层分遍成活，每遍厚 3～6mm，待前一遍灰七八成干再抹第二遍灰。

7）抹窗台板、踢脚线（或墙裙）。应以 1:3 水泥砂浆抹底层，表面划毛，隔 1d 后，用素水泥浆刷一道，再用 1:2.5 水泥砂浆抹面。面层要用原浆压光，上口做成小圆角，下口要求平直，不得有毛刺，浇水养护 4d。踢脚线比墙面凸出 3～5mm，1:3 水泥砂浆或水泥混合砂浆打底，1:2 水泥砂浆抹面，根据高度尺寸弹出上线，把八字靠尺靠在线上用铁抹子切齐，修边清理。

8）抹面层灰。俗称罩面。操作应以阴角开始，最好两人同时操作，一人在前面上灰，另一人紧跟在后找平整，并用铁抹子压实赶光。阴阳角处用阴阳角抹子捋光，并用毛刷蘸水将门窗圆角等处清理干净。

① 纸筋石灰或麻刀石灰面层。纸筋石灰面层，一般宜在中层石灰砂浆六七成干后进行操作（手按不软，但有指印）。如底层砂浆过于干燥应先洒水润湿后再抹面层，压光后，可用排笔蘸水横刷一遍，使表面色泽一致，用钢皮抹子再压实、揉平、抹光一次，则面层更为细腻光滑。麻刀灰抹面层的操作方法与纸筋灰抹面层相同，而麻刀纤维比较粗，且不易捣烂，用它制成的麻刀石灰抹面厚度要求不得大于 3mm，大于 3mm 时，面层容易产生收缩缝，影响工程质量。因此，操作时一人用铁抹子将麻刀石灰抹在墙上，另一人紧接着自左向右将面层赶平、压实、抹光；稍干后，再用钢皮抹子将面层压实、抹光。

② 石灰砂浆面层。应在中层砂浆五六成干时进行。如中层较干时，需洒水润湿后再进行。操作时，先用铁抹子抹灰，再用刮尺由下向上刮平，然后用木抹子搓平，最后用铁抹子压光成活。

③ 当面层不罩面抹灰，而采用刮大白腻子时，一般应在中层砂浆干透、表面坚硬呈灰白色，且没有水迹及潮湿痕迹、用铲刀刻划显白印时进行。面层刮大白腻子一般不少于两遍，总厚度 1mm 左右。操作时，使用钢片或胶皮刮板，每遍按同一方向往返刮。头道腻子刮后，在基层已修补过的部位应进行复补找平，待腻子干后，用 0 号砂纸磨平，扫净浮灰；待头遍腻子干燥后，再进行第二遍。要求表面平整，纹理质感均匀一致。

9）清理。抹面层灰完工后，应注意对抹灰部分的保护，墙面上浮灰污物需用 0 号砂纸磨平，补抹腻子灰。

2. 外墙抹灰施工工艺

（1）施工工艺流程

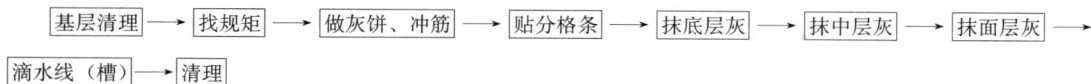

基层清理 → 找规矩 → 做灰饼、冲筋 → 贴分格条 → 抹底层灰 → 抹中层灰 → 抹面层灰 →

滴水线（槽） → 清理

（2）施工要点

1）基层清理。清扫墙面上浮灰污物，打凿补平墙面，浇水润湿基层。

2）找规矩。外墙抹灰同内墙抹灰一样要挂线做灰饼和冲筋，但因外墙面由檐口到地面，整体抹灰面大，门窗、阳台、明柱、腰线等都要横平竖直，而抹灰操作则必须是自上而下一步架一步架地涂抹。因此，外墙抹灰找规矩要在四个大角先挂好垂直通线（多层及高层楼房应用钢丝线垂下），然后大致决定抹灰厚度。

3）在每步架大角两侧弹上控制线，再拉水平通线并弹水平线做灰饼，竖向每步架都做一个灰饼，然后再做冲筋。

4）贴分格条。为避免罩面砂浆收缩后产生裂缝，一般均需设分格线，粘贴分格条。粘贴分格条是在底层灰抹完之后进行（底层灰用刮尺赶平）。按已弹好的水平线和分格尺寸弹好分格线，水平分格条一般贴在水平线下边，竖向分格条贴于垂直线的左侧。分格条使用前要用水浸透，以防止使用时变形。粘贴时，分格条两侧用抹成八字形的水泥砂浆固定。

5）抹灰（底层灰、中层灰、面层灰）。与内墙抹灰要求相同。

6）滴水线（槽）。外墙抹灰时，在外窗台板、窗楣、雨篷、阳台、压顶及突出腰线等部位的上面必须做出流水坡度，下面应做滴水线或滴水槽。

7）清理。与内墙抹灰要求相同。

（二）门窗工程

建筑装饰工程中所用的门窗种类很多，本节主要介绍木门窗、铝合金门窗、塑料门窗的安装工艺。

1. 木门窗制作、安装施工工艺

（1）木门窗制作的工艺

1）制作工艺流程

配料、截料、刨料 → 画线 → 凿眼 → 拉肩、开榫 → 起线 → 拼装

2）制作要点

① 配料、截料、刨料

A. 在配料、截料时，需要特别注意精打细算，配套下料，不得大材小用、长材短用；采用马尾松、木麻黄、桦木、杨木等易腐朽、虫蛀的树种时，整个构件应作防腐、防虫药剂处理。

B. 要合理确定加工余量。宽度和厚度的加工余量，一面刨光者留 3mm，两面刨光者留 5mm，如长度在 50cm 以下的构件，加工余量可留 3~4mm。

长度方向的加工余量见表 4-1。

门窗构件长度加工余量　　　　　　　　　　　　　　　　　　表 4-1

构件名称	加工余量
门框立梃	按图纸规格放长 7cm
门窗框冒头	按图纸规格放长 20cm，无走头时放长 4cm
门窗框中冒头、窗框中竖梃	按图纸规格放长 1cm
门窗扇梃	按图纸规格放长 4cm
门窗扇冒头、玻璃棂子	按图纸规格放长 1cm
门窗中冒头	在五根以上者，有一根可考虑做半榫
门芯板	按图纸冒头及扇梃内净距放长各 5cm

C. 门窗框料有顺弯时，其弯度一般不应超过 4mm。扭弯者一般不准使用。

D. 青皮、倒楞如在正面，裁口时能裁完者，方可使用。如在背面超过木料厚的 1/6 和长的 1/5，一般不准使用。

② 门窗框、扇画线

A. 画线前应检查已刨好的木料，合格后，将料放到画线机或画线架上，准备画线。

B. 画线时应仔细看清图纸要求，和样板样式、尺寸、规格必须完全一致，并先做样经审查合格后再正式画线。

C. 画线时要选光面作为表面，有缺陷的放在背后，画出的榫、眼、厚、薄、宽、窄尺寸必须一致。

D. 用画线刀或线勒子画线时须用钝刃，避免画线过深，影响质量和美观。画好的线，最粗不得超过 0.3mm，务求均匀、清晰。不用的线立即废除，避免混乱。

E. 画线顺序，应先画外皮横线，再画分格线，最后画顺线，同时用方尺画两端头线、冒头线、棂子线等。

F. 门窗框及厚度大于 50mm 的门窗扇应采用双夹榫连接。冒头料宽度大于 180mm 时，一般画上下双榫。榫眼厚度一般为料厚的 1/5~1/3，中冒头大面宽度大于 100mm 者，榫头必须大进小出。门窗棂子榫头厚度为料厚的 1/3。半榫眼深度一般不大于料宽度的 1/3，冒头拉肩应和榫吻合。

G. 门窗框的宽度超过 120mm 时，背面应推凹槽，以防卷曲。

③ 凿眼

A. 凿眼的凿刀应和眼的宽窄一致，凿出的眼，顺木纹两侧要直，不得错岔。

B. 凿通眼时，先凿背面，后凿正面。凿眼时，眼的一边线要凿半线、留半线。手工凿眼时，眼内上下端中部宜稍微突出些，以便拼装时加楔打紧，半眼深度应一致，并比半榫深 2mm。

C. 成批生产时，要经常核对，检查眼的位置尺寸，以免发生误差。

④ 拉肩、开榫

A. 拉肩、开榫要留半个墨线，拉出的肩和榫要平、正、直、方、光，不得变形。

B. 开出的榫要与眼的宽、窄、厚、薄一致，并在加楔处锯出楔子口。半榫的长度要比眼的深度短 2mm。拉肩不得伤榫。

⑤ 裁口、起线

A. 起线刨、裁口刨的刨底应平直，刨刃盖要严密，刨口不宜过大，刨刃要锋利。

B. 起线刨使用时应加导板，以使线条子直，操作时应一次推完线条。

C. 裁口遇有节疤时，不准用斧砍，要用凿剔平然后刨光，阴角处不清时要用单线刨清理。

D. 裁口、起线必须方正、平直、光滑，线条清秀，深浅一致，不得戗槎、起刺或凹凸不平。

⑥ 门窗拼装

A. 拼装前对部件应进行检查。要求部件方正、平直，线脚整齐分明，表面光滑，尺寸、规格、式样符合设计要求，并用细刨将遗留墨线刨去、刨光。

B. 拼装时，下面用木楞垫平，放好各部件，榫眼对正，用斧轻轻敲击打入。

C. 所有榫头均需加楔。楔宽和榫宽一样，一般门窗框每个榫加两个楔，木楔打入前应粘胶鳔。

D. 紧榫时应用木垫板，并注意随紧随找平、随规方。

E. 窗扇拼装完毕，构件的裁口应在同一平面上。镶门芯板的凹槽深度应于镶入后尚余 2～3mm 的间隙。

F. 制作胶合板门（包括纤维板门）时，边框和横楞必须在同一平面上，面层与边框及横楞应加压胶结。应在横楞和上、下冒头各钻两个以上的透气孔，以防受潮脱胶或起鼓。

G. 普通双扇门窗，刨光后应平放，刻刮错口，刨平后成对作记号。

H. 门窗框靠墙面应刷防腐涂料。

I. 拼装好的成品，应在明显处编写号码，用楞木四角垫起，离地 20～30cm，水平放置，加以覆盖。

（2）木门窗安装施工工艺

1）安装工艺流程

$$\boxed{找规矩弹线} \longrightarrow \boxed{掩扇} \longrightarrow \boxed{安装门窗框} \longrightarrow \boxed{门窗框嵌缝} \longrightarrow \boxed{安装门窗扇} \longrightarrow \boxed{安装五金配件} \longrightarrow \boxed{成品保护}$$

2）安装要点

① 找规矩、弹线

A. 弹放垂直控制线。按设计要求，从顶层至首层用大线坠或经纬仪吊垂直，检查外立面门、窗洞口位置的准确度，并在墙上弹出垂直线，出现偏差超标时，应先对其进行处理。室内用线坠吊垂直弹线。

B. 弹放水平控制线。门窗的标高，应根据设计标高，结合室内标高控制线进行放线。在同一场所的门窗，当设计标高一致时，要拉通线或用水准仪进行检测，使门窗安装标高一致。

C. 弹墙厚度方向的位置线。应考虑墙面抹灰的厚度（按墙面冲盘筋，确定抹灰厚度）。根据设计的门窗位置、尺寸及开启方向，在墙上弹出安装位置线。在放线时，有贴脸的门窗还应考虑门窗套压门窗框的尺寸。有窗台板的窗，要考虑窗台板的安装尺寸，以确定位置线，窗下框应压住窗台板 5mm 为宜。若外墙为清水墙勾缝时，可里外稍作调整，以盖上墙砖缝为宜。

② 掩扇。将门窗扇根据图纸要求安装到框上，称为掩扇。大面积安装前，对有代表性的门窗进行掩扇称为做样板，做掩扇样板的目的是对掩扇质量进行控制。主要对缝隙大小、各部尺寸、五金位置及安装方式等进行试装、调整、检查、符合质量验收标准后，确定掩扇工艺及各部尺寸、五金位置等，然后再进行大面积安装施工。

③ 安装门窗框。门窗框安装应在地面和墙面抹灰施工前完成。根据门窗的规格，按规范要求，确定固定点数量。门窗框安装时，以弹好的控制线为准，先用木楔将框临时固定于门窗洞内，用水平尺、线坠、方尺调平、找垂直、找方正，在保证门窗框的水平度、垂直度和开启方向无误后，再将门窗框与墙体固定。

A. 门窗框固定。用木砖固定框时，在每块木砖处应用 2 颗砸扁钉帽的 100mm 长钉子钉进木砖内。使用膨胀螺栓时，螺杆直径≥6mm。用射钉射入混凝土内不少于 40mm，达不到时，必须使用固定条固定。除混凝土墙外，禁止使用射钉固定门窗框。

B. 门窗洞口为混凝土结构又无木砖时，宜采用 30mm 宽、80mm 长、1.5～2mm 厚直铁脚做固定条，一端用不少于 2 颗木螺钉固定在框上，另一端用射钉固定在结构上。

④ 门窗框嵌缝。内门窗通常在墙面抹灰前，用与墙面抹灰相同的砂浆将门窗与洞口的缝隙塞实，外门窗一般采用保温砂浆或发泡胶将门窗框与洞口的缝隙塞实。

⑤ 安装门窗扇。

A. 按设计确定门窗扇的开启方向、五金配件型号和安装位置。

B. 检查门窗框与扇的尺寸是否符合，框口边角是否方正，有无窜角。框口高度尺寸应量测框口两侧，宽度尺寸应量测框口上、中、下三点，并在扇的相应部分定点划线。如果门扇尺寸大于框口，则拆除扇收边实木条，刨去多余部分，再将实木条用胶和气钉安装回扇上。门窗尺寸小于门框时，装饰门不得使用，普通门可用胶和气钉钉住木条，并固定牢固。

C. 第一次修刨后的门窗扇，以刚刚能塞入框口内为宜，塞入后用木楔临时固定。按扇与框口边缝配合尺寸，框与扇表面的平整度，画出第二次的修刨线，并标出合页槽的位置。合页槽一般距扇上下端距离为扇高的 1/10，注意避开上下冒头。

D. 经过第二次修刨后，使框与扇表面平整、缝隙尺寸符合后，再开合页槽。先画出合页位置线，再用线勒子勒出合页的宽度线，剔凿合页槽，注意不要剔大、剔深。

E. 安装对开扇时，应保证两扇宽度尺寸、对口缝的裁口深度一致。采用企口时，对口缝的裁口深度及裁口方向应满足装锁或其他五金件的要求。

⑥ 安装五金配件。安装合页，应将三齿片固定在框上，标牌统一向上。安装时应先拧 1 颗螺钉，检查框与扇表面平整、缝隙尺寸符合后，将螺钉全部拧上拧紧。木螺钉应钉入 1/3，再拧入 2/3，木螺钉冒头与合页面平，十字上下垂直。如果门窗框为硬木时，为防止框扇劈裂或将木螺钉拧断，可先打孔，孔径为木螺钉直径的 9/10，孔深为木螺钉长度的 2/3，然后拧入木螺钉。

一般门锁、碰珠、拉手等距地高为 950～1000mm，插销应在拉手下面，有特殊要求的门锁由专业厂家安装。安装门窗扇时，应注意玻璃裁口方向。一般厨房裁口在外，厕所裁口在内，其他房间按设计要求确定。门开启容易碰墙时，应安装定位器。对有特殊要求的扇，应按设计要求安装配件，并参照产品安装说明书安装。窗扇安装风钩，窗扇风钩应装在窗框下冒头与窗扇下冒头夹角外，使窗开启后呈 90°。

⑦ 成品保护

A. 木门窗安装后应采用铁皮或细木工板做护套进行保护，其高度应大于 1m。如果安装门窗框与结构施工同时进行，应采取加固措施，防止门窗框碰撞变形。

B. 门窗框扇修刨时，应采用木卡具将其垫起卡牢，以免损坏门窗边。

C. 门窗框扇安装时应轻拿轻放，整修时严禁生搬硬撬，防止损坏成品，破坏框扇面及五金件。

D. 门窗框扇安装时应采取保护墙面、地面及其他成品的措施，以免碰坏或划伤墙面与地面及其他成品。

E. 门窗安装后，应派专人负责管理成品，防止刮大风时损坏已完成的门窗与玻璃。严禁把门窗作为脚手架的支点，防止损坏门窗扇。

F. 五金配件安装完成后，应有保护措施以防污染。

G. 在安装过程中需采取防水、防潮措施。

H. 冬期安装木门窗时，应及时刷底油并保持室内通风。防止冬季室内供暖后比较干燥，门窗扇出现变形。

2. 铝合金门窗制作、安装施工工艺

（1）制作工艺

1）制作工艺流程

$$\boxed{下料} \longrightarrow \boxed{机加工} \longrightarrow \boxed{组装} \longrightarrow \boxed{成品检验} \longrightarrow \boxed{成品入库}$$

2）制作要点

① 制作准备

A. 铝合金门窗加工前，应对所用材料和附件进行检验，其材质应符合现行国家标准或行业标准，所选用的型材形状、尺寸及壁厚应符合设计和使用要求。选用的附件，除不锈钢外，应做防腐处理，以防止与铝合金型材发生接触腐蚀。

B. 应认真检查门窗洞口的实际尺寸，并根据土建施工图核实洞口的实际尺寸与设计要求是否相符，若有出入，应会同土建部门共同处理。

C. 检查施工工具、机具。

② 制作方法

A. 下料。下料又称"断料"。下料需使用切割设备，材料长度应根据设计要求并参考门窗施工大样图来确定，要求切割准确，否则，门窗的方正难以保证。下料尺寸误差值应控制在 2mm 范围内。一般来说，推拉门窗下料宜采用直角切割；平开门窗下料宜采用45°角切割；其他类型应根据拼装方式来选用切割方式。

B. 机加工。铝合金门窗要对杆件进行孔、槽、豁、榫的加工后才能安装。孔的加工方法可采取钻孔，也可以冲孔。槽、豁、榫加工可采取铣加工成型，也可以采取冲切成型。孔尺寸允许偏差为：孔位 ±0.5mm，孔距 ±0.5mm，累计误差不大于 ±0.1mm；定位尺寸 ±0.5mm。槽、豁、榫尺寸允许偏差 ±0.5mm。杆件在加工过程中，堆放时每层

应用包有软塑料套的垫条隔断,不得使杆件直接接触,以免损坏镀膜表面,垫条间不大于1mm。上下要对齐,以免杆件变形。

C. 组装。根据施工大样图要求,将型材通过连接件用螺栓连接组装。铝合金门窗的组装方式有45°角对接、直角对接和垂直对接三种。横竖杆的连接,一般采用专用的连接件或铝角,再用螺钉、螺栓或铝拉钉固定。

D. 成品检验。铝合金门窗组装完毕,要进行严格的质量检验。

外观检验:要求门窗表面应光洁,无气泡和裂纹,颜色均匀。

外观尺寸检验:严格控制门窗质量在国家行业标准允许偏差内;密封条装配均匀,接口严密,无脱槽现象;密封条装配应牢固,转角部位对接处的间隙应不大于1mm,不得在同一边使用两根或两根以上压条。

五金配件安装位置正确、数量齐全、安装牢固。

E. 保护或包装。铝合金门窗组装完毕后,应对其进行保护或包装。一般可用塑料胶纸、塑料薄膜等无腐蚀性的软质材料,将所有表面严密包裹起来,以免表面氧化膜遭到破坏,影响质量。

(2) 安装工艺

铝合金门窗装入洞口应横平竖直,外框与洞口应弹性连接牢固,不得将门窗外框直接埋入墙体。

1) 安装工艺流程

放线 → 安框 → 填缝、抹面 → 门窗扇安装 → 安装五金配件

2) 安装要点

铝合金门窗安装必须先预留洞口,严禁采取边安装边砌墙体或先安装后砌墙体的施工方法。

① 放线。按设计要求在门窗洞口弹出门窗位置线,并注意同一立面的窗在水平及垂直方向应做到整齐一致,还要特别注意室内地面的标高。地弹簧的表面,应该与室内地面标高一致。

② 安框。在安装制作好的铝合金门窗框时,吊垂线后要卡方。待两条对角线的长度相等,表面垂直后,将框临时用木楔固定,待检查立面垂直,左右间隙、上下位置符合要求后,再把镀锌锚固板固定在结构上。镀锌锚固板是铝合金门窗固定的连接件。它的一端固定在门窗框的外侧,另一端固定在密实的基层上。门窗框固定可采用焊接、膨胀螺栓或射钉等方式,但砖墙严禁用射钉固定。

③ 填缝、抹面。铝合金门窗框在填缝前经过平整、垂直度等的安装质量复查后,再将框四周清扫干净、洒水湿润基层。对于较宽的窗框,仅靠内外挤灰时挤进一部分灰是不能饱满的,应专门进行填缝。填缝所用的材料,原则上按设计要求选用,但不论使用何种材料,应达到密闭、防水的目的。铝框四周的塞灰砂浆达到一定的强度后(一般需24h),才能轻轻取下框旁的木楔,继续补灰,然后才能抹面层,压平抹光。

④ 门窗扇安装

A. 铝合金门窗扇安装,应在室内外装饰基本完成后进行。

B. 推拉门窗扇的安装。将配好的门窗扇分内扇和外扇,先将外扇插入上滑道的外槽内,自然下落于对应的下滑道的外滑道内,然后再用同样的方法安装内扇。

C. 对于可调导向轮，应在门窗扇安装之后调整导向轮，调节门窗扇在滑道上的高度，并使门窗扇与边框间平行。

D. 平开门窗扇安装。应先把合页按要求位置固定在铝合金门窗框上，然后将门窗扇嵌入框内临时固定，调整合适后，再将门窗扇固定在合页上，必须保证上、下两个转动部分在同一个轴线上。

E. 地弹簧门扇安装。应先将地弹簧主机埋设在地面上，并浇筑混凝土使其固定。主机轴应与中横档上的顶轴在同一垂线上，主机表面与地面齐平。待混凝土达到设计强度后，调节上门顶轴将门扇装上，最后调整门扇间隙及门扇开启速度。

⑤ 安装五金配件。五金件装配的原则是：要有足够的强度，位置正确，满足各项功能以及便于更换，五金件的安装位置须严格按照标准执行。

3. 塑钢彩板门窗制作、安装施工工艺

（1）制作工艺

1）制作工艺流程

门窗选型 → 下料 → 打水槽 V 口 → 装钢衬 → 焊接 → 清角 → 装密闭条 → 装配玻璃、五金件 →

检验 → 包装 → 成品入库

2）制作要点

① 门窗选型：首先仔细审阅工程图纸、依照图纸式样要求确定所需窗的类型和数量，并结合当地风压值、洞口尺寸大小，楼层高度等因素确定选用型材及钢衬厚度。

② 下料：选定包括玻璃、五金件、钢材、胶条、毛条等辅助配件，制成下料工艺清单，进行下料设计。

③ 型材切割、铣排水孔、锁孔：主型材下料一般采用双斜锯下料。料的每端留 2.5～3mm 做余量，焊接下料公差应控制在 1mm 以内，角度公差控制在 0.5°以内。框型材要铣排水孔，扇形一般要铣排水孔和气压平衡孔，要求排水孔的直径为 5mm，长为 30mm，排水孔不应设置在有增强型钢的腔内，也不能穿透设置增强型钢的腔室。如果要安装传动器和上门窗，要铣锁孔。

④ 增强型钢的装配：当门窗构件尺寸大于或等于规定的长度时，其内腔必须加强型钢。对五金件装配处及组合门窗拼接处必须加入增强型钢。增强型钢的装配在不影响焊接的部位预先插入并固定，在十字形和 T 形连接处受力部位的型钢应在型材熔融后焊板刚刚提起时对接钢开始时插入，待焊后固定。增强型钢的紧固件不得少于 3 个，其间距不大于 300mm，距型钢端头不大于 100mm。

⑤ 焊接：焊接时要注意焊接温度 240～250℃进给压力 0.3～0.35MPa，夹紧压力 0.4～0.6MPa，熔融时间 20～30s，冷却时间 25～30s。

⑥ 清角、装胶条：清角分手工清角和机械清角。焊接后，一般冷却 30min 后方可开始清角。将清角后的框、扇及玻璃压条，按照要求安装不同类型的胶条。框、扇胶条的上挺部位，胶条长度应长 1‰左右，防止胶条回缩。

⑦ 五金件的装配：塑钢门窗成品由框与扇两者通过五金件装配而成。五金件要有足够的强度，装配正确位置，满足各项功能以及便于更换。五金件应固定在插入的增强型衬

钢上，五金件不能用普通木螺钉固定，一般采用 40mm 的自攻螺钉，五金件的安装位置也要严格按照标准执行。

⑧ 玻璃安装：在需安装玻璃的部位，先放入玻璃垫块，将切割好的玻璃放在垫块上，然后通过玻璃压条将玻璃固定夹紧。

⑨ 成品质量检验：塑料门窗组装完毕，要进行严格的质量检验。

A. 外观检验：门窗表面应光洁，无气泡和裂纹，颜色均匀，焊缝平整，不得有明显伤痕、杂质等缺陷。

B. 外观尺寸检验：严格控制门窗质量在国家行业标准允许偏差内；密封条装配均匀，接口严密，无脱槽现象；密封条装配应牢固，转角部位对接处的间隙应不大于 1mm，不得在同一边使用两根或两根以上压条。

C. 五金配件安装位置正确、数量齐全、安装牢固。

D. 连续生产过程应定期测试焊角强度（平均值不低于 3000N，最小值不得小于平均值的 70%）。如有不合格者，应查明原因，及时解决、确保成品质量。

E. 除上述常规检验外，还要定期对成品进行力学和物理性能检验。

⑩ 包装：塑钢门窗用型材表面平整光滑细腻，但遇硬物易划伤、易污染，且一旦划伤后不易修复。因此，塑钢门窗成品应妥善保管，出厂前应进行成品包装，型材表面粘贴保护膜，成窗后对门窗周边用塑料膜进行缠绕包装，五金配件应单独包装，严禁配件外露。

⑪成品入库：塑钢门窗宜采用集装箱或框架装车运输，运输工具应清洁并有防碰撞防挤压措施。塑钢门窗应存放于专用的仓库内，不宜露天存放。玻璃运到现场后，集中堆码存放，同样竖立斜靠于墙上，墙体与玻璃接触面用纸板等软物隔开，玻璃发放到洞口处应及时进行安装，以免交叉作业时损坏玻璃或划伤人。

（2）安装工艺

1）安装工艺流程

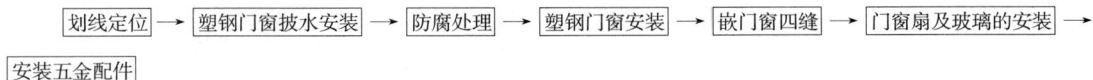

划线定位 → 塑钢门窗披水安装 → 防腐处理 → 塑钢门窗安装 → 嵌门窗四缝 → 门窗扇及玻璃的安装 → 安装五金配件

2）安装要点

① 划线定位

A. 根据设计图纸中门窗的安装位置、尺寸和标高，依据门窗中线向两边量出门窗边线。多层或高层建筑时，以顶层门窗边线为准，用线坠或经纬仪将门窗边线下引，并在各层门窗口处画线标记，对个别不直的边应剔凿处理。

B. 门窗的水平位置应以楼层室内 +50cm 的水平线为准向上反量出窗下皮标高，弹线找直。每一层必须保持窗下皮标高一致。

② 塑钢门窗披水安装

按施工图纸要求将披水固定在塑钢门窗上，且要保证位置正确、安装牢固。

③ 防腐处理

A. 门窗框四周外表面的防腐处理设计有要求时，按设计要求处理。如果设计没有要求时，可涂刷防腐涂料或粘贴塑料薄膜进行保护，以免水泥砂浆直接与塑钢门窗表面接触，产生电化学反应，腐蚀塑钢门窗。

B. 安装塑钢门窗时，如果采用连接铁件固定，则连接铁件，固定件等安装用金属零件最好用不锈钢件，否则必须进行防腐处理，以免产生电化学反应，腐蚀塑钢门窗。

④ 塑钢门窗安装

根据划好的门窗定位线，安装塑钢门窗框，并及时调整好门窗框的水平、垂直及对角线长度等符合质量标准，然后用木楔临时固定。

⑤ 塑钢门窗的固定

A. 当墙体上有预埋铁件时，可把塑钢门窗的铁脚直接与墙体上的预埋铁件焊牢。

B. 当墙体上没有预埋铁件时，可用射钉枪把塑钢门窗的铁脚固定在墙体上。

C. 当墙体上没有预埋铁件时，也可用金属膨胀螺栓或塑料膨胀螺栓把塑钢门窗的铁脚固定在墙体上。

D. 当墙体上没有预埋铁件时，也可用电钻在墙上打 80mm 深、直径为 6mm 的孔，用直径为 6mm 钢筋，在长的一端粘涂 108 胶水泥浆，然后打入孔中。待 108 胶水泥浆终凝后，再将塑钢门窗的铁脚与埋置的直径为 6mm 钢筋焊牢。

⑥ 门窗框与墙体间缝隙的处理

A. 塑钢门窗安装固定后，应先进行隐蔽工程验收，合格后及时按设计要求处理门窗框与墙体之间的缝隙。

B. 如果设计未要求时，可采用矿棉或玻璃棉毡条分层填塞缝隙，外表面留 5～8mm 深槽口填嵌嵌缝油膏，或在门窗框四周外表面进行防腐处理后，填嵌水泥砂浆或细石混凝土。

⑦ 门窗扇及玻璃的安装

A. 门窗扇及玻璃应在洞口墙体表面装饰完工后安装。

B. 推拉门窗在门窗框安装固定后，将配好玻璃的门窗扇整体安入框内滑道，调整好框与扇的缝隙即可。

C. 平开门窗在框与扇格架组装上墙、安装固定好后再安玻璃，即先调整好框与扇的缝隙，再将玻璃安入扇并调整好位置，最后镶嵌密封条、填嵌密封胶。

D. 地弹簧门应在门框及地弹簧主机入地安装固定后再安门扇。先将玻璃嵌入门扇格架并一起入框就位，调整好框扇缝隙，最后填嵌门扇玻璃的密封条及密封胶。

⑧ 安装五金配件：五金配件与门框连接需用镀锌螺钉。安装的五金配件应结实牢固，使用灵活。

4. 玻璃地弹簧门安装施工工艺

（1）安装工艺流程

划线定位 ➝ 倒角处理 ➝ 固定钢化玻璃 ➝ 注玻璃胶封口 ➝ 玻璃板对接 ➝ 活动玻璃门扇安装 ➝ 清理

（2）安装要点

1）划线定位

根据设计图纸中门的安装位置、尺寸和标高，依据门中线向两边量出门边线。多层或高层建筑时，以顶层门边线为准，用线坠或经纬仪将门边线下引，并在各层门口处划线标记，对个别不直的边应剔凿处理。

2）倒角处理：用玻璃磨边机给玻璃边缘打磨。

3）固定钢化玻璃

用玻璃吸盘器把玻璃吸紧，然后手握吸盘器把玻璃板抬起。抬起时应有2～3人同时进行。抬起后的玻璃板，应先插入门框顶部的限位槽内，然后放到底托上，并对好安装位置，使玻璃板的边部正好封住侧框柱的不锈钢饰面对缝口。

4）注玻璃胶封口

注玻璃胶的封口，应从缝隙的端头开始。操作的要领就是握紧压柄用力要均匀，同时顺着缝隙移动的速度也要均匀，即随着玻璃胶的挤出，匀速移动注口，使玻璃胶在缝隙处，形成一条表面均匀的直线。最后用塑料片刮去多余的玻璃胶，并用干净布擦去胶迹。

5）玻璃板之间的对接

玻璃对接时，对接缝应留2～3mm的距离，玻璃边需倒角。两块相接的玻璃定位并固定后，用玻璃胶注入缝隙中，注满之后用塑料片在玻璃的两面刮平玻璃胶，用净布擦去胶迹。

6）活动玻璃门扇安装

活动玻璃门扇的结构没有门扇框。活动门扇的开闭是用地弹簧来实现，地弹簧与门扇的金属上下横档铰接。地弹簧的安装方法与铝合金门相同。

① 地弹簧转轴与定位销的中心线，必须在一条垂直线上。测量是否同轴线的方法可用锤线方法。

② 在门扇的上下横档内划线，并按线固定转动销的销孔板和地弹簧的转动轴连接板。安装时可参考地弹簧所附的安装说明。

③ 钢化玻璃应倒角处理，并打好安装门把手的孔洞（通常在购买钢化玻璃时，就要求加工好）。注意钢化玻璃的高度尺寸，应包括插入上下横档的安装部分。通常钢化玻璃的裁切尺寸，应小于测量尺寸5mm左右，以便进行调节。

④ 把上下横档分别装在玻璃地弹门扇上下边，并进行门扇高度的测量。如果门扇高度不够，也就是上下边距门框和地面的缝隙超过规定值。可向上下横档内的玻璃底下垫木夹板条。如果门扇高度超过安装尺寸，则需请专业玻璃工，裁去玻璃地弹门扇的多余部分。

⑤ 在定好高度之后，进行固定上下横档操作。其方法为：在钢化玻璃与金属上下横档内的两侧空隙处，两边同时插入小木条，并轻轻敲入其中，然后在小木条、钢化玻璃、横档之间的缝隙中注入玻璃胶。

⑥ 门扇定位安装：门扇下横档内的转动销连接件的孔位必须对准套入地弹簧的转动销轴上，门框横梁上定位销必须插入门扇上横档转动销连接件孔内15mm左右。

⑦ 安装玻璃门拉手应注意：拉手的连接部位，插入玻璃门拉手孔时不能很紧，应略有松动。如果过松，可以在插入部分裹上软质胶带。安装前在拉手插入玻璃的部分涂少许玻璃胶。拉手组装时，其根部与玻璃贴靠紧密后，再上紧固定螺钉，以保证拉手没有丝毫松动现象。

（三）楼地面工程

楼地面装饰包括楼面装饰和地面装饰两部分，两者的主要区别是其饰面承托层不同。楼面装饰面层的承托层是架空的楼面结构层，地面装饰面层的承托层是室内回填土。楼面饰面要注意防渗漏问题，地面饰面要注意防潮问题，楼地面的组成分为面层、垫层、基层三部分。常用机具有方头铁抹、木抹子、刮杠、水平尺、磨石机、湿式磨光机和滚筒等。

1. 整体楼地面施工工艺

（1）水泥砂浆地面施工工艺

水泥砂浆地面是最简单、常见的楼地面做法，它也是涂饰地面的基础。它是以水泥作为胶凝材料、砂为骨料，按配合比配制抹压而成，其构造及做法如图4-1所示。水泥砂浆地面的优点是造价较低、施工简便、使用耐久，但容易出现起灰、起砂、裂缝、空鼓等质量问题。一般常用的材料：强度等级不小于42.5级的通用硅酸盐水泥；中粗砂（含泥量不大于3%）。

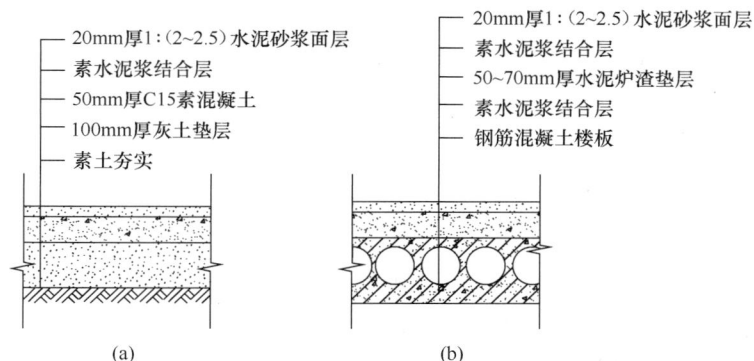

图4-1　常见的水泥砂浆（楼）地面组成示意
（a）水泥砂浆地面；（b）水泥砂浆楼面

1）施工工艺流程

基层处理 → 弹线找规矩 → 铺设水泥砂浆面层 → 养护

2）施工要点

① 基层处理。水泥砂浆面层多铺抹在楼地面混凝土垫层上，基层处理是防止水泥砂浆面层空鼓、裂纹、起砂等质量通病的关键工序。表面比较光滑的基层，应进行凿毛，并用清水冲洗干净，冲洗后的基层，不可上人。在现浇混凝土或水泥砂浆垫层、找平层上做水泥砂浆地面面层时，其抗压强度达到1.2MPa，才能铺设面层，这样不至于破坏其内部结构。

② 弹线找规矩。地面抹灰前，应先在四周墙上弹出一道水平基准线，作为确定水泥砂浆面层标高的依据。做法是以设计地面标高为依据，在四周墙上弹出500mm或1000mm作为水平基准线。

③ 根据水平线在地面四周做灰饼，用类似于墙面抹灰的方法拉线打中间灰饼，并做好地面标筋（纵横标筋间距为1500～2000mm）。在有坡度要求的地面，要找好坡度；有地漏的房间，要在地漏四周做出坡度不小于5%的泛水。对于面积比较大的地面，用水准仪测出面层的平均厚度，然后边测标高边做灰饼。

④ 铺设水泥砂浆面层。面层水泥砂浆的配合比应符合设计有关要求，一般不低于

1：2，水灰比为1：0.4～1：0.3，其稠度不大于3.5cm，面层厚度不小于20mm。水泥砂浆要求拌合均匀，颜色一致。铺抹前，先将基层浇水湿润，第二天先刷一道水灰比为0.4～0.5的素水泥浆结合层，并随刷随抹。操作时，先在标筋之间均匀铺上砂浆，比标筋面略高，然后用刮尺以标筋为准刮平、拍实。待表面水分稍干后，用木抹子打磨，将砂眼、凹坑、脚印等打磨掉，随后用纯水泥浆均匀涂抹在面上，再用铁抹子抹光，把抹纹、细孔等压平、压实。面层与基层结合要求牢固，无空鼓、裂纹、脱皮、麻面、起砂等缺陷，表面不得有泛水和积水。

⑤ 养护。水泥砂浆面层施工完毕后，要及时进行浇水养护，必要时可蓄水养护，养护时间不少于7d，强度等级应不小于15MPa。

（2）现浇水磨石地面的施工工艺

一般使用材料：石粒应洁净无杂物，一般粒径为6～15mm；水泥采用强度等级不小于32.5级的通用硅酸盐水泥；耐碱、耐光、耐潮湿的矿物颜料。分格嵌条一般主要选用黄铜条、铝条、玻璃条和不锈钢条等；抛光材料一般为草酸（无色透明晶体，分块状和粉末状）、氧化铝（白色粉末状）、地板蜡等。

1）施工工艺流程

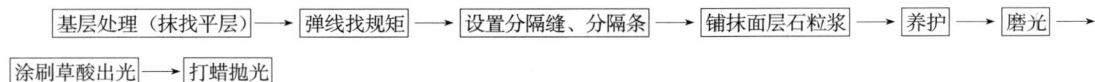

基层处理（抹找平层）──→ 弹线找规矩 ──→ 设置分隔缝、分隔条 ──→ 铺抹面层石粒浆 ──→ 养护 ──→ 磨光 ──→

涂刷草酸出光 ──→ 打蜡抛光

2）施工要点

① 基层处理以及抹找平层、弹线找规矩同水泥砂浆地面的做法。找平层要表面平整、密实，并保持粗糙。找平层完成后，第二天应浇水养护至少1d。

② 设置并嵌固分格条。先在找平层上按设计要求弹上纵横垂直水平线或图案分格墨线，然后按墨线固定铜条或玻璃嵌条，用纯水泥浆在分格条下部，抹成八字通长座嵌牢固（与找平层约成45°角），粘嵌高度略大于分格条高度的二分之一，纯水泥浆的涂抹高度比分格条低4～6mm。分格条镶嵌牢固、接头严密、顶面平整一致，分格条镶嵌完成后要进行养护，时间不少于2d。

③ 铺抹面层石粒浆：铺水泥石子浆前一天，洒水将基层充分湿润。在涂刷素水泥浆结合层前，应将分格条内的积水和浮砂清除干净，接着刷水泥浆一遍，水泥品种与石子浆的品种一致。随即将水泥石子浆先铺在分格条旁边，将分格条边约100mm内在水泥石子浆轻轻抹平压实，以保护分格条。然后再整格铺抹，用灰板（木抹子）或铁抹子（灰匙）抹平压实（石子浆配合比一般为1：2.5或1：1.5），不应用靠尺刮。面层应比分格条高5mm，如局部石子浆过厚，应用铁抹子（灰匙）挖去，再将周围石子浆刮平压实，达到表面平整，石子（石米）分布均匀。

石子浆面至少要经两次用毛刷（横扫）粘拉开面浆（开面），检查石粒均匀（若过于稀疏应及时补上石子）后，再用铁抹子（灰匙）抹平压实，至泛浆为止。要求将波纹压平，分格条顶面上的石子应清除掉。

在同一平面上如有几种颜色图案时，应先做深色，后做浅色。待前一种色浆凝固后，再抹后一种色浆。两种颜色的色浆不应同时铺抹，以免做成串色，界限不清。间隔时间不宜过长，一般可隔日铺抹。

④ 养护。石子浆铺抹完成后，次日起浇水养护，并设警戒线严防行人踩踏。

⑤ 磨光。大面积施工宜用机械磨石机研磨，小面积、边角处可用小型手提式磨石机研磨。对于局部无法使用机械研磨时，可用手工研磨。开磨前应试磨，若试磨后石粒不松动，即可开磨。磨光应采用"两浆三磨"方法进行，即整个磨光过程分为磨光三遍，补浆两次。要求磨至石子料显露，表面平整光滑，无砂眼细孔为止。

⑥ 涂刷草酸出光。对研磨完成的水磨石面层，经检查达到平整度、光滑度的要求后，即可进行涂刷草酸打磨出光。

⑦ 打蜡抛光。按蜡：煤油＝1：4的比例加热熔化，掺入松香水适量，调成稀糊状，用布将蜡薄薄地均匀涂刷在水磨石上。待蜡干后，把包有麻布的木块装在磨石机的磨盘上进行磨光，直到水磨石表面光滑洁亮为止。

2. 板块楼地面施工工艺

（1）陶瓷地砖楼地面施工工艺

1）施工工艺流程

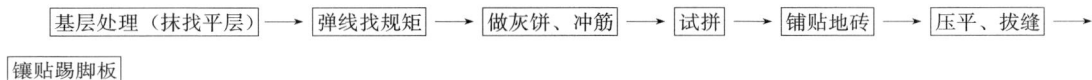

基层处理（抹找平层）→ 弹线找规矩 → 做灰饼、冲筋 → 试拼 → 铺贴地砖 → 压平、拔缝 →

镶贴踢脚板

2）施工要点

① 基层处理要点同砂浆楼地面的做法。

② 弹线找规矩：根据设计规定的地面标高进行抄平、弹线。同时将标高线弹于四周墙面上，作铺贴地砖时控制地面平整度所用。

③ 做灰饼、冲筋：根据中心点在地面四周每隔1500mm左右拉相互垂直的纵横十字线数条，并用半硬性水泥砂浆按间距1500mm左右做一个灰饼，灰饼高度必须与找平层在同一水平面，纵横灰饼相连成标筋作为铺贴地砖的依据。

④ 试拼：铺贴前根据分格线确定地砖的铺贴顺序和标准块的位置，并进行试拼，检查图案、颜色及纹理的方向及效果。试拼后按顺序排列，编号，浸水备用。

⑤ 铺贴地砖：根据其尺寸大小分湿贴法和干贴法两种。

A. 湿贴法：此方法主要适用于小尺寸地砖（400mm×400mm以下）的铺贴。

用1：2水泥砂浆摊在地砖背面，将其镶贴在找平层上。同时用橡胶槌轻轻敲击砖表面，使其与地面粘贴牢固，以防止出现空鼓与裂缝。

铺贴时，如室内地面的整体水平标高相差超过40mm，需用1：2的半硬性水泥砂浆铺找平层，边铺边用木方刮平、拍实，以保证地面的平整度。然后按地面纵横十字标筋在找平层上通贴一行地砖作为基准板，再沿基准板的两边进行大面积铺贴。

B. 干贴法：此方法主要适用于大尺寸地砖（500mm×500mm以上）的铺贴。

首先在地面上用1：3的干硬性水泥砂浆铺一层厚度为20～50mm的垫层。干硬性水泥砂浆密度大，干缩性小，以手捏成团，松手即散为好。找平层的砂浆应采用虚铺方式，即把干硬性水泥砂浆均匀铺在地面上，不可压实。然后将纯水泥浆刮在地砖背面，按地面纵横十字筋通铺一行地砖于硬性水泥砂浆上作为基准板，再沿基准板的两边进行大面积铺贴。

⑥ 压平、拔缝：镶贴时，应边铺贴边用水平尺检查地砖平整度，同时拉线检查缝格

的平直度，如超出规定应立即修整，将缝拔直，并用橡皮锤拍实，使纵横线之间的宽窄一致、笔直通顺，板面也应平整一致。

⑦ 镶贴踢脚板：待地砖完全凝固硬化后，可在墙面与地砖交接处安装踢脚板。踢脚板一般采用与地面块材同品种、同颜色的材料。踢脚板的立缝应与地面缝对齐，厚度和高度应符合设计要求。铺完砖 24h 后洒水养护，时间不少于 7d。

（2）石材地面铺设施工工艺

石材地面是指采用天然大理石、花岗石、预制水磨石板块、碎拼大理石板块以及新型人造石板块等装饰材料作饰面层的地面。

天然大理石组织细密、坚实，色泽鲜明光亮，庄重大方，高贵豪华。天然花岗石质地坚硬、耐磨，不易风化变质，色泽自然庄重、典雅气派。常用于高级装饰工程如宾馆、饭店、酒楼、写字楼的大厅地面、楼厅走廊、踢脚线等部位。

1）施工工艺流程

基层处理 ⟶ 弹线找规矩 ⟶ 做灰饼、冲筋 ⟶ 选板试拼 ⟶ 铺板 ⟶ 抹缝 ⟶ 打蜡 ⟶ 养护

2）施工要点

① 基层处理、弹线找规矩、做灰饼、冲筋、找平等做法与地砖楼地面铺贴方法相同。

② 选板试拼：天然石材的颜色、纹理、厚薄不完全一致，因此在铺装前，应根据施工大样图进行选板、试拼、编号，以保证板与板之间的色彩、纹理协调自然。按编号顺序在石材的正面、背面以及四条侧边，同时涂刷保新剂，防止污渍、油污浸入石材内部，而使石材保持持久的光洁。

③ 铺板：先铺找平层，根据地面标筋铺找平层，找平层起到控制标高和粘结面层的作用。按设计要求用 1∶3～1∶1 干硬性水泥砂浆，在地面均匀铺一层厚度为 20～50mm 的干硬性水泥砂浆。因石材的厚度不均匀，在处理找平层时可把干硬性水泥砂浆的厚度适当增加，但不可压实。

在找平层上拉通线，随线铺设一行基准板，再从基准板的两边进行大面积铺贴。铺装方法是将素水泥浆均匀地刮在选好的石材背面，随即将石材镶铺在找平层上，边铺贴边用水平尺检查石材表面平整度，同时调整石材之间的缝隙，并用橡胶槌敲击石材表面，使其与结合层粘结牢固。

④ 抹缝：铺装完毕后，用棉纱将板面上的灰浆擦拭干净，并养护 1～2d，进行踢脚板的安装，然后用与石材颜色相同的勾缝剂进行抹缝处理。

⑤ 打蜡、养护：最后用草酸清洗板面，再打蜡、抛光。

3. 木、竹面层地面施工工艺

（1）木面层地面施工工艺

木面层地面施工前应完成顶棚、墙面的各种湿作业工程且干燥程度在 80% 以上。铺地板前地面基层应作好防潮、防腐处理，而且在铺设前要使房间干燥，并须避免在气候潮湿的情况下施工。水暖管道、电气设备及其他室内固定设施应安装完毕，并进行试水、试压检查，对电源、通信、电视等管线进行必要的测试。复合木地板施工前应检查室内门扇与地面间的缝隙能否满足复合木地板的施工。通常空隙为 12～15mm，否则应刨削门扇下边以适应地板安装。工程中木地板施工常用的方法为实铺式，而实铺式木地板施工有搁栅式与粘贴式两种方法。

1）施工工艺流程

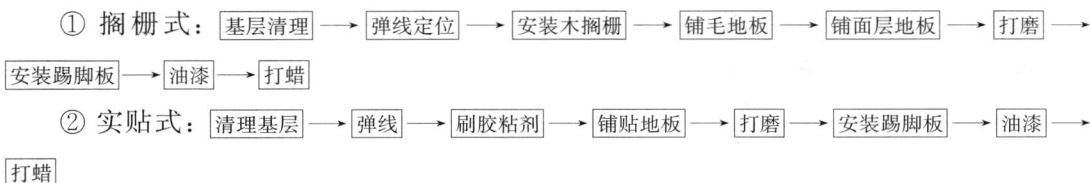

① 搁栅式： 基层清理 → 弹线定位 → 安装木搁栅 → 铺毛地板 → 铺面层地板 → 打磨 → 安装踢脚板 → 油漆 → 打蜡

② 实贴式： 清理基层 → 弹线 → 刷胶粘剂 → 铺贴地板 → 打磨 → 安装踢脚板 → 油漆 → 打蜡

2）施工要点

① 搁栅式

A. 基层清理：将基层清理干净，并做好防潮、防腐处理。

B. 弹线：先在地面按设计规定弹出木搁栅龙骨的位置线，在墙面上弹出地面标高线。

C. 安装木搁栅：将木搁栅按位置线固定铺设在地面上，在安装搁栅过程中，边紧固边调整找平。找平后的木搁栅用斜钉和垫木钉牢。木搁栅与地面间隙用干硬性水泥砂浆找平，与搁栅接触处做防腐处理。在家庭装修中木搁栅可采用断面尺寸为 30mm×40mm 木方，间距为 400mm。为增强整体性，搁栅之间应设横撑，间距为 1200～1500mm。为提高减振性和整体弹性，还可加设橡胶垫层。为改善吸声和保湿效果，可在龙骨下的空腔内填充一些轻质材料。

D. 铺毛地板：在木搁栅顶面上弹出 300mm 或 400mm 的铺钉线，将毛地板条逐块用扁钉钉牢，错缝铺钉在木搁栅上。铺钉好的毛地板要检查其表面的水平度和平整度，不平处可以刨削平整。毛地板也可采用整张的细木工板或中密度板。采用整张毛板时，应在板上开槽，槽深度为板厚的 1/3，方向与搁栅垂直，间距 200mm 左右。

E. 铺面层地板：将毛地板清扫干净，在表面弹出条形地板铺钉线。一般由中间向外边铺钉，先按线铺钉一块，合格后逐渐展开。板条之间要靠紧，接头要错开，在凸榫边用扁头钉斜向钉入板内，墙边留出 10～20mm 空隙。铺完后要检测水平度与平整度，用平刨或机械刨刨光。刨削时要避免产生划痕，最后用磨光机磨光。如使用已经涂饰的木地板，铺钉完即可。

F. 装踢脚板：在墙面和地面弹出踢脚板高度线、厚度线，将踢脚板钉在墙内木砖或木楔上。踢脚板接头锯成 45°斜口搭接。

G. 油漆、打蜡：对于原木地板还需要刮腻子、打脚、涂饰、打蜡、磨光等表面处理。

② 实贴式

A. 清理基层：先清除地面浮灰、杂质等。地面含水率不得大于 16%；水平面误差不大于 4mm；不允许有空鼓、起砂，不符合要求时需进行局部修正或刮水泥胶浆。

B. 弹线：中心线或与之相交的十字线应分别引入各房间作为控制要点；中心线和相交的十字线必须垂直；控制线须平行中心线或十字线；控制线的数量应根据空间大小、铺贴人员水平高低来确定；中心线应在试铺的情况下统筹各铺贴房间的几何尺寸后确定。

C. 刷胶粘剂：在清洁的地面上用锯齿形刮板均匀刮一遍胶，面积为 1m² 以内，然后用铲刀涂胶在木地板粘结面上，特别是凹槽内上胶要饱满。胶的厚度控制在 1～1.2mm。

D. 铺贴：按图案要求进行拼贴，并需用力挤出多余胶液，板面上胶液应及时处理干

101

净。隔天铺贴的交接面上的胶须当天清理,以保证隔天交接面严密。

E. 打磨:待地板固化后(固化时间 24~72h),刨去地板高出的部分,然后进行打磨,并用 2m 直尺检查平整度。控制要求:平整度 2mm(2m)、无刨痕、毛刺,表面光洁。

F. 踢脚板安装:与搁栅式的相同。

G. 油漆、打蜡:与搁栅式的相同。

(2)竹面层地面施工工艺

1)施工工艺流程

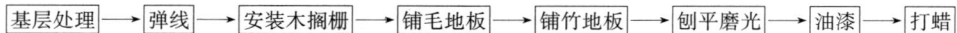

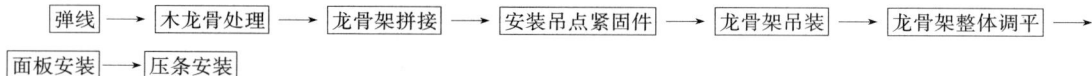

基层处理 → 弹线 → 安装木搁栅 → 铺毛地板 → 铺竹地板 → 刨平磨光 → 油漆 → 打蜡

2)施工要点

① 基层处理、弹线安装木搁栅以及铺毛地板与搁栅式木地板安装相同。

② 铺竹地板:从墙的一边开始铺钉企口竹地板,靠墙的一块板应离开墙面 10mm 左右,以后逐块排紧。钉法采用斜钉,竹地板面层的接头应按设计要求留置。不符合模数的板块,其不足部分在现场根据实际尺寸将板块切割后镶补,并应用胶粘剂加强固定。铺竹地板时应从房间内退着往外铺设。

③ 刨平磨光:需要刨平磨光的地板应先粗刨后细刨,使面层完全平整后再用砂带机磨光。

④ 油漆、打蜡:清理灰尘以及残渣后,油漆、打蜡与木地板相同。

(四)顶棚装饰工程

1. 木龙骨吊顶施工工艺

(1)施工工艺流程

弹线 → 木龙骨处理 → 龙骨架拼接 → 安装吊点紧固件 → 龙骨架吊装 → 龙骨架整体调平 →
面板安装 → 压条安装

(2)施工要点

1)弹线。包括弹吊顶标高线、吊顶造型位置线、吊挂点定位线、大中型灯具吊点定位线。

2)木龙骨处理

① 防腐处理。建筑装饰工程中所用木质龙骨材料,应按规定选材并实施在构造上的防潮处理,同时亦应涂刷防虫药剂。

② 防火处理。一般是将防火涂料涂刷或喷于木材表面,也可把木材置于防火涂料槽内浸渍。

3)龙骨架拼接

① 确定吊顶骨架需要分片或可以分片安装的位置和尺寸,根据分片的平面尺寸选取龙骨尺寸。

② 先拼接组合大片的龙骨骨架,再拼接小片的局部骨架。

骨架的拼接按凹槽对凹槽咬口拼接,拼口处涂胶并用圆钉固定,如图 4-2 所示。

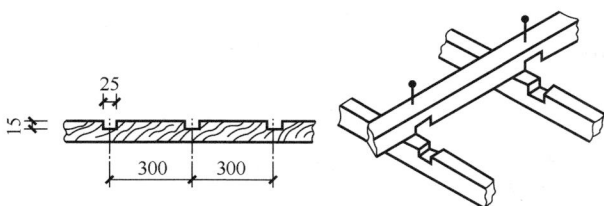

图 4-2　木龙骨利用槽口拼接示意

4）安装吊点紧固件。吊点紧固件安装要求位置正确且牢固。吊杆常用 $\phi6$ 或 $\phi8$ 钢筋。

5）龙骨架吊装

① 分片吊装。将拼接组合好的木龙骨架托起至吊顶标高位置，先做临时固定。然后根据吊顶标高线拉出纵横水平基准线，进行整片龙骨架调平，然后即将其靠墙部分与沿墙边龙骨钉接。

② 龙骨架与吊杆固定。木骨架吊顶的吊杆，常用的有木吊杆、角钢吊杆和扁铁吊杆（图 4-3）。角钢吊杆与木龙骨架的固定如图 4-4 所示。

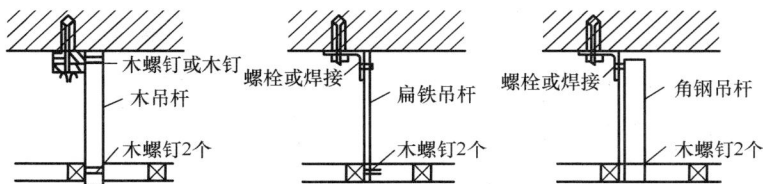

图 4-3　木骨架吊顶常用吊杆类型

分片龙骨架在同一平面对接时，将其端头对正，然后用短木方钉于对接处的侧面或顶面进行加固。有叠级吊顶，一般是自高而下开始吊装，吊装与调平的方法与上述相同。在各分片吊顶龙骨架安装就位之后，对于吊顶面需要设置的送风口、检修孔、内嵌式吸顶灯盘及窗帘盒等装置，在其预留位置处要加设骨架，进行必要的加固处理及增设吊杆等。

6）龙骨架整体调平。在各分片吊顶龙骨架安装就位后，需对龙骨架整体调平，使其在同一平面内。

图 4-4　角钢吊杆与木骨架的固定

7）面板安装

吊顶面板安装前要做修边倒角和防火处理。安装时由中间向四周呈对称排列，吊顶的接缝与墙面交圈应保持一致。面板应安装牢固且不得出现折裂、翘曲、缺棱掉角和脱层等缺陷。

8）压条固定：面板安装后需用压条固定，以防吊顶变形。

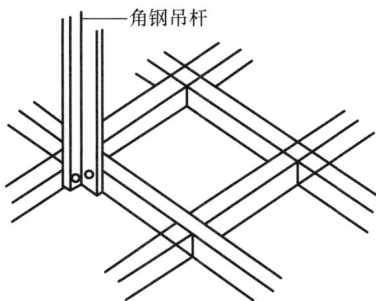

2. 轻钢龙骨吊顶施工工艺

（1）施工工艺流程

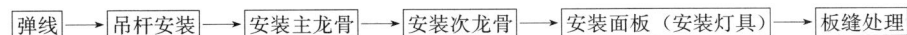

弹线 → 吊杆安装 → 安装主龙骨 → 安装次龙骨 → 安装面板（安装灯具）→ 板缝处理

（2）施工要点

1）弹线。弹线包括：顶棚标高线、造型位置线、吊挂点位置、大中型灯位线等。

2）吊杆安装。可根据吊顶是否上人（或是否承受附加荷载），分别采用图 4-5、图 4-6 所示的方法进行吊点吊杆紧固件的安装。

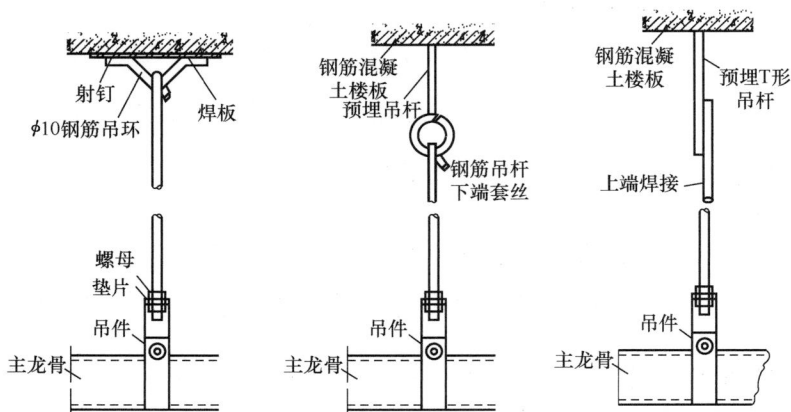

图 4-5　上人型吊顶吊杆安装

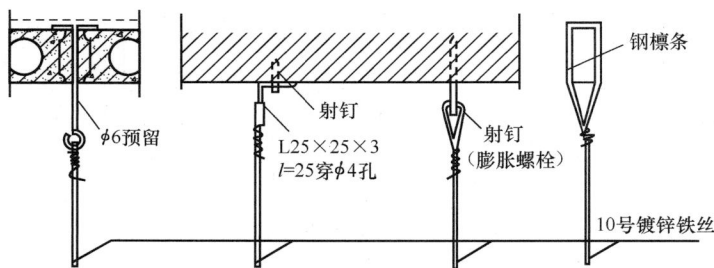

图 4-6　不上人型吊杆安装

3）主龙骨安装

① 安装。将主龙骨与吊杆通过垂直吊挂件连接。如图 4-7 所示。

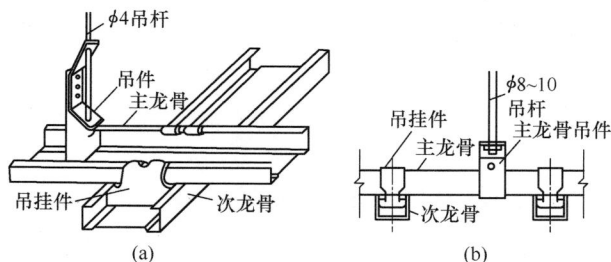

图 4-7　主龙骨与次龙骨的连接

（a）不上人型吊顶吊杆与主次龙骨连接；（b）上人型吊顶吊杆与主次龙骨连接

② 调平。在主龙骨与吊件及吊杆安装就位之后，以一个房间为单位进行调平调直。如图 4-8 所示。

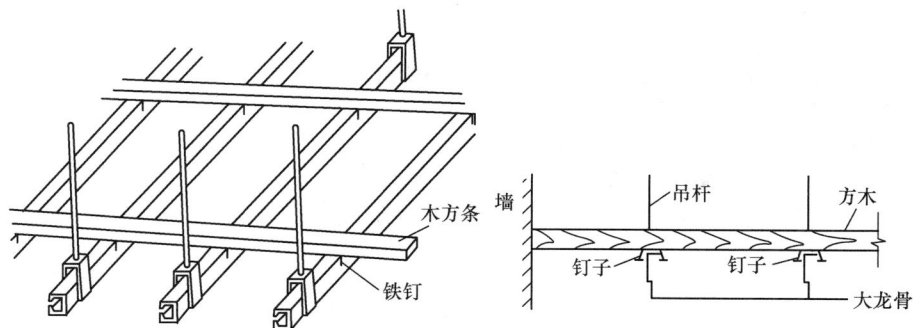

图 4-8 定位调平主龙骨

4）次龙骨安装

① 安装次龙骨。在次龙骨与主龙骨的交叉布置点，使用其配套的龙骨挂件将二者连接固定。

② 安装横撑龙骨。横撑龙骨由中、小龙骨截取，其方向与次龙骨垂直，装在罩面板的拼接处，底面与次龙骨平齐。

③ 固定墙边龙骨。墙边龙骨沿墙面或柱面标高线钉牢。

5）面板安装

面板常有明装、暗装、半隐装三种安装方式。

明装是指面板直接搁置在 T 形龙骨两翼上，纵横 T 形龙骨架均外露。暗装是指面板安装后骨架不外露。半隐装是指面板安装后外露部分骨架。

面板安装中应注意工种间的配合，避免返工拆装损坏龙骨、板材及吊顶上的风口、灯具。安装完成后要对龙骨及板面做最后调整，以保证平直。

6）嵌缝处理

① 嵌缝材料。嵌缝时采用石膏腻子和穿孔纸带或网格胶带，嵌填钉孔则用石膏腻子。

② 嵌缝施工。整个吊顶面的纸面石膏板铺钉完成后，应进行嵌缝施工，用石膏腻子嵌平，并将所有的自攻螺钉的钉头做防锈处理。

3. 铝合金龙骨吊顶施工工艺

（1）施工工艺

弹线 → 固定吊杆 → 安装主、次龙骨 → 灯具安装 → 面板安装 → 压条安装 → 板缝处理

（2）施工要点

1）弹线

① 将设计标高线弹至四周墙面或柱面上，吊顶如有不同标高，则应将变截面的位置在楼板上弹出。

② 将龙骨及吊点位置弹到楼板底面上。

2）固定吊杆

① 双层龙骨吊顶时，吊杆常用 $\phi6$ 或 $\phi8$ 钢筋。

② 方板、条板单层龙骨吊顶时，吊杆一般分别用 8 号铁丝和 $\phi 6$ 钢筋。

3）主、次龙骨安装与调平

① 主、次龙骨安装时宜从同一方向同时安装，按主龙骨已确定的位置及标高线，先将其大致基本就位。

② 龙骨接长一般选用配套连接件，连接件可用铝合金，也可用镀锌钢板，在其表面冲成倒刺，与龙骨方孔相连。图 4-9 所示为 T 形轻钢龙骨的纵横连接。

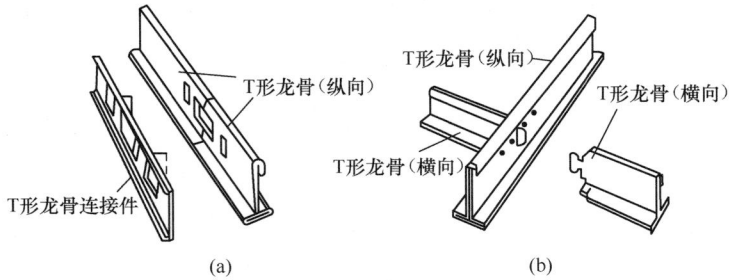

图 4-9　T 形吊顶轻钢龙骨的纵横连接
（a）T 形龙骨的纵向连接；（b）T 形龙骨的横向连接

③ 龙骨架基本就位后，以纵横两个方向满拉控制标高线（十字线），从一端开始边安装边进行调整，直至龙骨调平调直为止。

④ 钉固墙边龙骨。沿标高线固定角铝墙边龙骨，其底面与标高线齐平。

4）面板安装。面板通常有方形金属板和条形金属板两种。

① 方形金属板搁置式安装。搁置安装后的吊顶面形成格子式离缝效果，如图 4-10 所示。

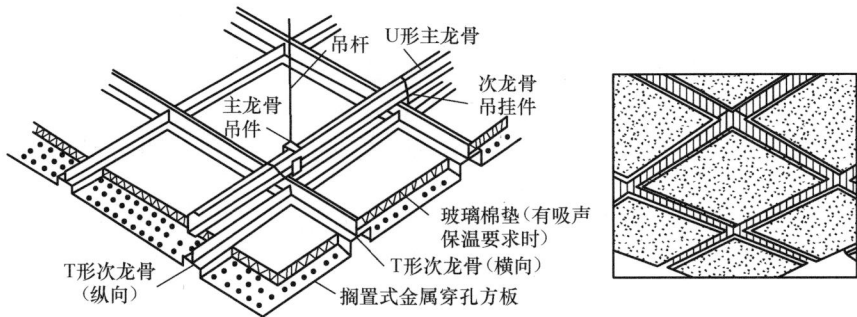

图 4-10　方形金属吊顶板搁置式安装示意

② 方形金属板卡入式安装。这种安装方式的龙骨材料为带夹簧的嵌龙骨配套型材，如图 4-11 所示。

条形金属板的安装，基本上无需各种连接件，只是直接将条形板卡扣在特制的条龙骨内，即可完成安装，常被称为扣板，如图 4-12 所示。

板缝处理。通常条形金属板吊顶需做板缝处理，有闭缝和透缝两种形式，使用其配套嵌条。安装的为闭缝式，不安装嵌条的为透缝式。两种板缝处理均要求吊顶面板平整、板缝顺直，如图 4-13 所示。

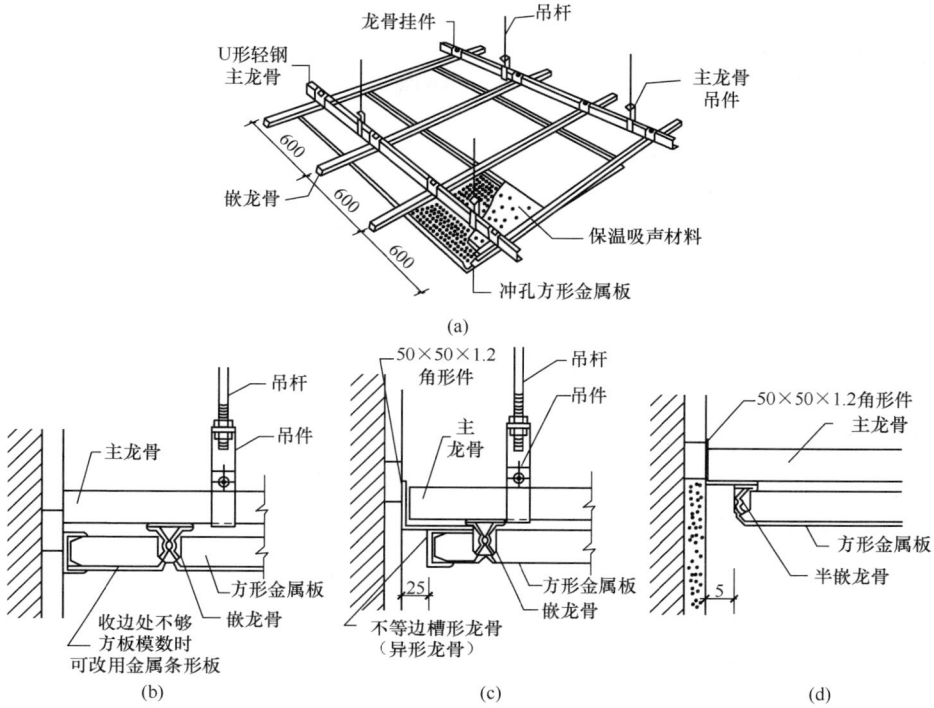

图 4-11　方形金属吊顶板卡入式安装示意

（a）主龙骨的吊顶装配形式；（b）、（c）、（d）方形金属板吊顶与墙、柱等的连接节点构造例

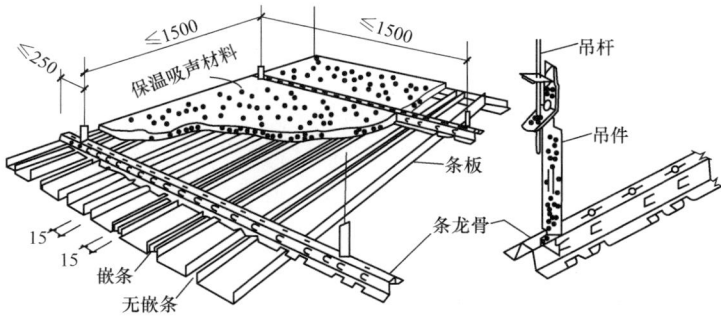

图 4-12　条形金属板与条龙骨的轻便吊顶组装

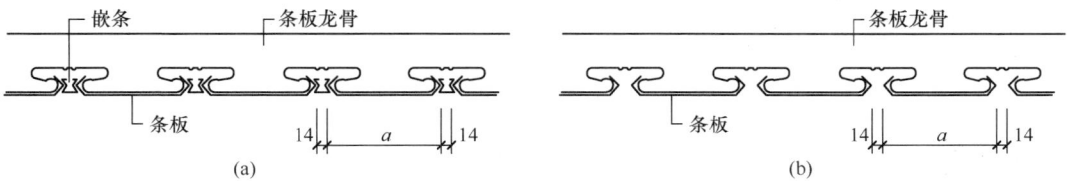

图 4-13　板间缝隙处理

（a）闭缝式；（b）透缝式

（五）饰面工程

1. 贴面类内墙、外墙装饰施工工艺

饰面砖包括内墙面砖、外墙面砖、陶瓷锦砖和玻璃锦砖等。饰面砖是窑制产品，不同窑的砖存在着色差和轻微尺寸差别，所以装饰施工前要对这些窑制产品进行专门的订货，特别是对于大面积的外墙面砖，需签订同窑产品。

（1）内墙面砖铺贴

1）工艺流程

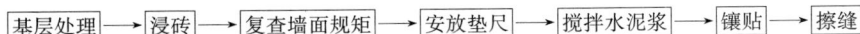

基层处理 → 浸砖 → 复查墙面规矩 → 安放垫尺 → 搅拌水泥浆 → 镶贴 → 擦缝

2）施工要点

① 基层处理

A. 基层为抹灰找平层时，应将表面的灰砂、污垢和油渍等清除干净，如果表面灰白，表示太干，应洒水湿润。

B. 表面为混凝土面时要凿毛，受凿面积≥70%（即每 $1m^2$ 面积打点 200 个）；凿毛后，用钢丝刷清刷一遍，并用清水冲洗干净，或者将 30% 108 胶加 70%水拌合的水泥素浆用笤帚均匀甩到墙上，终凝后浇水养护（常温 3～5d），直至水泥素浆疙瘩全部固化到混凝土光板上，用手掰不动为止。

② 浸砖：瓷砖铺贴前要将面砖浸透水，最好浸 24h，然后捞起晾干备用。

③ 复查墙面规矩

用托线板复查墙面的平整度、垂直度，阴阳角是否垂直，再用水平尺检查抄平墨线是否水平。

④ 安放垫尺：内墙铺贴面砖顺序是自下而上、由阳到阴一皮一皮逐块地铺贴，墙面砖从第二皮开始铺起，铺前在第二皮砖的下方安放垫尺，以此托住第二皮面砖，垫尺定位要以水平墨线作为依据，保证水平，保持稳固。在第二皮砖的上口拉水平通线，作为贴砖的基准。

⑤ 搅拌水泥浆：贴面砖的水泥浆一般采用 1∶1 水泥浆，拌水泥浆的方法是：用灰浆桶装大约半桶水，用铲刀逐铲放入水泥粉，直到水泥粉刚好盖满水为止，稍等其水化，然后用铲刀搅一搅就可以用来贴砖。

⑥ 镶贴：砖背面满抹 6～10mm 厚水泥浆，四周刮成斜面，放在垫尺上口贴于墙上，用铲刀柄轻轻敲打，使灰浆饱满与墙面粘牢，顺手将挤出的水泥浆刮净。用靠尺理直灰缝，为保证美观，要留有 1.5mm 的砖缝。

贴砖从阳角开始，使不成整块的砖放在阴角，阴角处的非整砖不能小于其宽度的一半，对于有镜框的地方，排砖应从镜框中心往两边分贴。

⑦ 擦缝：贴好后用毛刷蘸水洗净表面泥浆，用棉丝擦干净，灰缝用白水泥擦平或用1∶1 水泥砂浆勾缝，擦完缝后对墙面的污垢用 10%的盐酸刷洗，最后用清水冲洗干净。

（2）外墙面砖铺贴

外墙面砖铺贴方法与内墙釉面砖铺贴方法基本相同，仅在以下工序有所区别。

1）调整抹灰厚度

由于外墙砖不允许出现非整砖，为了达到这个要求，可以通过调整砖缝宽度和抹灰厚度等方法予以控制。外墙砖的砖缝一般为 7~10mm，根据外墙长宽尺寸先初选砖缝的宽度，使砖的宽度加半个砖缝（称为模数）的倍数正好是外墙的长或宽，如果还有微小差距，通过增加或减少抹灰厚度来调整，使抹灰后外墙的尺寸刚好是模数的整倍数。

2）贴灰饼设标筋

根据墙面垂直度、平整度找出外墙面砖的规矩。在建筑物外墙四角吊通长垂直线，沿垂线贴灰饼，然后根据垂线拉横向通线，沿通线每隔 1.2~1.5m 贴一个灰饼，然后冲成标筋。

3）构造做法

镶贴室外突出的檐口、腰线、窗台和女儿墙压顶等外墙面砖时，其上面必须有流水坡度，下面应做滴水线或滴水槽。流水坡向应正确，面砖压向应正确，如顶面的面砖应压向立面的面砖以免向内渗水。

4）勾缝

勾缝前应检查面砖粘结质量，逐块敲试，发现空鼓粘结不牢的必须返工重做。经自检合格后方可进行勾缝。勾缝用 1∶1 水泥砂浆，先勾横缝，后勾竖缝，缝宽一般 8mm 以上，缝深宜凹进砖面 2~3mm。

当勾缝材料硬化后，清除残余灰浆，用布或棉丝蘸 10% 的稀盐酸擦洗表面，并随即用清水由上往下冲洗干净。将门窗框上的砂浆及时擦净并注意成品保护。

（3）陶瓷锦砖和玻璃锦砖的铺贴方法

陶瓷锦砖和玻璃马赛克铺贴方法与内墙面砖铺贴方法相同，仅在以下方面有所区别：

1）按设计图纸要求，挑选好饰砖并统一编号。墙面用 1∶3 水泥砂浆或 1∶0.1∶2.5 水泥石灰砂浆打底、找平、划毛，厚度为 10~12mm。

2）镶贴前按每张锦砖大小弹线，水平线每块砖一道，垂线每 2~3 块砖一道并与角垛中心保持平行。阳角及墙垛测量放线，从上到下做出标志。

3）镶贴时，在弹好的水平线下口支垫尺，浇水湿润底层，由两人操作，一人先在墙上刷 1∶5 的 108 胶水一遍及水泥浆一道，再抹 2~3mm 1∶0.3 水泥纸筋灰或 1∶1 水泥砂浆（掺水泥用量 5% 的 108 胶）粘结层 3~4mm，用靠尺刮平，抹子抹平；另一人将一张锦砖铺在木板上，底面朝上，刮上白水泥浆，然后由上一人按垫尺上口沿线由下往上粘贴，灰缝要对齐，并用木砖轻轻来回敲打，使其粘实。

4）待灰浆初凝后，用软毛刷刷水将护面纸湿透，约半小时后揭纸，检查缝口，不正者用开刀拨匀，动过的地方重新抹上一些白水泥浆，再次敲打，稍干用棉丝擦净。

2. 涂料类装饰施工工艺

涂饰工程是指将建筑涂料涂刷于构配件或结构的表面，并与之较好地粘结，以达到保护、装饰建筑物，并改善构件性能的装饰层。

（1）施工工艺

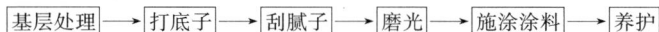

基层处理 ⟶ 打底子 ⟶ 刮腻子 ⟶ 磨光 ⟶ 施涂涂料 ⟶ 养护

（2）施工要点

1）基层处理

混凝土和抹灰表面：施涂前应将基体或基层的缺棱掉角处、孔洞用1:3的水泥砂浆（或聚合物水泥砂浆）修补；表面麻面、接缝错位处及凹凸不平处先凿平或用砂轮机磨平，清洗干净，然后刮水泥聚合物刮腻子或用聚合物水泥砂浆抹平；缝隙用腻子填补齐平；对于酥松、起皮、起砂等硬化不良或分离脱壳部分必须铲除重做。基层表面上的灰尘、污垢、溅沫和砂浆流痕应清除干净。施涂溶剂型涂料，基体或基层含水率不得大于8%；施涂水性和乳液型涂料，含水率不得大于10%，一般抹灰基层养护14～21d，混凝土基层养护21～28d，可达到要求。

木材表面：灰尘、污垢及粘着的砂浆、沥青或水柏油应除净。木材表面的缝隙、毛刺、掀岔和脂囊修整后，应用腻子填补，并用砂纸磨光，较大的脂囊、虫眼挖除后应用同种木材顺木纹粘结镶嵌。为防止节疤处树脂渗出，应点漆2～4遍。木材基层的含水率不得大于12%。

金属表面：施涂前应将灰尘、油渍、鳞皮、锈斑、焊渣、毛刺等消除干净。潮湿的表面不得施涂涂料。

2）打底子。木材表面涂刷混色涂料时，一般用工地自配的清油打底。若涂刷清漆，则应用油粉或水粉进行润粉，以填充木纹的虫眼，使表面平滑并起着色作用。油粉用大白粉、颜料，熟桐油，松香水等配成。

金属表面则应刷防锈漆打底。

抹灰或混凝土表面涂刷油性涂料时，一般也可用清油打底。打底子要求刷到、刷匀，不能有遗漏和流淌现象。涂刷顺序一般先上后下，先左后右，先外后里。

3）刮腻子、磨光

刮腻子的作用是使表面平整。腻子应按基层、底层涂料和面层涂料的性质配套使用，应具有塑性和易涂性，干燥后应坚固。

刮腻子的次数随涂料工程质量等级的高低而定，一般以三道为限，先局部刮腻子，然后再满刮腻子，头道要求平整，二、三道要求光洁。每刮一道腻子待其干燥后，用砂纸磨光一遍。对于做混色涂料的木料面，头道腻子应在刷过清油后才能批嵌；做清漆的木料面，则应在润粉后才能批嵌；金属面等防锈漆充分干燥后才能批嵌。

4）施涂涂料

① 刷涂：是指采用鬃刷或毛刷施涂。

刷涂时，头遍横涂走刷要平直，有流坠马上刷开，回刷一次；蘸涂料要少，一刷一蘸，防止流淌；由上向下一刷紧挨一刷，不得留缝；第一遍干后刷第二遍，第二遍一般为竖涂。

刷涂要求：

A. 上道涂层干燥后，再进行下道涂层，间隔时间依涂料性能而定。

B. 涂料挥发快的和流平性差的，不可过多重复回刷，注意每层厚薄一致。

C. 刷罩面层时，走刷速度要均匀，涂层要匀。

D. 第一道深层涂料稠度不宜过大，深层要薄，使基层快速吸收为佳。

② 辊涂：指利用辊子进行涂饰。

先把涂料搅匀调至施工黏度，少量倒入平漆盘中摊开。用辊筒均匀蘸涂料后在墙面或其他被涂物上辊涂。

辊涂要求：

A. 平面涂饰时，要求流平性好、黏度低的涂料；立面辊涂时，要求流平性小、黏度高的涂料。

B. 要用力压滚，以保证涂料厚薄均匀。不要让辊中的涂料全部挤压出后才蘸料，应使辊内保持一定数量的涂料。

C. 接槎部位或辊涂一定数量时，应用空辊子滚压一遍，以保护辊涂饰面的均匀和完整，不留痕迹。

③ 喷涂：是指利用压力将涂料喷于物面上的施工方法。喷涂施工要求喷枪运行时，喷嘴中心线必须与墙、顶棚垂直，喷枪与墙、顶棚有规则地平行移动，运行速度一致。涂层的接槎应留在分格缝处，门窗以及不喷涂的部位，应认真遮挡。喷涂操作一般应连续进行，一次成活，不得漏喷、流淌。室内喷涂一般先喷涂顶棚后喷涂墙面，两遍成活，间隔时间约2h；外墙喷涂一般为两遍，较好的饰面为三遍，作业分段线设在水落管、接缝、雨罩等处。

④ 抹涂：是指用钢抹子将涂料抹压到各类物面上的施工方法。

A. 抹涂底层涂料。用刷涂、辊涂方法先刷一层底层涂料做结合层。

B. 抹涂面层涂料。底层涂料涂饰后2h左右，即可用不锈钢抹压工具涂抹面层涂料，涂层厚度为2~3mm；抹完后，间隔1h左右，用不锈钢抹子拍抹饰面压光，使涂料中的胶粘剂在表面形成一层光亮膜；涂层干燥时间一般为48h以上，期间如未干燥，应注意保护。

3. 墙面罩面板装饰施工工艺

（1）施工工艺流程

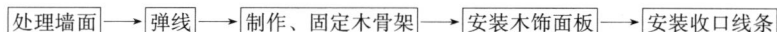

| 处理墙面 | → | 弹线 | → | 制作、固定木骨架 | → | 安装木饰面板 | → | 安装收口线条 |

（2）施工要点

1）墙面要求平整。如墙面平整误差在10mm以内，可采取抹灰修整的办法；如误差大于10mm，可在墙面与龙骨之间加垫木块。墙面潮湿，应待干燥后施工，或做防潮处理。

2）弹线。根据木护墙板、木墙裙高度在墙面弹好线。

3）制作、固定木骨架。根据护墙板、木墙裙高度和房间大小钉做木龙骨架，横龙骨一般400mm左右，竖龙骨一般600mm。面板厚度1mm以上时，横龙骨间距可适当放大。在墙内埋设防腐木砖，然后将木龙骨架整片或分片安装固定在木砖上。墙面的阴阳角处，必须加钉木龙骨。

4）安装木饰面板：护墙板、木墙裙顶部要拉线找平。将面板固定在木龙骨上，面板与墙体需离开一定距离，避免潮气对面板的影响。在护墙板、木墙裙底部安装踢脚板，将踢脚板固定在垫木及墙板上，踢脚板高度150mm，冒头用木线条固定在护墙板上。护墙板、木墙裙安装后，涂刷清油一遍，以防止其他工种污染板面。

5）安装收口线条：木压条规格尺寸要一致，木压条需钉在木钉上。

4. 软包墙面装饰施工工艺

软包墙面是现代室内墙面装修常用做法，它具有吸声、保温、防儿童碰伤、质感舒适、美观大方等特点。特别适用于有吸声要求的会议厅、会议室、多功能厅、娱乐厅、消声室、住宅起居室、儿童卧室等处。原则上是房间内的地、顶内装修已基本完成,墙面和细木装修底板做完,开始做面层装修时插入软包墙面镶贴装饰和安装工程。

(1) 施工工艺流程

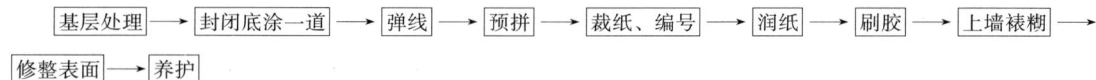

基层或底层处理 → 吊直、套方、找规矩、弹线 → 计算用料、套裁填充料和面料 → 粘贴面料 →

安装贴脸或装饰边线、刷镶边油漆 → 修整软包墙面

(2) 施工要点

1) 基层或底板处理。先在结构墙上预埋木砖、抹水泥砂浆找平层、刷喷冷底子油、铺贴一毡二油防潮层、安装 50mm×50mm 木墙筋(中距为 450mm)、上铺五层胶合板。如采取直接铺贴法,基层必须作认真的处理,方法是先将底板拼缝用油腻子嵌平密实、满刮腻子 1~2 遍,待腻子干燥后用砂纸磨平,粘贴前,在基层表面满刷清油(清漆＋香蕉水)一道。如有填充层,此工序可以简化。

2) 吊直、套方、找规矩、弹线。根据设计图纸要求,把房间需要软包墙面的装饰尺寸、造型等通过吊直、套方、找规矩、弹线等工序,把实际设计的尺寸与造型落实到墙面上。

3) 计算用料、套裁填充料和面料。首先根据设计图纸的要求,确定软包墙面的具体做法。一是直接铺贴法(此法操作比较简便,但对基层或底板的平整度要求较高),二是预制铺贴镶嵌法,此法有一定的难度,要求必须横平竖直、不得歪斜,尺寸必须准确等。故需要做定位标志以利于对号入座。然后按照设计要求进行用料计算和底材(填充料)、面料套裁工作。要注意同一房间、同一图案与面料必须用同一卷材料和相同部位(含填充料)套裁面料。

4) 粘贴面料。按照设计图纸和造型的要求先粘贴填充料(如泡沫塑料、聚苯板或矿棉、木条、五合板等),按设计用料(粘结用胶、钉子、木螺钉、电化铝帽头钉、铜丝等)把填充垫层固定在预制的铺贴镶嵌底板上,然后把面料按照定位标志找好横竖坐标上下摆正,首先把上部用木条加钉子临时固定,然后把下端和两侧位置找好后,便可按设计要求粘贴面料。

5) 安装贴脸或装饰边线。根据设计选择和加工好的贴脸或装饰边线,并按设计要求先把油漆刷好(达到交活条件),粘贴面料准备工作达到设计要求和效果后,便可与基层固定和安装贴脸或装饰边线,最后修刷镶边油漆成活。

6) 修整软包墙面。软包墙面施工后需清除灰尘、处理钉粘保护膜的钉眼和胶痕等。

5. 裱糊类装饰施工工艺

裱糊工程是指在室内平整光洁的墙面、顶棚面、柱体面和室内其他构件表面,用壁纸、墙布等材料裱糊的装饰工程。

(1) 施工工艺流程

1) PVC 壁纸裱糊

施工工艺流程:

基层处理 → 封闭底涂一道 → 弹线 → 预拼 → 裁纸、编号 → 润纸 → 刷胶 → 上墙裱糊 →

修整表面 → 养护

2）金属壁纸裱糊

金属壁纸是室内高档装修材料，它以特种纸为基层，将很薄的金属箔压合于基层表面加工而成。用以装饰墙面，雍容华贵、金碧辉煌。高级宾馆、饭店、娱乐建筑等多采用。

施工工艺流程：

基层表面处理 ⟶ 刮腻子 ⟶ 封闭底层 ⟶ 弹线 ⟶ 预拼 ⟶ 裁纸、编号 ⟶ 刷胶 ⟶ 上墙裱贴 ⟶

修整表面 ⟶ 养护

3）锦缎裱糊

锦缎柔软光滑，极易变形，不易裁剪，故很难直接裱糊在各种基层表面。因此，必须先在锦缎背面裱一层宣纸，使锦缎硬朗挺括以后再上墙。

施工工艺流程：

基层表面处理 ⟶ 刮腻子 ⟶ 封闭底层、涂防潮底漆 ⟶ 弹线 ⟶ 锦缎上浆 ⟶ 锦缎裱纸 ⟶ 预拼 ⟶

裁纸、编号 ⟶ 刷胶 ⟶ 上墙裱贴 ⟶ 修整墙面 ⟶ 涂防虫涂料 ⟶ 养护

（2）施工要点（三种裱糊类装饰共同要点）

1）基层表面必须平整光滑，否则需处理后达到要求。混凝土及抹灰基层的含水率大于 8%，木基层的含水率大于 12% 时，不得进行粘贴壁纸的施工。新抹水泥石灰膏砂浆基层常温龄期至少需 10d 以上（冬期需 20d 以上），普通混凝土基层至少需 28d 以上，才可裱糊装饰施工。

2）刮腻子厚薄要均匀，且不宜过厚。

3）弹线。裱糊类装饰施工前，需在墙面弹好线，以保证裱糊成品顺直。

4）裱糊。裱糊材料上墙前，墙面需刷胶，涂胶要均匀。裱贴时需用一定的力度张拉裱糊材料，以免裱糊材料起皱。

5）裱糊完工后，要去除表面不洁之物，并注意保持温度与湿度适宜。

五、施工项目管理

施工项目管理是指建筑企业运用系统的观点、理论和方法，对施工项目进行的决策、计划、组织、控制、协调等全过程的全面管理。

施工项目管理具有以下特点：

（1）施工项目管理的主体是建筑企业。其他单位都不进行施工项目管理，例如建设单位对项目的管理称为建设项目管理，设计单位对项目的管理称为设计项目管理。

（2）施工项目管理的对象是施工项目。施工项目管理周期包括工程投标、签订施工合同、施工准备、施工、竣工验收、保修等。施工项目具有多样性、固定性和体型庞大等特点，因此施工项目管理具有先有交易活动，后有"生产成品"，生产活动和交易活动很难分开等特殊性。

（3）施工项目管理的内容是按阶段变化的。由于施工项目各阶段管理内容差异大，因此要求管理者必须进行有针对性的动态管理，要使资源优化组合，以提高施工效率和效益。

（4）施工项目管理要求强化组织协调工作。由于施工项目生产活动具有独特性（单件性）、流动性、露天作业、工期长、需要资源多，且施工活动涉及的经济关系、技术关系、法律关系、行政关系和人际关系复杂等特点，因此，必须通过强化组织协调工作才能保证施工活动的顺利进行。主要强化办法是优选项目经理，建立调度机构，配备称职的调度人员，努力使调度工作科学化、信息化，建立起动态的控制体系。

（一）施工项目管理的内容及组织

1. 施工项目管理的内容

施工项目管理包括以下八方面内容：

（1）建立施工项目管理组织

根据施工项目管理组织原则，结合工程规模、特点，选择合适的组织形式，建立施工项目管理机构，明确各部门、各岗位的责任、权限和利益；在符合企业规章制度的前提下，根据施工项目管理的需要，制定施工项目经理部管理制度。

（2）编制施工项目管理规划

在工程投标前，由企业管理层编制施工项目管理大纲，对施工项目管理从投标到保修期满进行全面的纲要性规划。施工项目管理大纲可以用施工组织设计替代。

在工程开工前，由项目经理组织编制施工项目管理实施规划，对施工项目管理从开工到交工验收进行全面的指导性规划。当承包人以施工组织设计代替项目管理规划时，施工组织设计应满足项目管理规划的要求。

（3）施工项目的目标控制

在施工项目实施的全过程中，应对项目质量、进度、成本和安全目标进行控制，以实现项目的各项约束性目标。其控制的基本过程是：确定各项目标控制标准；在实施过程中，通过检查、对比，衡量目标的完成情况；将衡量结果与标准进行比较，若有偏差，分析原因，采取相应的措施以保证目标的实现。

（4）施工项目的生产要素管理

施工项目的生产要素主要包括劳动力、材料、机械设备、技术和资金。管理生产要素的内容有：分析各生产要素的特点；按一定的原则、方法，对施工项目的生产要素进行优化配置并评价；对施工项目各生产要素进行动态管理。

（5）施工项目的合同管理

为了确保施工项目管理及工程施工的技术组织效果和目标实现，从工程投标开始，就要加强工程承包合同的策划、签订、履行和管理。同时，还应做好签证与索赔工作，讲究索赔的方法和技巧。

（6）施工项目的信息管理

进行施工项目管理和施工项目目标控制、动态管理，必须在项目实施的全过程中，充分利用计算机对项目有关的各类信息进行收集、整理、储存和使用，提高项目管理的科学性和有效性。

（7）施工现场的管理

在施工项目实施过程中，应对施工现场进行科学有效的管理，以达到文明施工、保护环境、塑造良好的企业形象、提高施工管理水平的目的。

（8）组织协调

协调和控制都是计划目标实现的保证。在施工项目实施过程中，应进行组织协调，沟通和处理好内部及外部的各种关系，排除各种干扰和障碍。

2. 施工项目管理的组织机构

（1）施工项目管理组织的主要形式

施工项目管理组织的形式是指在施工项目管理组织中处理管理层次、管理跨度、部门设置和上下级关系的组织结构的类型。主要的管理组织形式有直线式、职能式、矩阵式、事业部式等。

1）直线式

直线式项目组织是指为了完成某个特定项目，从企业各职能部门抽调专业人员组成项目经理部。项目经理部的成员与原来的职能部门暂时脱离管理关系，成为项目的全职人员。项目部各职能部门（或岗位）对工程的成本、进度、质量、安全等目标进行控制，并由项目经理组织和协调各职能部门的工作，其形式如图 5-1 所示。

直线式组织适用于大型项目以及工期要求紧，要求多工种、多部门密切配合的项目。图 5-2 是某施工项目采用的直线式组织结构。

2）职能式

职能式项目组织是指在各管理层之间设置职能部门，上下层次通过职能部门进行管理的一种组织结构形式。在这种组织形式中，由职能部门在所管辖的业务范围内指挥下级。这种组织

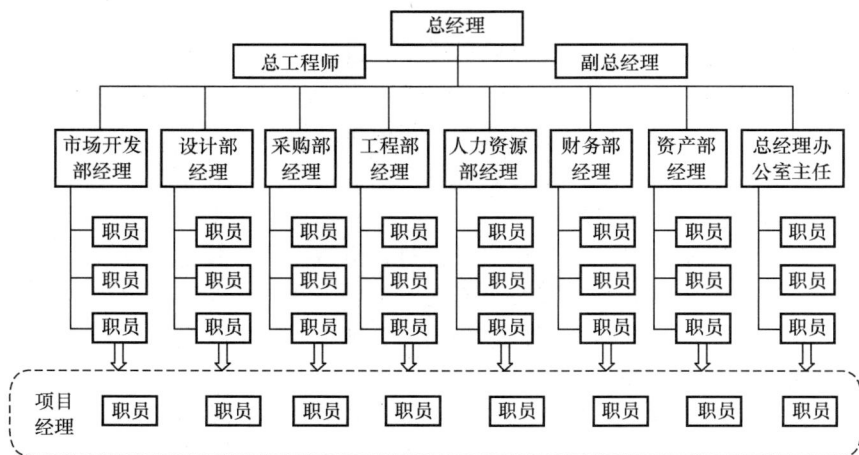

图 5-1　直线式项目组织示意图

形式加强了施工项目目标控制的职能化分工，能够发挥职能机构的专业化管理作用，但由于一个工作部门有多个指令源，可能使下级在工作中无所适从，其形式如图 5-3 所示。

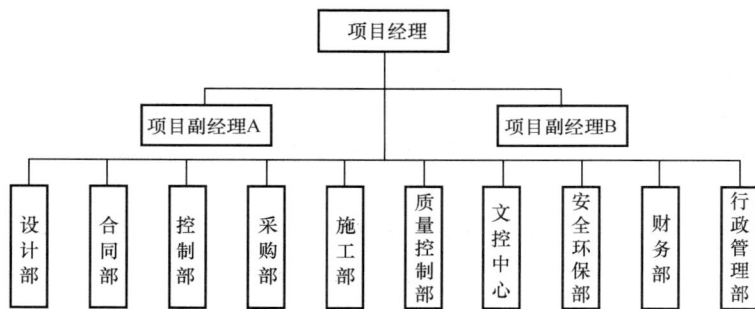

图 5-2　某施工项目采用的直线式组织结构

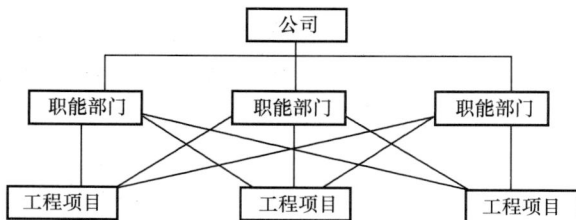

图 5-3　职能式项目组织示意图

3）矩阵式

矩阵式项目组织是指结构形式呈矩阵状的组织，其项目管理人员由企业有关职能部门派出并进行业务指导，接受项目经理的直接领导，其形式如图 5-4 所示。

矩阵式项目组织适用于同时承担多个需要进行项目管理工程的企业。在这种情况下，各项目对专业技术人才和管理人员都有需求，加在一起数量较大，采用矩阵式组织可以充分利用有限的人才对多个项目进行管理，特别有利于发挥优秀人才的作用；适用于大型、

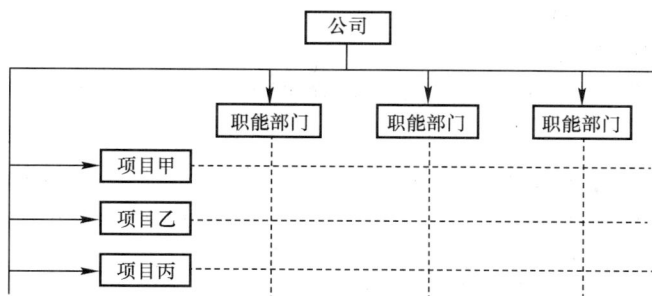

图 5-4　矩阵式项目组织形式示意图

复杂的施工项目。因大型复杂的施工项目要求多部门、多技术、多工种配合实施，在不同阶段，对不同人员，在数量和搭配上有不同的需求。

4）事业部式项目组织

企业成立事业部，事业部对企业来说是职能部门，对外界来说享有相对独立的经营权，是一个独立单位。事业部可以按地区设置，也可以按工程类型或经营内容设置，在事业部下边设置项目经理部。项目经理由事业部选派，一般对事业部负责，有的可以直接对业主负责，这是根据其授权程度决定的。

事业部式项目组织适用于大型经营性企业的工程承包，特别是适用于远离公司本部的工程承包。需要注意的是，一个地区只有一个项目，没有后续工程时，不宜设立地区事业部，也就是说它适用于在一个地区内有长期市场或一个企业有多种专业化施工力量时采用。在这种情况下，事业部与地区市场同寿命，地区没有项目时，该事业部应撤销。

（2）施工项目经理部

施工项目经理部是由企业授权，在施工项目经理的领导下建立的项目管理组织机构，是施工项目的管理层，其职能是对施工项目实施阶段进行综合管理。

1）项目经理部的性质

施工项目经理部的性质可以归纳为以下三方面：

① 相对独立性。施工项目经理部的相对独立性主要是指它与企业存在着双重关系。一方面，它作为企业的下属单位，同企业存在着行政隶属关系，要绝对服从企业的全面领导；另一方面，它又是一个施工项目独立利益的代表，存在着独立的利益，同企业形成一种经济承包或其他形式的经济责任关系。

② 综合性。施工项目经理部的综合性主要表现在以下几方面：

A. 施工项目经理部是企业所属的经济组织，主要职责是管理施工项目的各种经济活动。

B. 施工项目经理部的管理职能是综合的，包括计划、组织、控制、协调、指挥等多方面。

C. 施工项目经理部的管理业务是综合的，从横向看包括人、财、物、生产和经营活动，从纵向看包括施工项目全寿命周期的主要过程。

③ 临时性。施工项目经理部是企业一个施工项目的责任单位，随着项目的开工而成

立,随着项目的竣工而解体。

2)项目经理部的作用

① 负责施工项目从开工到竣工的全过程施工生产经营的管理,对作业层负有管理与服务的双重责任;

② 为项目经理决策提供信息依据,执行项目经理的决策意图,由项目经理全面负责;

③ 项目经理部作为项目团队,应具有团队精神,完成企业所赋予的基本任务,即项目管理;凝聚管理人员的力量;协调部门之间、管理人员之间的关系;影响和改变管理人员的观念和行为,沟通部门之间、项目经理部与作业队之间、与公司之间、与环境之间的关系;

④ 项目经理部是代表企业履行工程承包合同的主体,对项目产品和建设单位负责。

3)建立施工项目经理部的基本原则

① 根据所设计的项目组织形式设置。因为项目组织形式与项目的管理方式有关,与企业对项目经理部的授权有关。不同的组织形式对项目经理部的管理力量和管理职责提出了不同要求,提供了不同的管理环境。

② 根据施工项目的规模、复杂程度和专业特点设置。例如,大型项目经理部可以设职能部、处;中型项目经理部可以设处、科;小型项目经理部一般只需设职能人员即可。如果项目的专业性强,便可设置专业性强的职能部门,如水电处、安装处、打桩处等。

③ 根据施工工程任务需要调整。项目经理部是一个具有弹性的一次性管理组织,随着工程项目的开工而组建,随着工程项目的竣工而解体,不应搞成一级固定性组织。在工程施工开始前建立,在工程竣工交付使用后解体。项目经理部不应有固定的作业队伍,而是根据施工的需要,由企业(或授权给项目经理部)在社会市场吸收人员,进行优化组合和动态管理。

④ 适应现场施工的需要。项目经理部的人员配置应面向现场,满足现场的计划与调度、技术与质量、成本与核算、劳务与物资、安全与文明施工的需要。而不应设置专营经营与咨询、研究与发展、政工与人事等与项目施工关系较少的非生产性管理部门。

4)项目经理部部门设置

不同企业的项目经理部,其部门的数量、名称和职责都有较大差异,但以下5个部门是基本的:

① 经营核算部门。主要负责工程预结算、合同与索赔、资金收支、成本核算、工资分配等工作。

② 技术管理部门。主要负责生产调度、文明施工、劳动管理、技术管理、施工组织设计、计划统计等工作。

③ 物资设备供应部门。主要负责材料的询价、采购、计划供应、管理、运输,工具管理,机械设备的租赁,保养维修等工作。

④ 质量安全部门。主要负责工程质量、安全管理、消防保卫、环境保护等工作。

⑤ 安全后勤部门。主要负责行政管理、后勤保险等工作。

5)项目部岗位设置及职责

① 岗位设置。根据项目大小不同,人员安排不同,项目部领导层从上往下设置项目

经理、项目技术负责人等；项目部设置最基本的六大岗位：施工员、质量员、安全员、资料员、造价员、测量员，其他还有材料员、标准员、机械员、劳务员等（图 5-5）。

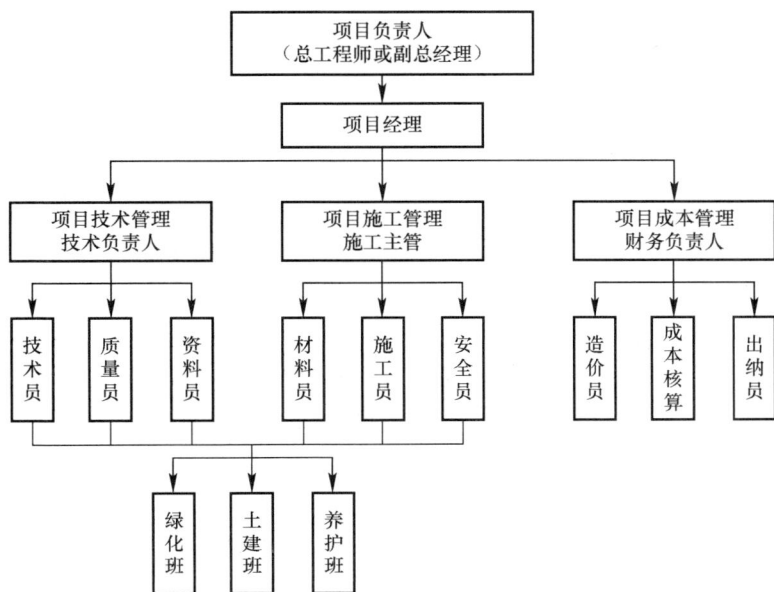

图 5-5　某项目部组织机构框图

② 岗位职责。在现代施工企业的项目管理中，施工项目经理是施工项目的最高责任人和组织者，是决定施工项目盈亏的关键性角色。一般说来，人们习惯于将项目经理定位于企业的中层管理者或中层干部，然而由于项目管理及项目环境的特殊性，在实践中的项目经理所行使的管理职权与企业职能部门的中层干部往往是有所不同的。前者体现在决策职能的增强上，着重于目标管理；而后者则主要表现为控制职能的强化，强调和讲究的是过程管理。实际上，项目经理应该是职业经理式的人物，是复合型人才，是通才。其应懂法律、善管理、会经营、敢负责、能公关等，具有各方面的较为丰富的经验和知识，而职能部门的负责人则往往是专才，是某一技术专业领域的专家。对项目经理的素质和技能要求在实践中往往是同企业中的总经理完全相同的。

项目技术负责人是在项目部经理的领导下，负责项目部施工生产、工程质量、安全生产和机械设备管理工作。

施工员、质量员、安全员、资料员、造价员、测量员、材料员、标准员、机械员、劳务员都是项目的专业人员，是施工现场的管理者。

6）项目经理部的解体

项目经理部是一次性具有弹性的施工现场生产组织机构，工程临近结尾时，业务管理人员乃至项目经理要陆续撤走，因此，必须重视项目经理部的解体和善后工作。企业工程管理部门是项目经理部解体善后工作的主管部门，主要负责项目经理部的解体后工程项目在保修期间问题的处理，包括因质量问题造成的返（维）修、工程剩余价款的结算以及回收等。

（二）施工项目目标控制

施工项目的目标控制主要包括：施工项目进度控制、施工项目质量控制、施工项目成本控制、施工项目安全控制四个方面。

1. 施工项目目标控制的任务

（1）施工项目进度控制的任务

施工项目进度控制的总目标是确保施工项目的合同工期的实现，或者在保证施工质量和不因此而增加施工实际成本的条件下，适当缩短工期。

施工项目进度控制的任务是：在既定的工期内，编制出最优的施工进度计划；在执行该计划的施工中，经常检查施工实际进度情况，并将其与计划进度相比较；若出现偏差，便分析产生的原因和对工期的影响程度，找出必要的调整措施，修改原计划，不断地如此循环，直至工程竣工验收。

（2）施工项目质量控制的任务

施工项目质量控制的任务是：在准备阶段编制施工技术文件，制定质量管理计划和质量控制措施、进行施工技术交底；在项目施工阶段对实施情况进行监督、检查和测量，并将项目实施结果与事先制定的质量标准进行比较，判断其是否符合质量标准，找出存在的质量问题，分析质量问题的形成原因，采取补救措施。

（3）施工项目成本控制的任务

施工项目成本控制的任务是：先预测目标成本，然后编制成本计划；在项目实施过程中，收集实际数据，进行成本核算；对实际成本和计划成本进行比较，如果发生偏差，应及时进行分析，查明原因，并及时采取有效措施，不断降低成本。将各项生产费用控制在原来所规定的标准和预算之内，以保证实现规定的成本目标。

（4）施工项目安全控制的任务

施工项目安全管理的内容包括职业健康、安全生产和环境管理。

职业健康管理的主要任务是制定并落实职业病、传染病的预防措施；为员工配备必要的劳动保护用品，按要求购买保险；组织员工进行健康体检，建立员工健康档案等。

安全生产管理的主要任务是制定安全管理制度、编制安全管理计划和安全事故应急预案；识别现场的危险源，采取措施预防安全事故；重视安全教育培训、安全检查，提高员工的安全意识和安全生产素质。

环境管理的主要任务是规范现场的场容环境，保持作业环境的整洁卫生；预防环境污染事件，减少施工对周围居民和环境的影响等。

2. 施工项目目标控制的措施

（1）施工项目进度控制的措施

施工项目进度控制的措施主要有组织措施、技术措施、合同措施、经济措施和信息管理措施等。

组织措施主要是指落实各级进度控制的人员及其具体任务和工作责任，建立进度控制的组织系统；按照施工项目的结构、施工阶段或合同结构的层次进行项目分解，确定各分项工程进度控制的工期目标，建立进度控制的工期目标体系；建立进度控制的工作制度，如定期检查的时间、方法，召开协调会议的时间、参加人员等，并对影响施工实际进度的主要因素进行分析和预测，制订调整施工实际进度的组织措施。

技术措施主要是指应尽可能采用先进的施工技术、施工方法和新材料、新工艺、新技术，保证进度目标实现；落实施工方案，在发生问题时，能适时调整工作之间的逻辑关系，加快施工进度。

合同措施是指通过合同的跟踪控制保证工期进度的实现，即保持总进度控制目标与合同总工期相一致；分包合同的工期符合总包合同要求；供货、供电、运输、构件加工等合同规定的提供服务时间与有关的进度控制目标相一致。

经济措施是指要制订切实可行的实现施工计划进度所必需的资金保证措施，包括落实实现进度目标的保证资金；签订并实施关于工期和进度的经济承包责任制；建立并实施关于工期和进度的奖惩制度。

信息管理措施是指建立完善的工程统计管理体系和统计制度，详细、准确、定时地收集有关工程实际进度情况的资料和信息，并进行整理统计，得出工程施工实际进度完成情况的各项指标，将其与施工计划进度的各项指标进行比较，定期地向建设单位提供施工进度比较报告。

（2）施工项目质量控制的措施

1）提高管理、施工及操作人员自身素质

管理、施工及操作人员素质的高低对工程质量起决定性的作用。首先，应提高所有参与工程施工人员的质量意识，让他们树立五大观念，即质量第一的观念、预控为主的观念、为用户服务的观念、用数据说话的观念以及社会效益与企业效益相结合的综合效益观念。其次，要搞好人员培训，提高员工素质。要对现场施工人员进行质量、施工技术、安全等方面的教育和培训，提高施工人员的综合素质。

2）建立完善的质量保证体系

工程项目质量保证体系是指现场施工管理组织的施工质量自控系统或管理系统，即施工单位为保证工程项目的质量管理和目标控制，以现场施工管理组织机构为基础，通过质量目标的确定和分解，管理人员和资源的配置，建立质量管理制度并完善，形成具有质量控制和质量保证能力的工作系统。

施工项目质量保证体系的内容应根据施工管理的需要并结合工程特点进行设置，具体如下：

① 施工项目质量控制的目标体系；

② 施工项目质量控制的工作分工；

③ 施工项目质量控制的基本制度；

④ 施工项目质量控制的工作流程；

⑤ 施工项目质量计划或施工组织设计；

⑥ 施工项目质量控制点的设置和控制措施的制订；

⑦ 施工项目质量控制关系网络设置及运行措施。

3）加强原材料质量控制

一是提高采购人员的政治素质和质量鉴定水平，使那些既有一定专业知识又忠于事业的人担任该项工作。二是采购材料要广开门路，综合比较，择优进货。三是施工现场材料人员要会同工地负责人、甲方等有关人员对现场设备及进场材料进行检查验收。特殊材料要有说明书和试验报告、生产许可证，对钢材、水泥、防水材料、混凝土外加剂等必须进行复试和见证取样试验。

4）提高施工的质量管理水平

每项工程均应有总体施工方案，每一分项工程施工之前也要做到方案先行，并且施工方案必须实行分级审批制度，方案审完后还要做出样板，反复对样板中存在的问题进行修改，直至达到设计要求方可执行。在工程实施过程中，根据出现的新问题、新情况，及时对施工方案进行修改。

5）确保施工工序的质量

工程项目的施工过程是由一系列相互关联、相互制约的工序所构成，工序质量是构成工程质量的最基本的单元，上道工序存在质量缺陷或隐患，不仅会使本工序质量达不到标准的要求，而且直接影响下道工序及后续工程的质量与安全，进而影响最终成品的质量。因此，在施工中要建立严格的交接班检查制度，在每一道工序进行中，必须坚持自检、互检。如监理人员在检查时发现质量问题，应分析产生问题的原因，要求承包人采取合适的措施进行修整或返工。处理完毕，检查合格后方可进行下一道工序施工。

6）加强施工项目的过程控制

施工人员的控制。施工项目管理人员由项目经理统一指挥，各自按照岗位标准进行工作，公司随时对项目管理人员的工作状态进行考核，并如实记录考察结果存入工程档案之中，依据考核结果，奖优罚劣。

施工材料的控制。施工材料的选购，必须是经过考察后合格的、信誉好的材料供应商，在材料进场前必须先报验，经检测部门合格后的材料方能使用，从而保证质量，并节约成本。

施工工艺的控制。施工工艺的控制是决定工程质量好坏的关键。为了保证工艺的先进性、合理性，公司工程部针对分项分部工程编制作业指导书，并下发各基层项目部技术人员，合理安排创造良好的施工环境，保证工程质量。

加强专项检查，开展自检、专检、互检活动，及时解决问题。各工序完工后由班组长组织质量员对本工序进行自检、互检。自检时，严格执行技术交底及现行规程、规范，在自检中发现问题由班组自行处理并填写自检记录，班组自检记录填写完善，自检的问题已确实修正后，方可由项目专职质量员进行验收。

（3）施工项目安全控制的措施

1）安全制度措施

项目经理部必须执行国家、行业、地区安全法规、标准，并以此制定本项目的安全管理制度，主要包括：

① 行政管理方面：安全生产责任制度；安全生产例会制度；安全生产教育制度；安全生产检查制度；伤亡事故管理制度；劳保用品发放及使用管理制度；安全生产奖惩制度；工程开竣工的安全制度；施工现场安全管理制度；安全技术措施计划管理制度；特殊

作业安全管理制度；环境保护、工业卫生工作管理制度；锅炉、压力容器安全管理制度；场区交通安全管理制度；防火安全管理制度；意外伤害保险制度；安全检举和控告制度等。

② 技术管理方面：关于施工现场安全技术要求的规定；各专业工种安全技术操作规程；设备维护检修制度等。

2）安全组织措施

① 建立施工项目安全管理组织系统。

② 建立与项目安全组织系统相配套的各专业、各部门、各生产岗位的安全责任系统。

③ 建立项目经理的安全生产职责及项目班子成员的安全生产职责。

④ 作业人员安全纪律。现场作业人员与施工安全生产关系最为密切，他们遵守安全生产纪律和操作规程是安全控制的关键。

3）安全技术措施

施工准备阶段的安全技术措施见表 5-1，施工阶段的安全技术措施见表 5-2。

施工准备阶段的安全技术措施　　　　　　　　　　**表 5-1**

施工准备阶段	内容
技术准备	① 了解工程设计对安全施工的要求； ② 调查工程的自然环境（水文、地质、气候、洪水、雷击等）和施工环境（地下设施、管道及电缆的分布与走向、粉尘、噪声等）对施工安全的影响，及施工时对周围环境安全的影响； ③ 当改、扩建工程施工与建设单位使用或生产发生交叉，可能造成双方伤害时，双方应签订安全施工协议，搞好施工与生产的协议，以明确双方责任，共同遵守安全事项； ④ 在施工组织设计中，编制切实可行、行之有效的安全技术措施，并严格履行审批手续，送安全部门备案
物资准备	① 及时供应质量合格的安全防护用品（安全帽、安全带、安全网等）满足施工需要； ② 保证特殊工种（电工、焊工、爆破工、起重工等）使用的工器械质量合格，技术性能良好； ③ 施工机具、设备（起重机、卷扬机、电锯、平面刨、电气设备）、车辆等需经安全技术性能检测，鉴定合格、防护装置齐全、制动装置可靠，方可进场使用； ④ 施工周转材料（脚手杆、扣件、跳板等）须经认真挑选，不符合安全要求的禁止使用
施工现场准备	① 按施工总平面图要求做好现场施工准备； ② 现场各种临时设施和库房的布置，特别是炸药库、油库的布置，易燃易爆品的存放都必须符合安全规定和消防要求，并经公安消防部门批准； ③ 电气线路、配电设备应符合安全要求，有安全用电防护措施； ④ 场内道路应通畅，设交通标志，危险地带设危险信号及禁止通行标志，以保证行人和车辆通行安全； ⑤ 现场周围和陡坡及沟坑处设好围栏、防护板，现场入口处设"无关人员禁止入内"的标志及警示标志； ⑥ 塔式起重机等起重设备安置应与输电线路、永久的或临设的工程间要有足够的安全距离，避免碰撞，以保证搭设脚手架、安全网的施工距离； ⑦ 现场设消防栓，应有足够有效的灭火器材
施工队伍准备	① 新工人、特殊工种工人须经岗位技术培训与安全教育后，持合格证上岗； ② 高、险、难作业工人须经身体检查合格后，方可施工作业； ③ 开工前，项目经理应对全体人员进行安全教育、安全技术交底，形成由相关人员签字的三级安全教育卡和安全技术交底记录

施工阶段的安全技术措施 表 5-2

施工阶段	内容
一般施工	① 单项工程、单位工程均有安全技术措施，分部分项工程有安全技术具体措施，施工前由技术负责人向有关人员进行安全技术交底； ② 安全技术应与施工生产技术相统一，各项安全技术措施必须在相应的工序施工前做好； ③ 操作者严格遵守相应的操作规程，实行标准化作业； ④ 施工现场的危险地段应设有防护、保险、信号装置及危险警示标志； ⑤ 针对采用的新工艺、新技术、新设备、新结构制定专门的施工安全技术措施； ⑥ 有预防自然灾害（防台风、雷击、防洪排水、防暑降温、防寒、防冻、防滑等）的专门安全技术措施； ⑦ 在明火作业（焊接、切割、熬沥青等）现场应有防火、防爆安全技术措施； ⑧ 有特殊工程、特殊作业的专业安全技术措施，如土石方施工安全技术、爆破安全技术、脚手架安全技术、起重吊装安全技术、电气安全技术、高处作业及主体交叉作业安全技术、焊割安全技术、防火安全技术、交通运输安全技术、安装工程安全技术、烟囱及筒仓安全技术等
拆除工程	① 详细调查拆除工程结构特点和强度，电线线路，管道设施等现状，制定可靠的安全技术方案； ② 拆除建筑物之前，在建筑物周围划定危险警戒区域，设立安全围栏，禁止无关人员进入作业区； ③ 拆除工作开始前，先切断被拆除建筑物的电线、供水、供热、供煤气的通道； ④ 拆除工作应按自上而下顺序进行，禁止数层同时拆除，必要时要对底层或下部结构进行加固； ⑤ 栏杆、楼梯、平台应与主体拆除程度配合进行，不能先行拆除； ⑥ 拆除作业工人应站在脚手架上或稳固的结构部分操作，拆除承重梁和柱之前应先拆除其承重的全部结构、并防止其他部分坍塌； ⑦ 拆下的材料要及时清理运走，不得在旧楼板上集中堆放，以免超负荷； ⑧ 被拆除的建筑物内需要保留的部分或需保留的设备应事先搭好防护棚； ⑨ 一般不采用推倒方法拆除建筑物，必须采用推倒方法的应采取特殊安全措施

（4）施工项目成本控制的措施

1）组织措施

组织措施是从施工成本控制的组织方面采取的措施。组织措施是其他各类措施的前提和保障，而且一般不需要增加什么费用，运用得当可以收到良好的效果。组织措施的一方面，要使施工成本控制成为全员的活动。施工成本管理不仅是专业成本管理人员的工作，各级项目管理人员都负有成本控制责任，如实行项目经理责任制，落实施工成本管理的组织机构和人员，明确各级施工成本管理人员的任务和职能分工、权利和责任。另一方面，编制施工成本控制工作计划，确定合理详细的工作流程。要做好施工采购规划，通过生产要素的优化配置、合理使用、动态管理，有效控制实际成本；加强施工定额管理和施工任务管理，控制活劳动和物化劳动的消耗；加强施工调度，避免因施工计划不周和盲目调度造成窝工损失、机械利用率降低、物料积压等而使施工成本增加。

2）技术措施

采取先进的技术措施，走技术与经济相结合的道路，确定科学合理的施工方案和工艺技术，以技术优势来取得经济效益是降低项目成本的关键。首先，制定先进合理的施工方案和施工工艺，合理布置施工现场，不断提高工程施工工业化、现代化水平，以达到缩短工期、提高质量、降低成本的目的。其次，在施工过程中大力推广各种降低消耗、提高工效的新工艺、新技术、新材料、新设备和其他能降低成本的技术革新措施，提高经济效益。最后，加强施工过程中的技术质量检验制度和力度，严把质量关，提高工程质量，杜绝返工现象和损失，减少浪费。

3）经济措施

① 控制人工费用。控制人工费的根本途径是提高劳动生产率，改善劳动组织结构，减少窝工浪费；实行合理的奖惩制度和激励办法，提高员工的劳动积极性和工作效率；加强劳动纪律，加强技术教育和培训工作；压缩非生产用工和辅助用工，严格控制非生产人员比例。

② 控制材料费。材料费用占工程成本的比例很大，因此，降低成本的潜力最大。降低材料费用的主要措施是制订好材料采购的计划，包括品种、数量和采购时间，减少仓储量，避免出现完料不尽，垃圾堆里有黄金的现象，节约采购费用；改进材料的采购、运输、收发、保管等方面的工作，减少各个环节的损耗；合理堆放现场材料，避免和减少二次搬运和摊销损耗；严格材料进场验收和限额领料控制制度，减少浪费；建立结构材料消耗台账，时时监控材料的使用和消耗情况，制定并贯彻节约材料的各种相应措施，合理使用材料，建立材料回收台账，注意工地余料的回收和再利用。另外，在施工过程中，要随时注意发现新产品、新材料的出现，及时向建设单位和设计院提出采用代用材料的合理建议，在保证工程质量的同时，最大限度地做好增收节支。

③ 控制机械费用。在控制机械使用费方面，最主要的是加强机械设备的使用和管理力度，正确选配和合理利用机械设备，提高机械使用率和机械效率。要提高机械效率必须提高机械设备的完好率和利用率。机械利用率的提高靠人，完好率的提高在于保养和维护。因此，在机械设备的使用和维护方面要尽量做到人机固定，落实机械使用、保养责任制，实行操作员、驾驶员经培训持证上岗，保证机械设备被合理规范的使用，并保证机械设备的使用安全，同时应建立机械设备档案制度，定期对机械设备进行保养维护。另外，要注意机械设备的综合利用，尽量做到一机多用，提高利用率，从而加快施工进度、增加产量、降低机械设备的综合使用费。

④ 控制间接费及其他直接费。间接费是项目管理人员和企业的其他职能部门为该工程项目所发生的全部费用。这一项费用的控制主要应通过精简管理机构，合理确定管理幅度与管理层次，业务管理部门的费用通过实行节约承包来落实，同时对涉及管理部门的多个项目实行清晰分账，落实谁受益谁负担，多受益多负担，少受益少负担，不受益不负担的原则。其他直接费包括临时设施费、工地二次搬运费、生产工具用具使用费、检验试验费和场地清理费等，应本着合理计划、节约为主的原则进行严格监控。

4）合同措施

采用合同措施控制施工成本，应贯穿整个合同周期，包括从合同谈判开始到合同终结的全过程。由于现在的施工合同通常是一种格式合同，合同条款是发包人制定的，所以承包人的合同管理首先是分析承包合同中的潜在风险，通过对引起成本变动的风险因素的识别和分析，制定必要的风险对策，如风险回避、风险转移、风险分散、风险控制和风险自留等。其次，在合同履行期间，承包人要重视工程签证和进度款的结算工作。最后，要密切关注对方合同履行的情况，以及不同合同之间的履约衔接，寻求索赔机会；同时也要密切关注自己履行合同的情况,以防止被对方索赔。

(三)施工资源与现场管理

1. 施工资源管理的任务和内容

施工资源,也称施工项目生产要素,是指投入施工项目的劳动力、材料、机械设备、技术和资金等要素。施工项目生产要素是施工项目管理的基本要素,施工项目管理实际上就是根据施工项目的目标、特点和施工条件,通过对生产要素的有效和有序地组织和管理项目,并实现最终目标。施工项目的计划和控制的各项工作最终都要落实到生产要素管理上。生产要素的管理对施工项目的质量、成本、进度和安全都有重要影响。

(1)施工项目资源管理的内容

1)劳动力。当前,我国在建筑业企业中设置专业作业企业序列,施工综合企业、施工总承包企业和专业承包企业的作业人员按合同由专业作业企业提供。劳动力管理主要依靠专业作业企业,项目经理部协助管理。施工项目中的劳动力,关键在使用,使用的关键在提高效率,提高效率的关键是如何调动作业人员的积极性,调动积极性的最好办法是加强思想政治工作和利用行为科学,从劳动力个人的需要与行为的关系的观点出发,进行恰当的激励。

2)材料。建筑材料按在生产中的作用可分为主要材料、辅助材料和其他材料。其中主要材料指在施工中被直接加工,构成工程实体的各种材料,如钢材、水泥、木材、砂、石等。辅助材料指在施工中有助于产品的形成,但不构成实体的材料,如促凝剂、隔离剂、润滑物等。其他材料指不构成工程实体,但又是施工中必需的材料,如燃料、油料、砂纸、棉纱等。另外,还有周转材料(如脚手架材、模板材等)、工具、预制构配件、机械零配件等。建筑材料还可以按其自然属性分类,包括金属材料、硅酸盐材料、电气材料、化工材料等。施工项目材料管理的重点在现场、在使用、在节约和核算。

3)机械设备。施工项目的机械设备,主要是指作为大型工具使用的大、中、小型机械,既是固定资产,又是劳动手段。施工项目机械设备管理的环节包括选择、使用、保养、维修、改造、更新。其关键在使用,使用的关键是提高机械效率,提高机械效率必须提高利用率和完好率。利用率的提高靠人,完好率的提高在于保养与维修。

4)技术。施工项目技术管理,是对各项技术工作要素和技术活动过程的管理。技术工作要素包括技术人才、技术装备、技术规程、技术资料等。技术活动过程指技术计划、技术运用、技术评价等。技术作用的发挥,除决定于技术本身的水平外,极大程度上还依赖于技术管理水平。没有完善的技术管理,先进的技术是难以发挥作用的。施工项目技术管理的任务有四项:①正确贯彻国家和行政主管部门的技术政策,贯彻上级对技术工作的指示与决定;②研究、认识和利用技术规律,科学地组织各项技术工作,充分发挥技术的作用;③确立正常的生产技术秩序,进行文明施工,以技术保证工程质量;④努力提高技术工作的经济效果,使技术与经济有机地结合。

5)资金。施工项目的资金,是一种特殊的资源,是获取其他资源的基础,是所有项目活动的基础。资金管理主要有以下环节:编制资金计划,筹集资金,投入资金(施工项目经理部收入），资金使用（支出），资金核算与分析。施工项目资金管理的重点是收入与支出问题，收支之差涉及核算、筹资、贷款、利息、利润、税收等问题。

（2）施工资源管理的任务

1）确定资源类型及数量。具体包括：①确定项目施工所需的各层次管理人员和各工种工人的数量；②确定项目施工所需的各种物资资源的品种、类型、规格和相应的数量；③确定项目施工所需的各种施工设施的定量需求；④确定项目施工所需的各种来源的资金的数量。

2）确定资源的分配计划。包括编制人员需求分配计划、编制物资需求分配计划、编制施工设备和设施需求分配计划、编制资金需求分配计划。在各项计划中，明确各种施工资源的需求在时间上的分配，以及在相应的子项目或工程部位上的分配。

3）编制资源进度计划。资源进度计划是资源按时间的供应计划，应视项目对施工资源的需用情况和施工资源的供应条件而确定编制哪种资源进度计划。如编制资源进度计划能合理地考虑施工资源的运用，将有利于提高施工质量，降低施工成本和加快施工进度。

4）施工资源进度计划的执行和动态调整。施工项目施工资源管理不能仅停留于确定和编制上述计划，在施工开始前和在施工过程中应落实和执行所编的有关资源管理的计划，并视需要对其进行动态的调整。

2. 施工现场管理的任务和内容

施工现场是指从事工程施工活动经批准占用的施工场地。它既包括红线以内占用的建筑用地和施工用地，又包括红线以外现场附近经批准占用的临时施工用地。施工现场管理就是运用科学的思想、组织、方法和手段，对施工现场的人、设备、材料、工艺、资金等生产要素，进行有计划地组织、控制、协调、激励，来保证预定目标的实现。

（1）施工现场管理的任务

建筑施工现场管理的任务，具体可以归纳为以下几点：

1）全面完成生产计划规定的任务，含产量、产值、质量、工期、资金、成本、利润和安全等。

2）按施工规律组织生产，优化生产要素的配置，实现高效率和高效益。

3）搞好劳动组织和班组建设，不断提高施工现场人员的思想和技术素质。

4）加强定额管理，降低物料和能源的消耗，减少生产储备和资金占用，不断降低生产成本。

5）优化专业管理，建立完善管理体系，有效地控制施工现场的投入和产出。

6）加强施工现场的标准化管理，使人流、物流高效有序。

7）治理施工现场环境，改变"脏、乱、差"的状况，注意保护施工环境，做到施工不扰民。

（2）施工项目现场管理的内容

1）规划及报批施工用地。根据施工项目及建筑用地的特点科学规划，充分、合理使用施工现场场内占地；当场内空间不足时，应同发包人按规定向城市规划部门、公安交通部门申请，经批准后，方可使用场外施工临时用地。

2）设计施工现场平面图。根据建筑总平面图、单位工程施工图、拟定的施工方案、现场地理位置和环境及政府部门的管理标准，充分考虑现场布置的科学性、合理性、可行性，设计施工总平面图、单位工程施工平面图；单位工程施工平面图应根据施工内容和分包单位的变化，设计出阶段性施工平面图，并在阶段性进度目标开始实施前，通过施工协调会议确认后实施。

3）建立施工现场管理组织。一是项目经理全面负责施工过程中的现场管理，并建立施工项目经理部体系。二是项目经理部应由主管生产的副经理、项目技术负责人、生产、技术、质量、安全、保卫、消防、材料、环保、卫生等管理人员组成。三是建立施工项目现场管理规章制度、管理标准、实施措施、监督办法和奖惩制度。四是根据工程规模、技术复杂程度和施工现场的具体情况，遵循"谁生产、谁负责"的原则，建立按专业、岗位、区片划分的施工现场管理责任制，并组织实施。五是建立现场管理例会和协调制度，通过调度工作实施的动态管理，做到经常化、制度化。

4）建立文明施工现场。一是按照国务院及地方建设行政主管部门颁布的施工现场管理法规和规章，认真管理施工现场。二是按审核批准的施工总平面图布置管理施工现场，规范场容。三是项目经理部应对施工现场场容、文明形象管理作出总体策划和部署，分包人应在项目经理部指导和协调下，按照分区划块原则做好分包人施工用地场容、文明形象管理的规划。四是经常检查施工项目现场管理的落实情况，听取社会公众、近邻单位的意见，发现问题及时处理，不留隐患，避免再度发生，并实施奖惩。五是接受住房和城乡建设行政主管部门的考评和企业对建设工程施工现场管理的定期抽查、日常检查、考评和指导。六是加强施工现场文明建设，展示和宣传企业文化，塑造企业及项目经理部的良好形象。

5）及时清场转移。施工结束后，应及时组织清场，向新工地转移。同时，组织剩余物资退场，拆除临时设施，清除建筑垃圾，按市容管理要求恢复临时占用土地。

下篇 基础知识

六、建筑力学

力学是从事岗位工作的基础,本部分重点介绍力的基本性质、力矩与力偶、平面一般力系的平衡方程及其应用、变形固体及其假设和几何图形的性质。通过学习,应掌握几种常见约束的约束反力,受力图的画法,平面力系的平衡方程及其应用;理解力的性质和投影、力矩的计算、力偶的概念;了解变形固体及其假设,强度、刚度、稳定性的概念,平面几何图形的性质。

(一) 平面力系

1. 力的基本性质

(1) 力的基本概念

力是物体之间相互的机械作用,其作用的效果使物体的运动状态发生改变,或使物体发生变形。力不可能脱离物体而单独存在,所以有受力物体,也必有施力物体。物体间力的作用是相互的,即力总是成对出现的,可以分为作用力和反作用力。

1) 力的三要素

力的三要素包括力的大小、力的方向和力的作用点。

力是一个既有大小又有方向的物理量,所以力是矢量,用一段带箭头的线段来表示。线段的长度表示力的大小;线段与某定直线的夹角表示力的方位,箭头表示力的指向;线段的起点或终点表示力的作用点。在国际单位制中,力的单位为牛顿(N)或千牛顿(kN),1kN=1000N。

2) 静力学公理

① 作用力与反作用力公理:两个物体之间的作用力和反作用力,总是大小相等,方向相反,沿同一直线,并分别作用在这两个物体上。

② 二力平衡公理:作用在同一物体上的两个力,使物体平衡的必要和充分条件是这两个力大小相等,方向相反,且作用在同一直线上。

③ 加减平衡力系公理:作用于刚体的任意力系中,加上或减去任意平衡力系,并不改变原力系的作用效应。

同时力具有可传递性。作用在刚体上的力可沿其作用线移动到刚体内的任意点,而不改变原力对刚体的作用效应。

根据力的可传性原理,力对刚体的作用效应与力的作用点在作用线的位置无关。加减平衡力系公理和力的可传性原理都只适用于刚体。

3）力的平行四边形法则

作用于物体上的同一点的两个力，可以合成为一个合力，合力的大小和方向由这两个力为边所构成的平行四边形的对角线来表示（图6-1）。

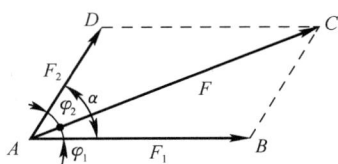

图6-1　力的平行四边形

一刚体受共面不平行的三个力作用而平衡时，这三个力的作用线必汇交于一点，即满足三力平衡汇交定理。

三力平衡汇交定理常常用来确定物体在共面不平行的三个力作用下平衡时其中未知力的方向。

4）约束与约束反力

约束与约束反力的概念：一个物体的运动受到周围物体的限制时，这些周围物体就称为该物体的约束。约束对物体运动的限制作用是通过约束对物体的作用力实现的，通常将约束对物体的作用力称为约束反力，简称反力。约束反力的方向总是与约束所能限制的运动方向相反。

物体受到的力一般可以分为两类：一类是使物体运动或使物体有运动趋势，称为主动力，如重力、水压力等，主动力在工程上称为荷载；另一类是对物体的运动或运动趋势起限制作用的力，称为被动力。通常主动力是已知的，约束反力是未知的。

（2）受力分析

1）物体受力分析及受力图的概念

在受力分析时，当约束被人为地解除时，必须在接触点上用一个相应的约束反力来代替。在物体的受力分析中，通常把被研究的物体的约束全部解除后单独画出，称为分离体。把全部主动力和约束反力的图示表示在分离体上，这样得到的图形，称为受力图。画受力图的步骤如下：

① 明确分析对象，画出分析对象的分离简图；

② 在分离体上画出全部主动力；

③ 在分离体上画出全部的约束反力，并注意约束反力与约束应一一对应。

2）物体的受力图举例

【例6-1】重量为 F_W 的小球放置在光滑的斜面上，并用绳子拉住，如图6-2（a）所示。画出此球的受力图。

【解】以小球为研究对象，解除小球的约束，画出分离体，小球受重力（主动力）F_W、绳子的约束反力（拉力）F_{TA} 和斜面的约束反力（支持力）F_{NB}（图6-2b）的共同作用。

【例6-2】水平梁 AB 受已知力 F 作用，A 端为固定铰支座，B 端为移动铰支座，如图6-3（a）所示。梁的自重不计，画出梁 AB 的受力图。

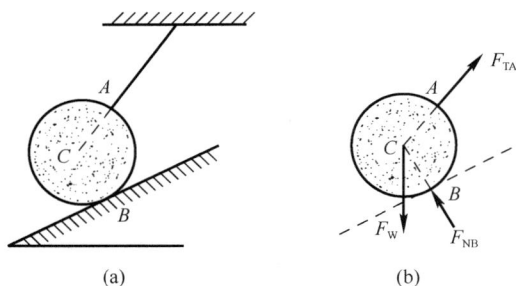

图6-2　例6-1图

【解】取梁为研究对象，解除约束，画出分离体，画主动力 F；A 端为固定铰支座，它的反力可用方向、大小都未知的力 F_A，或者用水平和竖直的两个未知力 F_{Ax} 和 F_{Ay} 表示；B 端为移动铰支座，它的约束反力用 F_B 表示，但指向可任意假设，受力图如图6-3

（b）、（c）所示。

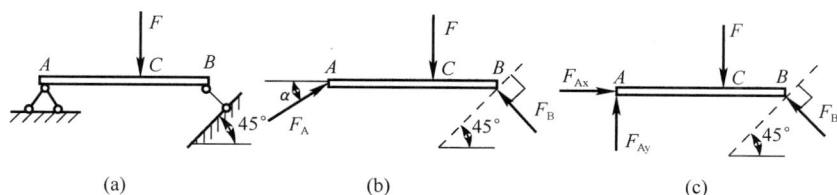

图 6-3 例 6-2 图

【例 6-3】 如图 6-4（a）所示，梁 AC 与 CD 在 C 处铰接，并支承在三个支座上，画出梁 AC、CD 及全梁 AD 的受力图。

【解】 取梁 CD 为研究对象并画出分离体，如图 6-4（b）所示。

取梁 AC 为研究对象并画出分离体，如图 6-4（c）所示。

以整个梁为研究对象，画出分离体，如图 6-4（d）所示。

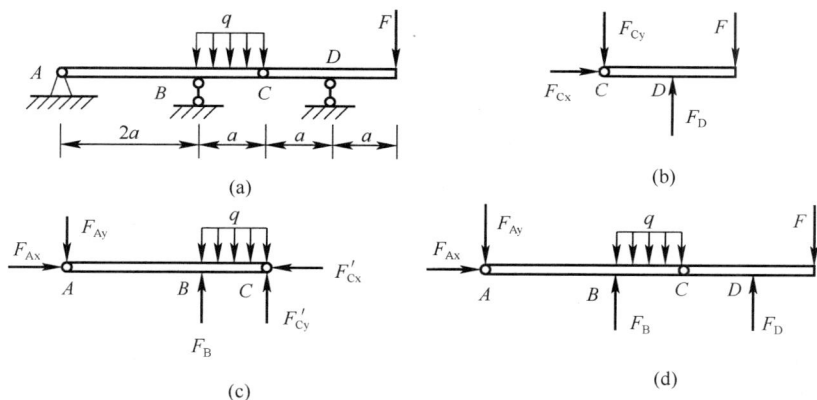

图 6-4 例 6-3 图

3）计算简图

在对实际结构进行力学分析和计算之前一般需对复杂的结构加以简化，用一个简化图形（结构计算简图）来代替实际结构，忽略其次要细节，显示其基本特点，作为力学计算的基础。

2. 平面汇交力系

凡各力的作用线都在同一平面内的力系称为平面力系。

（1）平面汇交力系的合成

在平面力系中，各力的作用线都汇交于一点的力系，称为平面汇交力系；各力作用线互相平行的力系，称为平面平行力系；各力的作用线既不完全平行又不完全汇交的力系，称为平面一般力系。

1）力在坐标轴上的投影

如图 6-5（a）所示，设力 F 作用在物体上的 A 点，在力 F 作用的平面内取直角坐标系

xOy，从力 F 的两端 A 和 B 分别向 x 轴作垂线，垂足分别为 a 和 b，线段 ab 称为力 F 在坐标轴 x 上的投影，用 F_x 表示。同理，从 A 和 B 分别向 y 轴作垂线，垂足分别为 a' 和 b'，线段 $a'b'$ 称为力 F 在坐标轴 y 上的投影，用 F_y 表示。

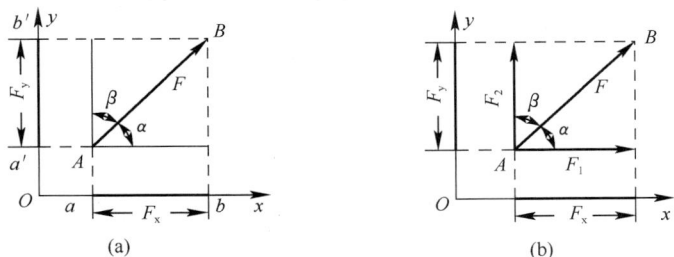

图 6-5 力在坐标轴上的投影

力的正负号规定如下：力的投影从开始端到末端的指向，与坐标轴正向相同为正；反之，为负。

若已知力的大小为 F，它与 x 轴的夹角为 α，则力在坐标轴的投影的绝对值为：

$$F_x = F\cos\alpha \tag{6-1}$$

$$F_y = F\sin\alpha \tag{6-2}$$

投影的正负号由力的指向确定。

反过来，当已知力的投影 F_x 和 F_y，则力的大小 F 和它与 x 轴的夹角 α 分别为：

$$F = \sqrt{F_x^2 + F_y^2} \quad \alpha = \arctan\left|\frac{F_y}{F_x}\right| \tag{6-3}$$

【例 6-4】图 6-6 中各力的大小均为 100N，求各力在 x、y 轴上的投影。

【解】利用投影的定义分别求出各力的投影：

$$F_{1x} = F_1\cos45° = 100 \times \sqrt{2}/2 = 70.7\text{N}$$

$$F_{1y} = F_1\sin45° = 100 \times \sqrt{2}/2 = 70.7\text{N}$$

$$F_{2x} = -F_2 \times \cos0° = -100\text{N}$$

$$F_{2y} = F_2\sin0° = 0$$

$$F_{3x} = F_3\sin30° = 100 \times 1/2 = 50\text{N}$$

$$F_{3y} = -F_3\cos30° = -100 \times \sqrt{3}/2 = -86.6\text{N}$$

$$F_{4x} = -F_4\cos60° = -100 \times 1/2 = -50\text{N}$$

$$F_{4y} = -F_4\sin60° = -100 \times \sqrt{3}/2 = -86.6\text{N}$$

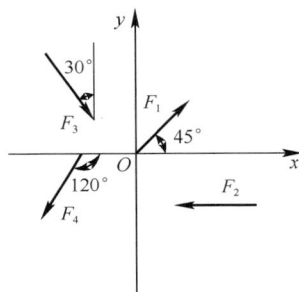

图 6-6 例 6-4 图

2）平面汇交力系合成的解析法

合力投影定理：合力在任意轴上的投影等于各分力在同一轴上投影的代数和。

数学式子表示为：

如果

$$F = F_1 + F_2 + \cdots + F_n \tag{6-4}$$

则

$$F_x = F_{1x} + F_{2x} + \cdots + F_{nx} = \Sigma F_x \qquad (6-5)$$

$$F_y = F_{1y} + F_{2y} + \cdots + F_{ny} = \Sigma F_y \qquad (6-6)$$

平面汇交力系的合成结果为一合力。

当平面汇交力系已知时，首先选定直角坐标系，求出各力在 x、y 轴上的投影，然后利用合力投影定理计算出合力的投影，最后根据投影的关系求出合力的大小和方向。

【例 6-5】 如图 6-7 所示，已知 $F_1 = F_2 = 100N$，$F_3 = 150N$，$F_4 = 200N$，试求其合力。

【解】　取直角坐标系 xOy。

分别求出已知各力在两个坐标轴上投影的代数和为：

$$\begin{aligned}
F_x = \Sigma F_x &= F_1 + F_2\cos50° - F_3\cos60° - F_4\cos20° \\
&= 100 + 100 \times 0.6428 - 150 \times 0.5 - 200 \times 0.9397 \\
&= -98.66N
\end{aligned}$$

$$\begin{aligned}
F_y = \Sigma F_y &= F_2\sin50° + F_3\sin60° - F_4\sin20° \\
&= 100 \times 0.766 + 150 \times 0.866 - 200 \times 0.342 \\
&= 138.1N
\end{aligned}$$

于是可得合力的大小以及与 x 轴的夹角 α：

$$\begin{aligned}
F &= \sqrt{F_x^2 + F_y^2} \\
&= \sqrt{(-98.66)^2 + 138.1^2} \\
&= 169.7N
\end{aligned}$$

$$\alpha = \arctan\left|\frac{F_y}{F_x}\right| = \arctan 1.4 = 54°28'$$

因为 F_x 为负值，而 F_y 为正值，所以合力在第二象限，指向左上方（图 6-7b）。

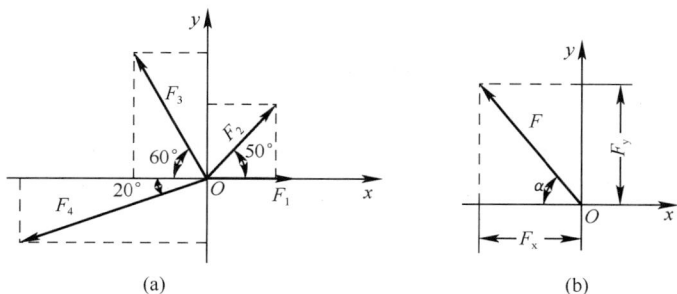

图 6-7　例 6-5 图

3）力的分解

利用平行四边形法则可以进行力的分解（图 6-8a）。通常情况下将力分解为相互垂直的两个分力 F_1 和 F_2（图 6-8b），则两个分力的大小为：

$$F_1 = F\cos\alpha \qquad (6-7)$$

$$F_2 = F\sin\alpha \qquad (6-8)$$

力的分解和力的投影既有根本的区别又有密切联系。分力是矢量，而投影为代数量；分力 F_1 和 F_2 的大小等于该力在坐标轴上投影 F_x 和 F_y 的绝对值，投影的正负号反映了

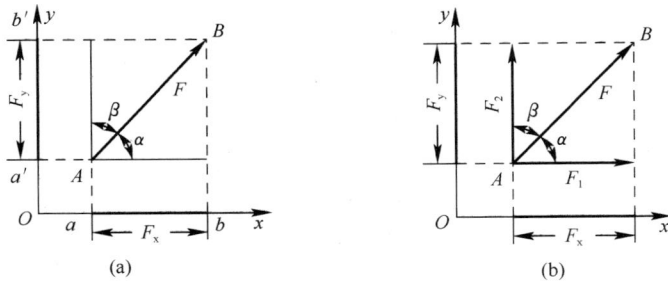

图 6-8 力在坐标轴上的投影

分力的指向。

(2) 平面汇交力系的平衡

1) 平面一般力系的平衡条件:平面一般力系中各力在两个任选的直角坐标轴上的投影的代数和分别等于零,各力对任意一点之矩的代数和也等于零。用数学公式表达为:

$$\Sigma F_x = 0$$
$$\Sigma F_y = 0$$
$$\Sigma M_O(F) = 0 \tag{6-9}$$

此外,平面一般力系的平衡方程还可以表示为二矩式和三力矩式。二矩式为:

$$\Sigma F_x = 0$$
$$\Sigma M_A(F) = 0$$
$$\Sigma M_B(F) = 0 \tag{6-10}$$

三力矩式为:

$$\Sigma M_A(F) = 0$$
$$\Sigma M_B(F) = 0$$
$$\Sigma M_C(F) = 0 \tag{6-11}$$

2) 平面力系平衡的特例

① 平面汇交力系:如果平面汇交力系中的各力作用线都汇交于一点 O,则式中 $\Sigma M_O(F) = 0$,即平面汇交力系的平衡条件为力系的合力为零,其平衡方程为:

$$\Sigma F_x = 0 \tag{6-12a}$$
$$\Sigma F_y = 0 \tag{6-12b}$$

平面汇交力系有两个独立的方程,可以求解两个未知数。

② 平面平行力系:力系中各力在同一平面内,且彼此平行的力系称为平面平行力系。

设有作用在物体上的一个平面平行力系,取 x 轴与各力垂直,则各力在 x 轴上的投影恒等于零,即 $\Sigma F_x \equiv 0$。因此,根据平面一般力系的平衡方程可以得出平面平行力系的平衡方程:

$$\Sigma F_y = 0 \tag{6-13a}$$
$$\Sigma M_O(F) = 0 \tag{6-13b}$$

同理,利用平面一般力系平衡的二矩式,可以得出平面平行力系平衡方程的又一种形式:

$$\Sigma M_A(F) = 0 \qquad\qquad (6\text{-}14a)$$

$$\Sigma M_B(F) = 0 \qquad\qquad (6\text{-}14b)$$

注意，式中 A、B 连线不能与力平行。平面平行力系有两个独立的方程，所以也只能求解两个未知数。

③ 平面力偶系：在物体的某一平面内同时作用有两个或者两个以上的力偶时，这群力偶就称为平面力偶系。由于力偶在坐标轴上的投影恒等于零，因此平面力偶系的平衡条件为：平面力偶系中各个力偶的代数和等于零，即：

$$\Sigma M = 0 \qquad\qquad (6\text{-}15)$$

【例 6-6】求图 6-9(a) 所示简支桁架的支座反力。

【解】

（1）取整个桁架为研究对象。

（2）画受力图（图 6-9b）。桁架上有集中荷载及支座 A、B 处的反力 F_A、F_B，它们组成平面平行力系。

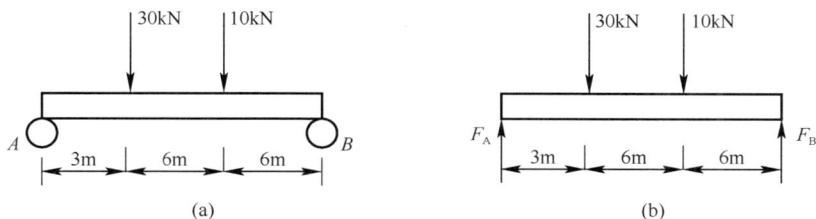

图 6-9　例 6-6 图

（3）选取坐标系，列方程求解：

$$\Sigma M_B = 0$$
$$= 30 \times 12 + 10 \times 6 - F_A \times 15 = 0$$
$$F_A = (360 + 60)/15 = 28\text{kN}(\uparrow)$$
$$\Sigma F_y = 0$$
$$F_A + F_B - 30 - 10 = 0$$
$$F_B = 40 - 28 = 12\text{kN}(\uparrow)$$

校核：$\Sigma M_A = F_B \times 15 - 30 \times 3 - 10 \times 9 = 12 \times 15 - 90 - 90 = 0$

物体实际发生相互作用时，其作用力是连续分布作用在一定体积和面积上的，这种力称为分布力，也叫分布荷载。

单位长度上分布的线荷载大小称为荷载集度，其单位为牛顿/米（N/m），如果荷载集度为常量，即称为均匀分布荷载，简称均布荷载。

对于均布荷载可以进行简化计算：认为其合力的大小为 $F_q = qa$，a 为分布荷载作用的长度，合力作用于受载长度的中点。

【例 6-7】求图 6-10(a) 所示梁支座的反力。

【解】

（1）取梁 AB 为研究对象。

（2）画出受力图（图 6-10b）。梁上有集中荷载 F、均布荷载 q 和力偶 M 以及支座 A、

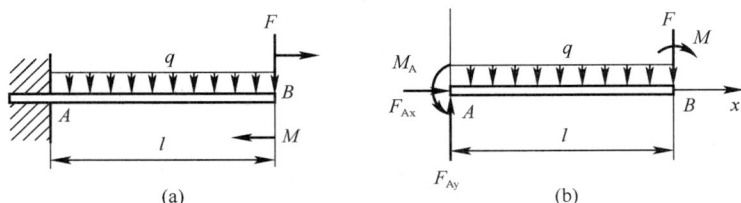

图 6-10 例 6-7 图

B 处的反力 F_{Ax}、F_{Ay} 和 M。

（3）选取坐标系，列方程求解：

$$\Sigma F_x = 0 \quad F_{Ax} = 0$$

$$\Sigma M_A = 0 \quad M_A - M - Fl - ql \cdot 1/2 = 0$$

$$M_A = M + Fl + 1/2ql^2$$

$$\Sigma F_y = 0 \quad F_{Ay} - ql - F = 0$$

$$F_{Ay} = F + ql$$

以整体为研究对象，校核计算结果：

$$\Sigma M_B = F_{Ay}l + M - M_A - 1/2ql^2 = 0$$

说明计算无误。

总结例 6-6、例 6-7，可归纳出物体平衡问题的解题步骤如下：

A. 选取研究对象；

B. 画出受力图；

C. 依照受力图的特点选取坐标系，注意投影为零和力矩为零的应用，列方程求解；

D. 校核计算结果。

3. 力偶、力矩的特性及应用

（1）力偶和力偶系

1）力偶

① 力偶的概念：把作用在同一物体上大小相等、方向相反但不共线的一对平行力组成的力系称为力偶，记为 (F, F')。力偶中两个力的作用线间的距离 d 称为力偶臂。两个力所在的平面称为力偶的作用面。

在实际生活和生产中，物体受力偶作用而转动的现象十分常见。例如，司机两手转动方向盘，工人师傅用螺纹锥攻螺纹，所施加的都是力偶。

② 力偶矩：用力和力偶臂的乘积再加上适当的正负号所得的物理量称之为力偶，记作 $M(F, F')$ 或 M，即

$$M(F, F') = \pm Fd \tag{6-16}$$

力偶正负号的规定：力偶正负号表示力偶的转向，其规定与力矩相同。若力偶使物体逆时针转动，则力偶为正；反之，为负。

力偶矩的单位与力矩的单位相同。力偶对物体的作用效应取决于力偶的三要素，即力偶矩的大小、转向和力偶的作用面的方位。

③ 力偶的性质

A. 力偶无合力，不能与一个力平衡和等效，力偶只能用力偶来平衡。力偶在任意轴上的投影等于零；

B. 力偶对其平面内任意点之矩，恒等于其力偶矩，而与矩心的位置无关。

实践证明，凡是三要素相同的力偶，彼此相同，可以互相代替。如图 6-11 所示。

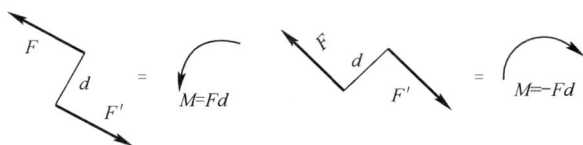

图 6-11　力偶

2）力偶系

作用在同一物体上的若干个力偶组成一个力偶系，若力偶系的各力偶均作用在同一平面，则称为平面力偶系。

力偶对物体的作用效应只有转动效应，而转动效应由力偶的大小和转向来度量，因此，力偶系的作用效果也只能是产生转动，其转动效应的大小等于各力偶转动效应的总和。可以证明，平面力偶系合成的结果为一合力偶，其合力偶矩等于各分力偶矩的代数和。即：

$$M = M_1 + M_2 + \cdots + M_n = \Sigma M_i \tag{6-17}$$

（2）力矩

1）力矩的概念

力可使物体移动，又可使物体转动，例如当我们拧螺母时（图 6-12），在扳手上施加一力 F，扳手将绕螺母中心 O 转动，力越大或者 O 点到力 F 作用线的垂直距离 d 越大，螺母将容易被拧紧。将 O 点到力 F 作用线的垂直距离 d 称为力臂，将力 F 与 O 点到力 F 作用线的垂直距离 d 的乘积 Fd 并加上表示转动方向的正负号称为力 F 对 O 点的力矩，用 $M_O(F)$ 表示，即：

$$M_O(F) = \pm Fd \tag{6-18}$$

O 点称为力矩中心，简称矩心。

正负号的规定：力使物体绕矩心逆时针转动时，力矩为正；反之，为负。

力矩的单位：牛·米（N·m）或者千牛·米（kN·m）。

2）合力矩定理

可以证明：合力对平面内任意一点之矩，等于所有分力对同一点之矩的代数和。即：

若

$$F = F_1 + F_2 + \cdots + F_n \tag{6-19}$$

则

$$M_O(F) = M_O(F_1) + M_O(F_2) + \cdots + M_O(F_n) \tag{6-20}$$

该定理不仅适用于平面汇交力系，而且可以推广到任意系。

【例 6-8】图 6-13 所示每 1m 长挡土墙所受的压力的合力为 F，它的大小为 160kN，方向如图所示。求土压力 F 使墙倾覆的力矩。

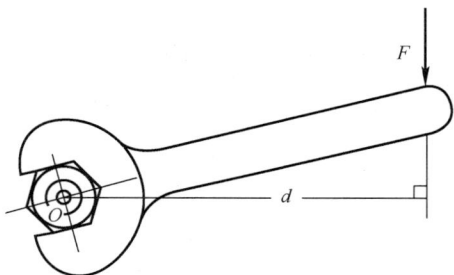

图 6-12　力矩的概念

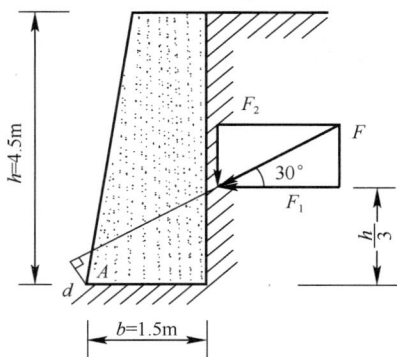

图 6-13　例 6-8 图

【解】 土压力 F 可使墙绕点 A 倾覆，故求 F 对点 A 的力矩。

采用合力矩定理进行计算比较方便。

$$M_A(F) = M_A(F_1) + M_A(F_2) = F_1 \times h/3 - F_2 b$$
$$= 160 \times \cos 30° \times 4.5/3 - 160 \times \sin 30° \times 1.5$$
$$= 87 \text{kN} \cdot \text{m}$$

（二）杆件的内力

1. 单跨静定梁的内力

（1）静定梁的受力

静定结构只在荷载作用下才产生反力、内力；反力和内力只与结构的尺寸、几何形状有关，而与构件截面尺寸、形状、材料无关，且支座沉陷、温度变化、制造误差等均不会产生内力，只产生位移。

静定结构在几何特性上为无多余联系的几何不变体系。

在静力特征上仅由静力平衡条件可求全部反力内力。

1）单跨静定梁的形式

以轴线变弯为主要特征的变形形式称为弯曲变形或简称弯曲。以弯曲为主要变形的杆件称为梁。单跨静定梁的常见形式有简支（图 6-14）、伸臂（图 6-15）和悬臂（图 6-16）三种。

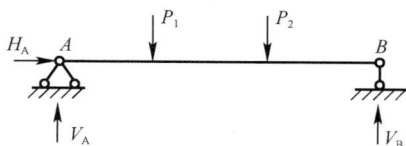

图 6-14　简支单跨静定梁

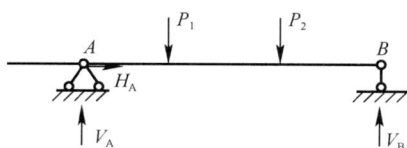

图 6-15　伸臂单跨静定梁

2）静定梁的受力

① 轴力：截面上应力沿杆轴切线方向的合力，使杆产生伸长变形为正，画轴力图要

注明正负号（图 6-17）。

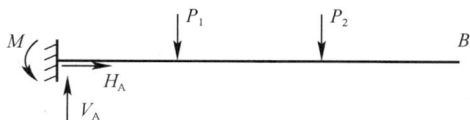

图 6-16　悬臂单跨静定梁　　　　　图 6-17　轴力的正方向

② 剪力：截面上应力沿杆轴法线方向的合力；使杆尾段有顺时针方向转动趋势的为正，画剪力图要注明正负号（图 6-18）；由力的性质可知：在刚体内，力沿其作用线滑移，其作用效应不改变。如果将力的作用线平行移动到另一位置，其作用效应将发生改变，其原因是力的转动效应与力的位置有直接的关系。

③ 弯矩：截面上应力对截面形心的力矩之和，不规定正负号。弯矩图画在杆件受拉一侧，不注符号（图 6-19）。

图 6-18　剪力的正方向　　　　　图 6-19　弯矩的正方向

（2）用截面法计算单跨静定梁

计算单跨静定梁常用截面法，即截取隔离体（一个结点、一根杆或结构的一部分），建立平衡方程求内力。

截面一侧上外力表达的方式：

$\Sigma F_x =$ 截面一侧所有外力在杆轴平行方向上投影的代数和。

$\Sigma F_y =$ 截面一侧所有外力在杆轴垂直方向上投影的代数和。

$\Sigma M =$ 截面一侧所有外力对截面形心力矩的代数和，使隔离体下侧受拉为正。为便于判断哪边受拉，可假想该隔离体在截面处固定为悬臂梁。

【例 6-9】求图 6-20 所示单跨梁跨中截面内力。

【解】单跨梁的支座反力如图 6-20(a) 所示：

$$F_{Ax} = 0, \quad F_{Ay} = ql/2(\uparrow),$$

$$F_{By} = ql/2(\uparrow)$$

利用截面法截取跨中截面，如图 6-20(b) 所示：

$$N_C = \Sigma F_x = 0$$

$$Q_C = \Sigma F_y = \frac{ql}{2} - \frac{ql}{2} = 0$$

$$M_C = \Sigma m_c = \frac{ql}{2} \times \frac{l}{2} - \frac{ql}{2} \times \frac{l}{4} = \frac{ql^2}{8}$$

2. 多跨静定梁内力的基本概念

多跨静定梁是指由若干根梁用铰相连，并用若干支座与基础相连而组成的静定结构。

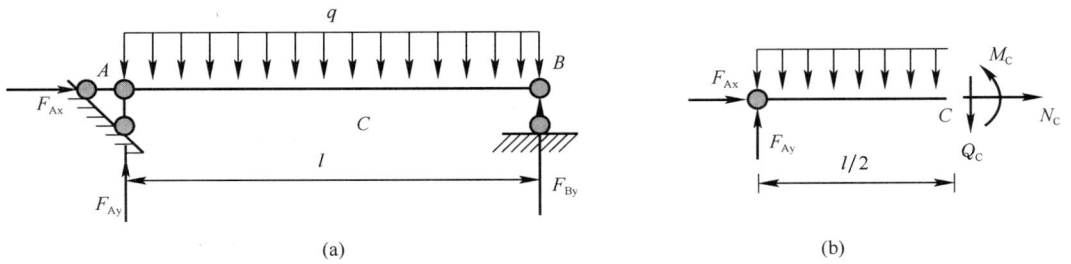

图 6-20 例 6-9 图

多跨静定梁的受力分析遵循先附属部分，后基本部分的分析计算顺序。即首先确定全部反力（包括基本部分反力及连接基本部分与附属部分的铰处的约束反力），作出层叠图；然后将多跨静定梁拆成几个单跨静定梁，按先附属部分后基本部分的顺序绘内力图。

如图 6-21 所示，其中 AC 部分不依赖于其他部分，独立地与大地组成一个几何不变部分，称它为基本部分；而 CE 部分就需要依靠基本部分 AC 才能保证它的几何不变性，相对于 AC 部分来说就称它为附属部分。

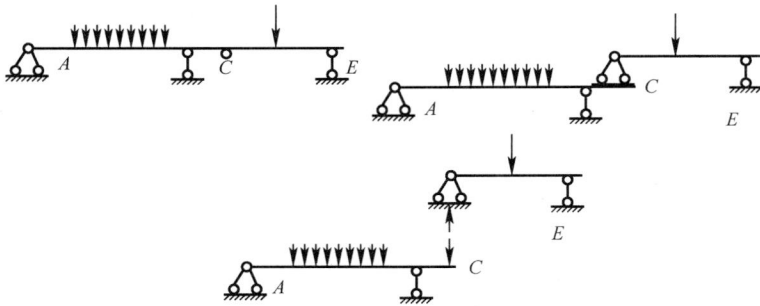

图 6-21 多跨静定梁的受力分析

从受力和变形方面看：基本部分上的荷载通过支座直接传于地基，不向它支持的附属部分传递力，因此仅能在其自身上产生内力和弹性变形；而附属部分上的荷载要先传给支持它的基本部分，通过基本部分的支座传给地基，因此可使其自身和基本部分均产生内力和弹性变形。

3. 静定平面桁架内力的基本概念

桁架是由链杆组成的格构体系，当荷载仅作用在结点上时，杆件仅承受轴向力，截面上只有均匀分布的正应力，这是最理想的一种结构形式（图 6-22）。

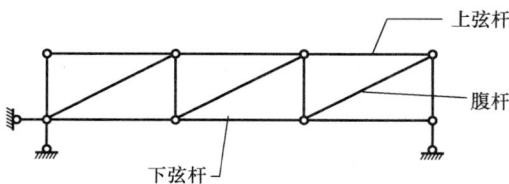

图 6-22 理想结构

一般平面桁架内力分析利用截面法，由于杆件仅承受轴向力，因此可利用平衡关系式求解内力。

$$\Sigma X = 0$$
$$\Sigma Y = 0 \qquad (6-21)$$
$$\Sigma M = 0$$

（三）杆件强度、刚度和稳定的基本概念

1. 变形固体基本概念及基本假设

构件是由固体材料制成的，在外力作用下，固体将发生变形，故称为变形固体。

在进行静力分析和计算时，构件的微小变形对其结果影响可以忽略不计，因而将构件视为刚体，但是在进行构件的强度、刚度、稳定性计算和分析时，必须考虑构件的变形。

构件的变形与构件的组成和材料有直接的关系，为了使计算工作简化，把变形固体的某些性质进行抽象化和理想化，可以在不影响计算和分析结果的前提下做一些必要的假设。对变形固体的基本假设主要有：

（1）均匀性假设

即假设固体内部各部分之间的力学性质都相同。宏观上可以认为固体内的微粒均匀分布，各部分的性质也是均匀的。

（2）连续性假设

即假设组成固体的物质毫无空隙地充满固体的几何空间。

实际的变形固体从微观结构来说，微粒之间是有空隙的，但是这种空隙与固体的实际尺寸相比是极其微小的，可以忽略不计。这种假设的意义在于当固体受外力作用时，度量其效应的各个量都认为是连续变化的，可建立相应的函数进行数学运算。

（3）各向同性假设

即假设变形固体在各个方向上的力学性质完全相同。具有这种属性的材料称为各向同性材料。铸铁、玻璃、混凝土、钢材等都可以认为是各向同性材料。

（4）小变形假设

固体因外力作用而引起的变形与原始尺寸相比是微小的，这样的变形称为小变形。由于变形比较小，在固体分析、建立平衡方程、计算个体的变形时，都以原始的尺寸进行计算。

对于变形固体来讲，受到外力作用发生变形，而变形发生在一定的限度内，当外力解除后，随外力的解除而变形也随之消失的变形，称为弹性变形。但是也有部分变形随外力的解除而变形不随之消失，这种变形称为塑性变形。

2. 杆件的基本受力形式

（1）杆件

在工程实际中，构件的形状可以是各种各样的，但经过适当的简化，一般可以归纳为四类，即杆、板、壳和块。所谓杆件，是指长度远大于其他两个方向尺寸的构件。杆件的形状和尺寸可由杆的横截面和轴线两个主要几何元素来描述。杆的各个截面的形心的连线叫轴线，垂直于轴线的截面叫横截面。

轴线为直线、横截面相同的杆称为等值杆。

（2）杆件的基本受力形式及变形

杆件受力有各种情况，相应的变形就有各种形式。在工程结构中，杆件的基本变形有

以下四种：

1）轴向拉伸与压缩（图 6-23a、b）

这种变形是在一对大小相等、方向相反、作用线与杆轴线重合的外力作用下，杆件产生长度的改变（伸长与缩短）。

2）剪切（图 6-23c）

这种变形是在一对相距很近、大小相等、方向相反、作用线垂直于杆轴线的外力作用下，杆件的横截面沿外力方向发生的错动。

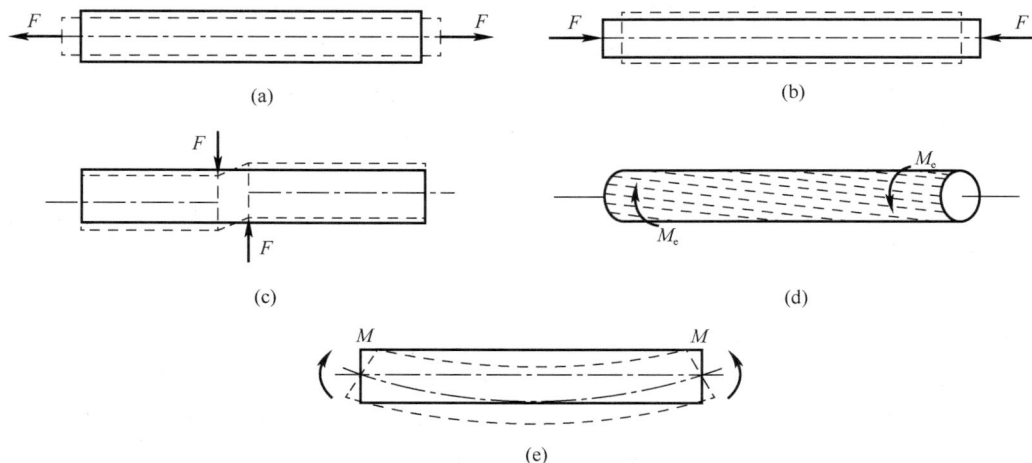

图 6-23 杆件变形的基本形式

3）扭转（图 6-23d）

这种变形是在一对大小相等、方向相反、位于垂直于杆轴线的平面内的力偶作用下，杆的任意两横截面发生的相对转动。

4）弯曲（图 6-23e）

这种变形是在横向力或一对大小相等、方向相反、位于杆的纵向平面内的力偶作用下，杆的轴线由直线弯曲成曲线。

3. 杆件强度的概念

所谓强度，就是构件在外力作用下抵抗破坏的能力。对杆件来讲，就是结构杆件在规定的荷载作用下，保证不因材料强度发生破坏的要求，称为强度要求。即必须保证杆件内的工作应力不超过杆件的许用应力，满足公式：

$$\sigma = N/A \leqslant [\sigma] \tag{6-22}$$

4. 杆件刚度和稳定的基本概念

（1）刚度

刚度是指构件抵抗变形的能力。

结构杆件在规定的荷载作用下，虽有足够的强度，但其变形不能过大，超过了允许的范围，也会影响正常的使用，限制过大变形的要求即为刚度要求。即必须保证杆件的工作变形不超过许用变形，满足公式：

$$f \leqslant [f] \tag{6-23}$$

拉伸和压缩的变形表现为杆件的伸长和缩短，用 ΔL 表示，单位为长度。

剪切和扭矩的变形一般较小。

弯矩的变形表现为杆件某一点的挠度和转角，挠度用 f 表示，单位为长度，转角用 θ 表示，单位为角度。当然，也可以求出整个构件的挠度曲线。

梁的挠度变形主要由弯矩引起，叫弯曲变形，通常我们都是计算梁的最大挠度，简支梁在均布荷载作用下梁的最大挠度出现在梁中，且 $f_{max} = \dfrac{5qL^4}{384EI}$。

由上述公式可以看出，影响弯曲变形（位移）的因素为：

① 材料性能：与材料的弹性模量 E 成反比。

② 截面大小和形状：与截面惯性矩 I 成反比。

③ 构件的跨度：与构件的跨度 L 的 2、3 或 4 次方成正比，该因素影响最大。

（2）稳定性

稳定性是指构件保持原有平衡状态的能力。

平衡状态一般分为稳定平衡和不稳定平衡（图 6-24）。

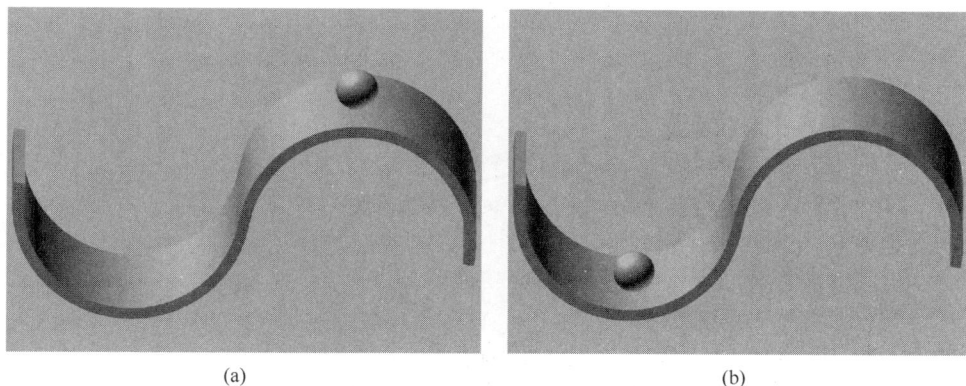

图 6-24　平衡状态分类

（a）不稳定平衡；（b）稳定平衡

两种平衡状态的转变关系如图 6-25 所示。

因此对于受压杆件，要保持稳定的平衡状态，就要满足所受最大压力 F_{max} 小于临界压力 F_{cr}。临界力 F_{cr} 计算公式如下：

$$F_{cr} = \frac{\pi^2 EI_{min}}{L^2} \tag{6-24}$$

公式（6-24）的应用条件：

1）理想压杆：即材料绝对理想；轴线绝对直；压力绝对沿轴线作用；

2）线弹性范围内；

3）两端为球铰支座。

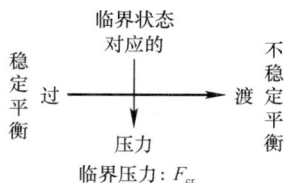

图 6-25　两种平衡状态的
转变关系

143

七、建筑构造与建筑结构

（一）建筑构造的基本知识

1. 民用建筑的基本构造

（1）民用建筑的基本构造组成

民用建筑通常由基础、墙体（柱）、屋顶、门与窗、地坪、楼板层、楼梯等七个主要构造部分组成（图7-1）。建筑除了上述的主要构造组成部分之外，往往还有其他的次要构造，如阳台、雨篷、台阶、散水、通风道等。它们的作用虽然没有主要构造重要，但是对建筑的正常使用特别是舒适性有相当的影响，也必须给予足够的重视。

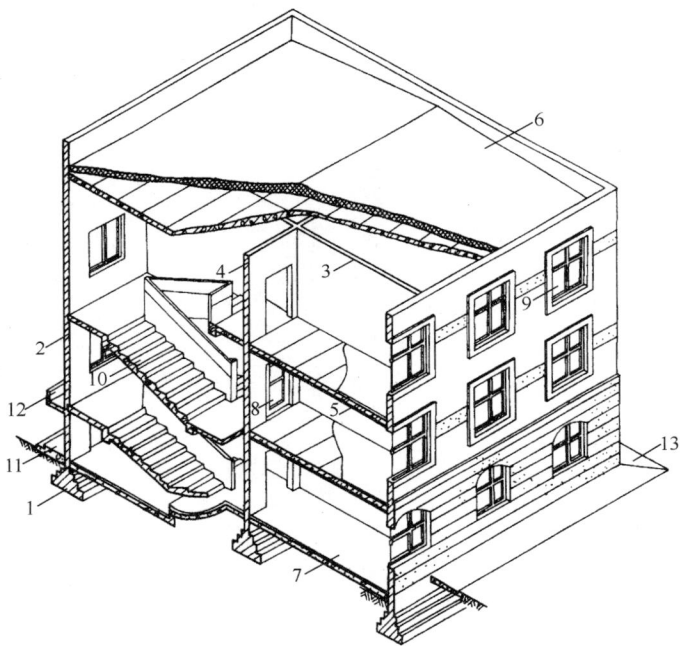

图 7-1　民用建筑的构造组成

1—基础；2—外墙；3—内横墙；4—内纵墙；5—楼板；6—屋顶；7—地坪；8—门；
9—窗；10—楼梯；11—台阶；12—雨篷；13—散水

1）基础

基础位于建筑物的最下部，是建筑的重要承重构件，它承担建筑的全部荷载，并把这些荷载有效地传给地基。因为基础埋置于地下，属于建筑的隐蔽部分，因此可靠性要求较高。

2）墙体或柱

墙体是建筑物的重要组成部分，具有承重、围护和分隔的功能。墙体应具有足够的强度、刚度、稳定性、良好的热工性能及防火、隔声、防水、耐久能力。

柱是建筑物的竖向承重构件，要求具有足够的强度、稳定性。在框架结构建筑中柱子替代承重墙成为最重要的竖向结构构件。

3）屋顶

屋顶一般由屋面、保温（隔热）层和承重结构三部分组成，其中承重结构的作用与楼板相似，而屋面和保温（隔热）层则应具有能够抵御自然界风、雨、雪、日晒等不良因素的能力。屋顶作为建筑外形的一部分，对建筑的体型和立面形象具有较大的影响。

4）门与窗

门与窗是建筑主要构造部分中仅有的属于非承重结构的建筑构件，但与建筑使用的舒适性和安全性关系密切，在设计和施工过程中也要给予足够的重视。

5）地坪

地坪是建筑底层房间与下部土层相接触的部分，它承担着底层房间的地面荷载。由于首层房间地坪下面往往是夯实的土壤，所以地坪的强度要求比楼板低，有些地坪要具有防水、保温的能力。当地坪架空设置时，其构造与楼板相同。

6）楼板

楼板是楼房建筑中的水平承重构件，同时还兼有在竖向划分建筑内部空间的功能。楼板承担建筑的楼面荷载，并把这些荷载传给建筑的竖向承重构件，同时对墙体起到水平支撑的作用。

7）楼梯

楼梯是楼房建筑的垂直交通设施，在平时作为使用者的竖向交通通道，遇到紧急情况时还要能够供使用者安全疏散。当前，越来越多的建筑竖向交通主要依靠电梯、自动扶梯等设备解决，但这些设备需要动力驱动，还有检修等问题，因此楼梯作为疏散通道在建筑中仍是不可替代的。

（2）常见基础的构造

1）基本概念

地基与基础是一对关系密切的工作伙伴，相互之间不可分离（图7-2）。地基是指基础底面以下一定深度范围内的土壤或岩体，他们承担基础传来的建筑全部荷载，是建筑得以立足的根基。基础是建筑承重结构在地下的延伸。基础承担建筑上部结构的全部荷载，并把这些荷载有效地传给地基。

2）地基与基础的传力关系

基础要有足够的强度和整体性，同时还要有良好的耐久性以及抵抗地下各种不利因素的能力。地基的强度（俗称地基承载力）、变形性能直接关系到建筑的使用安全和整体的稳定性。

地基承载力与土的物理、化学特性关系密切。地基可以分成天然地基和人工地

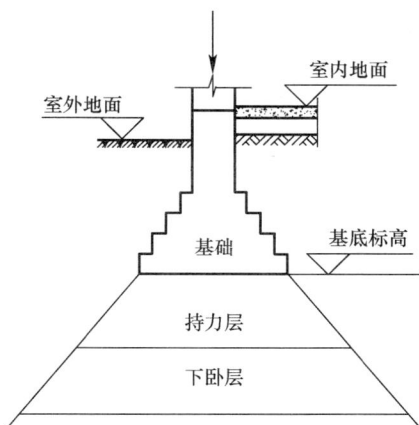

图 7-2　地基与基础

基两类。

3）无筋扩展基础

无筋扩展基础受材料自身力学性能的限制，抗压强度高而抗拉、抗剪强度低。为满足地基允许承载力的要求，需要加大基础底面积，以保证地基的承载要求。随着基础的尺寸放大，当基础底面的内力（拉应力）超过基础材料的抗拉和抗剪强度时，基础就会发生折裂破坏，导致基础失效（图 7-3）。为了保证基础的安全，就要使基础的挑出宽度 b 与基础工作部分的高度 h 之间的比例控制在一定的范围之内，通常用刚性角 α 来控制，基础底面的放大角度不应超过刚性角。无筋扩展基础多采用砖、毛石和混凝土制成，由于其自重大，耗材多，目前较少采用。

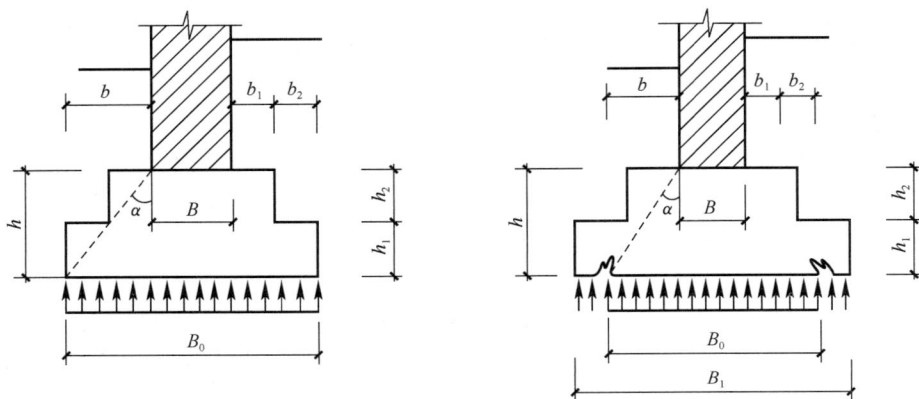

图 7-3 无筋扩展基础的受力分析

4）扩展基础的构造

钢筋混凝土基础属于扩展基础，可以加工成井格基础、独立基础、条形基础、筏形基础、箱形基础。其利用设置在基础底面的钢筋来抵抗基底的拉应力。由于内部配置了钢筋，使基础具有良好的抗弯和抗剪性能，可在上部结构荷载较大、地基承载力不高以及具有水平力和力矩等荷载的情况下使用，基础的高度不受台阶宽高比 b/h 的限制，故适宜在宽基浅埋的场合下采用（图 7-4）。

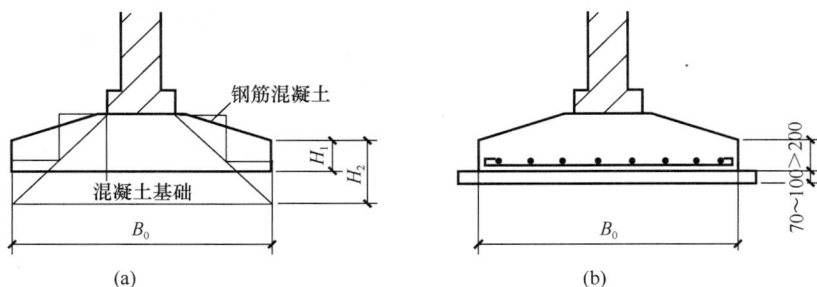

图 7-4 钢筋混凝土基础

（a）混凝土与钢筋混凝土基础的比较；（b）基础构造

5) 桩基础

桩基础是当前普遍采用的一种基础形式，具有施工速度快，土方量小、适应性强等优点。桩基础由设置于土中的桩身和承接上部结构的承台组成，在施工时按设计的点位将桩身置于土中，并在桩的上端灌注钢筋混凝土承台梁，承台梁上设置柱子或墙体，以便使建筑荷载均匀地传递给桩基。根据桩的工作状态，可以分为端承桩和摩擦桩两种。

（3）墙体与地下室构造

墙体按照承重能力可以分为承重墙和非承重墙；按照砌墙材料可以分为砖墙、砌块墙、石墙、混凝土墙、玻璃及金属幕墙等；按照墙体在建筑中的位置和走向可以分为外墙和内墙，横墙和纵墙；按照墙体的施工方式和构造可以分为叠砌式、版筑式、装配式。

墙体一般需要满足四个方面的要求：一是要有足够的强度和稳定性；二是要符合热工方面的要求；三是要有足够的防火能力；四是要有良好的物理性能。

目前，我国一般建筑仍然较多采用砌块为承重构件的墙承重体系，依照墙体与上部水平承重构件（包括楼板、屋面板、梁）的传力关系，有四种不同的承重方案：

横墙承重：将建筑的水平承重构件搁置在横墙上，由横墙承担楼面及屋面荷载。

纵墙承重：将建筑的水平承重构件搁置在纵墙上，由纵墙承担楼面及屋面荷载。

纵横墙混合承重：这种方案横墙和纵墙都是承重墙，往往与进深梁一起工作。

墙与柱混合承重：这种方案是将建筑的水平承重构件的一端搁置在墙体上（通常是外墙），另一端搁置在建筑内部的柱子上，由墙体和柱子共同承担水平承重构件传来的荷载，又称内框架结构。

1) 砌块墙的细部构造

传统的砌块墙是以普通黏土砖作为砌墙材料，通过砂浆砌筑结合成砌体。受自身存在的缺陷影响、材料生产和施工技术水平的提升，普通黏土砖不适应我国建筑节能的技术要求，已经逐步退出城市建筑市场，新型砌块及多孔砖的应用日益普及。

砌块墙体的细部构造比较琐碎，各地区的做法也不尽相同，但基本的工作原理是相同的，在应用时应当参照当地的技术标准执行。

① 散水：又称散水坡，是沿建筑物外墙底部四周设置的向外倾斜的斜坡，作用是控制基础周围土壤的含水率，改善基础的工作环境。散水的宽度一般为 600～1000mm。散水表面坡度一般为 3%～5%。散水应当采用混凝土、砂浆等不透水的材料做面层，采用混凝土或碎砖混凝土做垫层，土壤冻深在 600mm 以上的地区，还要在散水垫层下面设置砂垫层，厚度通常控制在 300mm 左右。

② 墙身防潮层：其作用是为了防止地下土壤中的潮气进入建筑地下部分材料的孔隙内形成毛细水并沿墙体上升，逐渐使地上部分墙体潮湿，导致建筑的室内环境变差及墙体破坏。防潮层分为水平防潮层和垂直防潮层两种形式。

所有墙体的底部均应设置水平防潮层，位置在首层地坪结构层（如混凝土垫层）厚度范围之内的墙体之中，以便与地面垫层形成一个封闭的隔潮层。当首层地面为实铺时，防潮层的位置通常选择在 -0.060m 处，以保证隔潮的效果（图 7-5a）。防潮层的位置关系到防潮的效果，位置不当，就不能完全地隔阻地下的潮气（图 7-5b、c）。

其与室内首层地面存在较大高差时（一般应在 300mm 以上），应在墙体和土层接触

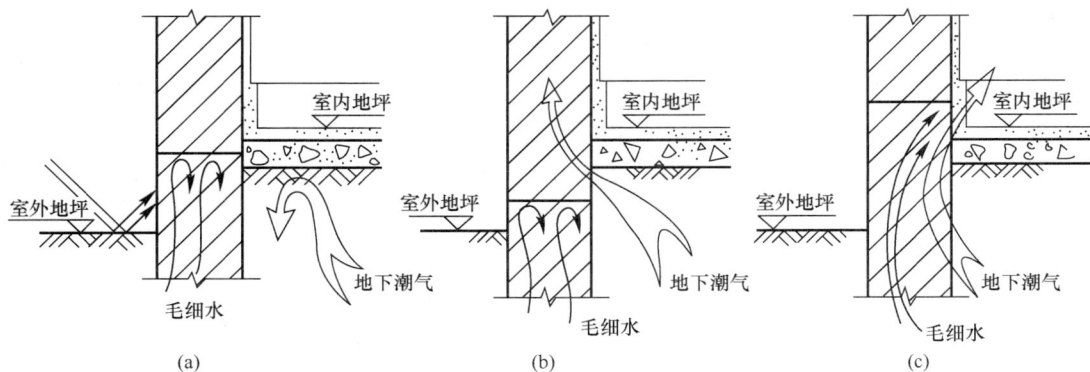

图 7-5　防潮层的位置

(a) 位置适当；(b) 位置偏低；(c) 位置偏高

区域设置垂直防潮层。

③ 勒脚：是在建筑外墙靠近室外地面部分所做的构造，其目的是防止雨水侵蚀这部分墙体，保护墙体不受外界因素的侵害，同时也有美化建筑立面的功效。现代建筑一般采用在墙体表面用防水性能好、耐久性好、观感好的材料做饰面的方式。也可以采用强度高、防水性能好、耐久性好的砌块来砌筑这部分墙体。勒脚的高度至少应在600mm 以上。

④ 窗台：有内外之分。外窗台的作用主要是排除上部窗面雨水，保证窗下墙的干燥，同时也对建筑的立面具有装饰作用。外窗台有悬挑和不悬挑两种。悬挑窗台常用砖砌或采用预制钢筋混凝土，其挑出的尺寸应不小于 60mm。外窗台上表面应向外形成一定坡度，并用不透水材料做面层。供暖地区建筑暖气散热器一般设在窗下，当墙体厚度在 370mm 以上时，为了节省散热器的占地面积，一般将窗下墙体内凹 120mm，形成暖气卧，此时就应设内窗台。

⑤ 门窗过梁：设过梁的目的是承担墙体洞口（通常是门窗洞口）上传来的荷载，并把这些荷载传递给洞口两侧的墙体。过梁以钢筋混凝土过梁最为常见。

钢筋混凝土过梁分现浇和预制两种，根据上部荷载及过梁的跨度来选定截面高度和强度，当过梁兼做圈梁时，应在洞口范围内加设受力钢筋。过梁在墙体上的搁置长度一般不小于 240mm。为了便于过梁两端墙体的砌筑，钢筋混凝土过梁的高度应符合砌块的皮数尺寸的模数。钢筋混凝土过梁的截面形式有矩形和 L 形两种。矩形截面的过梁一般用于内墙或南方地区的抹灰外墙（俗称混水墙）。L 形截面的过梁多在严寒或寒冷地区外墙中采用，主要是避免在过梁处产生热桥。按照热工原理，保温性能好的材料应放置低温区，所以 L 形过梁的缺口应面向室外（图 7-6）。

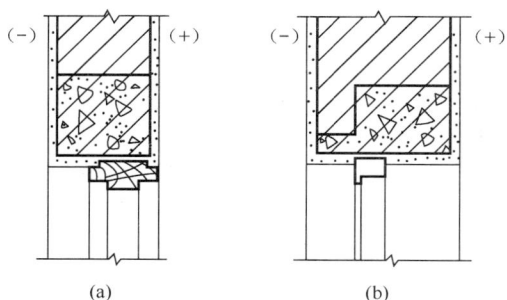

图 7-6　混凝土过梁

(a) 矩形截面；(b) L 形截面

钢筋砖过梁是在砖砌体中加设适量钢筋而形成的过梁，并要保证其上部一定范围内砌体的强度，最大跨度可以达到 2m，多用于施工留洞。

⑥ 圈梁：是沿外墙及部分内墙设置的连续、水平、闭合的梁，具有增强建筑的整体刚度和整体性的作用。圈梁对于防止由于地基不均匀沉降、振动及地震引起的墙体开裂效果明显。

圈梁多采用钢筋混凝土材料制作，其宽度宜与墙体厚度相同。当墙厚 d 超过 240mm 时，圈梁的宽度可以比墙体厚度小，但应不小于 $2/3d$。圈梁的高度一般不小于 120mm，通常与砌块的皮数尺寸相配合。圈梁通常设置在建筑的基础墙体处、檐口处和楼板处。当屋面板、楼板与窗洞口上皮间距较小，而且抗震设防等级较低时，也可以把圈梁设在窗洞口上皮，兼做过梁使用。

⑦ 通风道：是墙体中常见的竖向孔道，作用是排除卫生间、厨房的污浊空气和不良气味，可以保证冬季无法开窗换气地区建筑人流集中房间的换气次数。

通风道的组织方式可以分为每层独用、隔层共用和子母式三种，目前多采用子母式通风道。子母式由一大一小两个孔道组成，大孔道（母通风道）直通屋面，小孔道（子通风道）一端与大孔道相通，一端在墙上开口。具有截面简洁、通风效果好的优点。

⑧ 构造柱：设置构造柱是提高砌块墙体抗震能力和稳定性的有效手段，有数据表明，构造柱可以使墙体的抗剪强度提高 10%～30%。我国《建筑抗震设计规范》GB 50011—2010（2016 年版）对多层砌体房屋设置构造柱的构造要求作出了明确的规定。

⑨ 复合墙体：为了适应我国建筑节能的技术政策要求，减少建筑全寿命周期内的碳排放量，目前在建筑中广泛采用复合外墙体，这是一条改善外墙体热功性能的可行途径。

复合外墙主要有外保温外墙和内保温外墙两种：

A. 内保温复合墙体：这种墙体是在外墙的内表面设置保温板，进而达到保温的目的。优点是保温材料设置在墙体的内侧，保温材料不受外界因素的影响，保温效果可靠。缺点是冷热平衡界面比较靠内，当室外温度较低时容易在结构墙体内表面与保温材料外表面之间形成冷凝水，而且保温材料占室内的面积较多。目前这种保温方式在我国中原地区应用比较广泛（图 7-7a）。

B. 外保温复合墙体：这种墙体是在外墙的外面设置保温板（目前多用聚苯板），以达到复合保温的目的。优点是保温材料设置在墙体的外侧，冷热平衡界面比较靠外，保温的效果好。缺点是保温材料设置在外墙的外表面，如果罩面材料选择不当或施工工艺存在问题，将会使保温的效果大打折扣，甚至会引起墙面及保温板发生龟裂或脱落。随着聚合物砂浆的应用以及各种纤维网格布的大量涌现，使外保温墙面的工艺及安全性得到了显著的提高，外保温外墙是现代建筑采用比较普遍的复合墙形式，尤其适合在寒冷及严寒地区使用（图 7-7b）。

还有一种充填保温层的复合墙体，由于施工难度大，构造复杂，目前已较为少见。但在预制装配式钢筋混凝土剪力墙中时有应用，俗称"三明治"墙板。

2）隔墙的构造

随着建筑结构技术的进步，目前骨架承重结构体系在民用建筑中已经日益普及，墙体的承重功能有所减弱，隔墙的应用日益广泛。

① 隔墙的分类：通常根据其材料和施工方式不同进行分类，主要可以分为砌筑隔墙、

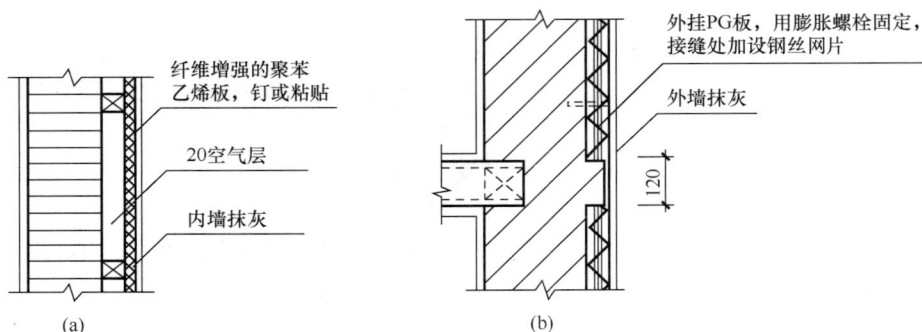

图 7-7　复合墙体示意

（a）内保温外墙；（b）外保温外墙

立筋隔墙和条板隔墙。

②隔墙的构造要求：自重轻、厚度薄、具有良好的物理性能（如隔声、防潮、防火等）与装拆性。

③常见隔墙的构造

A. 砌块隔墙：砌块隔墙是一种目前常见的砌筑隔墙。轻质砌块隔墙可以直接砌在楼板上，不必再设承墙梁。目前采用较多的砌块有：炉渣混凝土砌块、陶粒混凝土砌块、加气混凝土砌块等。炉渣混凝土砌块和陶粒混凝土砌块的厚度通常为 90mm，加气混凝土砌块多采用 100mm 厚。由于加气混凝土防水防潮的能力较差，因此在潮湿环境应慎重采用，或在潮湿一侧表面做防潮处理。

B. 轻钢龙骨石膏板隔墙：轻钢龙骨石膏板隔墙属于立筋隔墙，在公共建筑中广泛应用。其采用薄壁型钢做骨架，用纸面石膏板做罩面。这种隔墙具有自重轻、占地小、表面装饰较方便的特点，是建筑中应用较多的一种隔墙。石膏板的自重轻、防火性能好，加工方便，价格不高，具有广阔的应用前景。石膏板的厚度有 9mm、10mm、12mm、15mm 等数种，用于隔墙时多选用 12mm 厚石膏板。石膏板用自攻螺钉与龙骨连接，钉的间距 200~250mm，钉帽应压入板内约 2mm，以便于刮腻子和饰面。为了避免开裂，板的接缝处应加贴 50mm 宽玻璃纤维带或纸质胶带（为了防火要求，不允许用普通的化纤布）盖缝。

轻钢骨架由上槛、下槛、横龙骨、竖龙骨组成。组装骨架的薄壁型钢是工厂生产的定型产品，并配有组装需要的各种连接构件。竖龙骨的间距不大于 600mm，横龙骨的间距不大于 1500mm。当墙体高度在 4m 以上时，还应适当加密（图 7-8）。

C. 水泥玻璃纤维空心条板隔墙：这种隔墙属于条板隔墙。板材多为空心板，长度在 2400~3000mm，宽度一般为 600mm，厚度为 60~80mm，主要用粘结砂浆和特制胶粘剂进行粘结安装。为使之结合紧密，板的侧面多做成企口。板之间采用立式拼接（图 7-9）。

3）地下室防潮及防水构造

地下室通常由墙体、底板、顶板、门窗和采光井等部分组成。地下室的墙体基本上埋在地下，选用的材料应当防潮或防水，要具有足够的耐久性，并要有足够的侧向强度，以抵抗土壤以及地下水的侧向压力，同时还要做防潮或防水的构造处理。地下室的顶板应采用钢筋混凝土板，具有足够的强度和刚度。地下室的底板承受的地下水压力较大，通常采

150

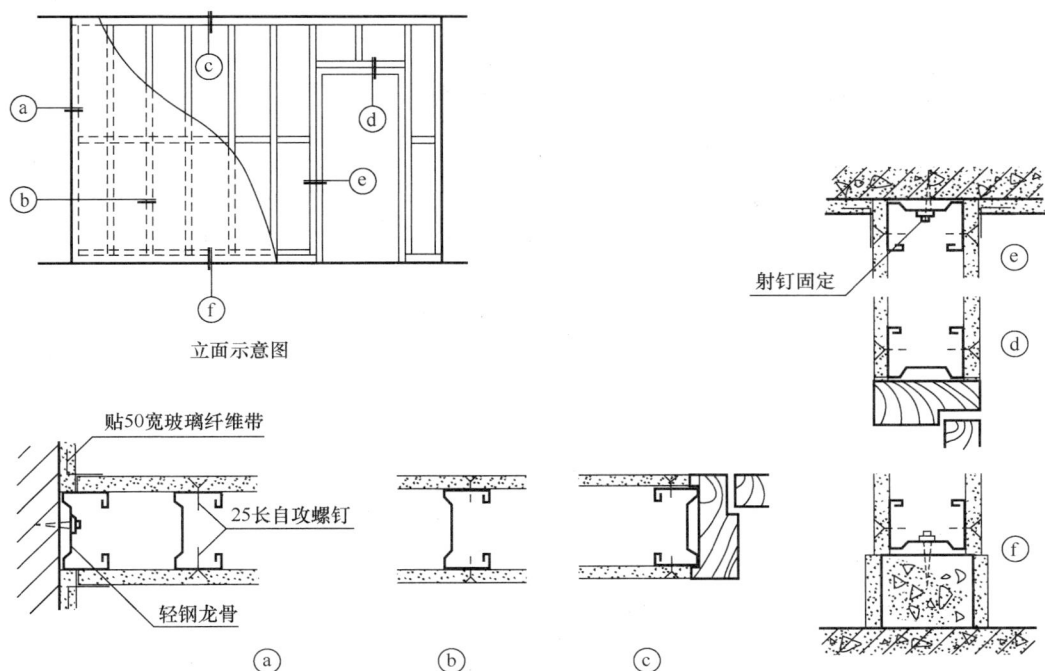

图 7-8　轻钢龙骨石膏板隔墙

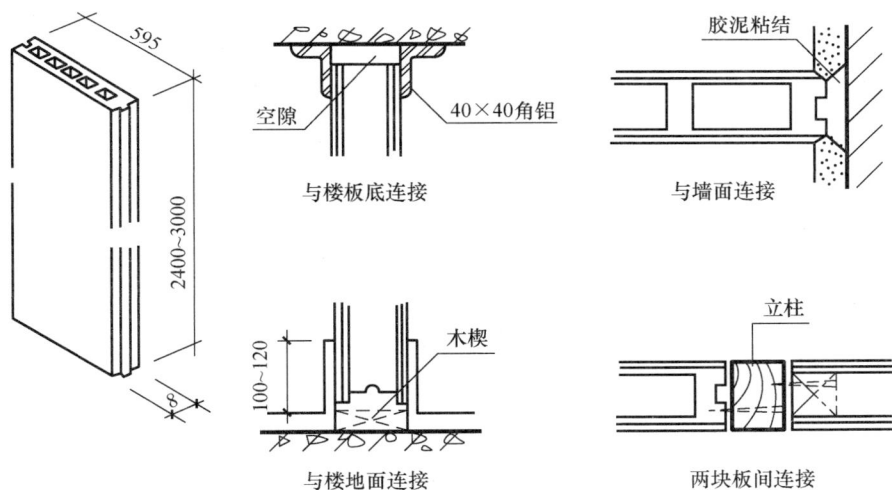

图 7-9　水泥玻璃纤维空心条板隔墙

用混凝土或钢筋混凝土现浇板，需要进行认真细致的防水处理，否则将会影响到地下室的正常使用。

　　为了保证地下室的正常使用，应根据地下水位以及地下室的使用要求，合理地选择防潮或防水方案，做到安全可靠、万无一失。

　　① 防潮构造：当地下水的常年水位和最高水位均在地下室底板设计标高之下，而且地下室周围没有其他因素形成的滞水时，只需做防潮处理。防潮构造首先要在地下室墙体外表面抹 20mm 厚 1：2 防水砂浆，地下室的底板也应做防潮处理，然后把地下室墙体外

侧周边用透水性差的土壤分层回填夯实，如黏土、灰土等。

② 地下室的防水：当最高地下水位高于地下室底板设计标高时，地下室底板和部分墙体就会受到地下水的侵袭。地下室墙体受到地下水侧压力影响，底板则受到地下水浮力的影响，此时就需要做防水处理。根据使用要求，地下室防水分为四个级别。地下室防水的构造方案有隔水法、降排水法、综合法等三种。

隔水法是利用各种材料的不透水性来隔绝地下室外围水及毛细管水渗透的方法，目前采用较多的构造方案主要有两种：

A. 卷材防水：用沥青系防水卷材或其他卷材（如 SBS 卷材、SBC 卷材、三元乙丙橡胶防水卷材等）做防水材料粘贴在地下室主体一侧。防水卷材粘贴在墙体外侧称外防水，粘贴在墙体内侧称内防水。由于外防水时防水层面向地下水压力方向，防水效果好，因此应用得非常广泛，而内防水则一般在补救或修缮工程时应用。

B. 构件自防水：当建筑地下室的墙体采用钢筋混凝土结构时，把地下室的墙体和底板用防水混凝土整体浇筑在一起，就可以使地下室的墙体和底板在具有承重和围护功能的同时，具备防水的能力。防水混凝土既要满足强度的要求，更要考虑抗渗的需要。

（4）楼板的构造

楼板层一般由面层、结构层和顶棚层等几个基本层次组成。面层又称楼面或地面，是楼板上表面的完成面构造，主要起到保证房间正常使用、保护结构层的作用，同时也是室内装饰的重要组成部分，采用的材料、构造和施工工艺种类繁多。结构层是建筑的水平承重构件，主要包括板、梁等。结构层承受整个楼板层的全部荷载（包括吊顶的荷载），并起到划分建筑内部竖向空间、防火、隔声的作用，应当具有足够的强度、刚度、耐火性能。顶棚层是楼板层下表面的构造层，也是室内空间上部的装修面层。某些有特殊使用要求的房间地面还需要设置附加层。附加层通常设置在面层和结构层之间，主要有隔声层、防水层、保温或隔热层等。

楼板根据所使用材料的不同，可以分为钢筋混凝土楼板、压型钢板组合楼板。目前，钢筋混凝土楼板应用最为广泛，压型钢板组合楼板主要用于大空间、高层民用建筑和大跨度工业厂房中。

钢筋混凝土楼板按照施工方式的不同，主要可以分为现浇整体式钢筋混凝土楼板、预制装配式钢筋混凝土楼板和装配整体式钢筋混凝土楼板三种类型。

1）现浇整体式钢筋混凝土楼板构造

现浇整体式钢筋混凝土楼板是在施工现场采取支设模板、绑扎钢筋、浇筑混凝土等工序，经过一定龄期的养护达到混凝土设计强度，最后拆除模板而成型的。具有整体性好、刚度大、抗震能力强的优点，但耗费模板量大、属于湿作业、施工和养护周期较长。现浇钢筋混凝土楼板的综合优点较多，随着施工技术的不断革新和工具式钢模板的发展，现浇钢筋混凝土楼板的应用日渐普及。

现浇钢筋混凝土楼板主要可以分为板式楼板、梁板式楼板、井式楼板和无梁楼板。

① 板式楼板：是将楼板现浇成一块整体平板，并用承重墙体支撑。这种楼板的底面平整、便于施工、传力过程明确，适用于平面尺寸较小的房间。按照板式楼板的支撑情况和受力特点，可以分为单向板和双向板，它们在板内钢筋分布方面有较大的不同（图 7-10）。

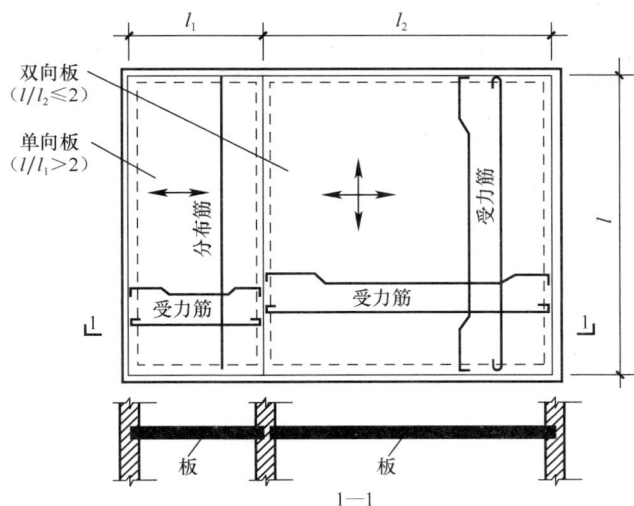

图 7-10　板式楼板

② 梁板式楼板：当房间的平面尺寸较大时，为了使楼板结构的受力和传力更为合理，可以在板下设梁来作为板的支座，从而减小板跨。这时，楼板上的荷载先由板传给梁，再由梁传给墙或柱。这种由板和梁组成的楼板称为梁板式楼板也叫肋形楼板（图 7-11）。

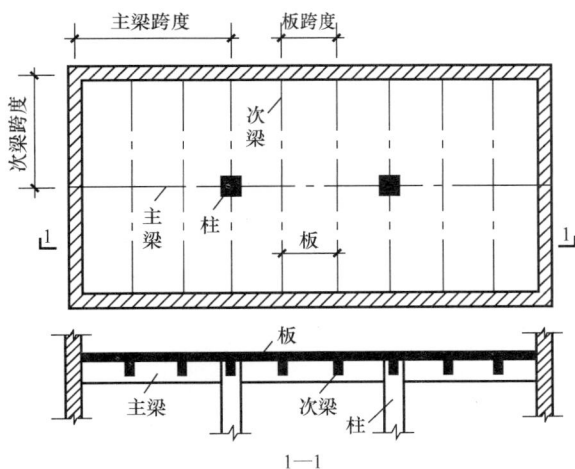

图 7-11　梁板式楼板

梁板式楼板既可以在一个方向设梁，也可以在纵横两个方向设梁，当两个方向都设梁时，有主梁和次梁之分。主梁由承重墙或柱支撑；次梁垂直于主梁布置，由主梁支撑。一般主梁的经济跨度为 8～10m，梁的高度为跨度的 1/14～1/8；次梁的跨度一般为 4～6m，梁的高度为跨度的 1/18～1/12；板的跨度一般为 2～4m，板的厚度一般为 60～80mm。

③ 井式楼板：适用于平面尺寸较大且平面形状为方形或接近于方形的房间，可将两个方向的梁等距离布置，并采用相同的梁高，形成井字形的梁格，这种楼板称为井字楼板，它是梁式楼板的一种特殊布置形式。井式楼板无主梁、次梁之分，但梁之间仍有明确

的传力关系。井式楼板的梁通常采用正交正放的布置方式，梁格分布规整，具有较好的装饰性。井式楼板的梁还可以采用正交斜放或斜交斜放的布置方式，但比较少见。

④ 无梁楼板：这种楼板层不设横梁，板面荷载直接传递给柱子。无梁楼板通常设有柱帽，以增加板在柱上的支承面积。无梁楼板的柱网应尽量按方形网格布置，跨度在6~8m较为经济，板的最小厚度通常为150mm，且不小于板跨的1/35~1/32。这种楼板多用于平面规则、楼面荷载较大的建筑。

2）预制装配式钢筋混凝土楼板构造

预制钢筋混凝土楼板是指在预制构件加工厂或施工现场预先制作，然后再运到施工部位装配而成的钢筋混凝土楼板。这种楼板具有节省模板、施工速度快、有利于建筑工业化生产的优点。但由于传统的预制钢筋混凝土楼板体量小、板缝多、装配化程度低、整体性较差、存在板缝易于开裂的质量通病，尤其不利于抗震，目前已经基本被淘汰。

按照预制装配式钢筋混凝土楼板外观可以分为实心平板、槽形板、空心板三种类型。

① 实心平板：又称为实心板，板的上下表面平整、制作工艺简单，但隔声效果较差，而且自重也大，比较适合在面积较小的房间或走廊使用。实心平板的跨度一般不超过3.0m，板宽多为500~900mm，板厚在80~100mm。

② 槽形板：两侧设有边肋，是一种梁板合一的构件，力学性能好，有预应力和非预应力两种类型。为了提高板的刚度，通常在板的两端设置端肋封闭。如果板的跨度较大，还应在板的中部增设横向加劲肋。由于楼面的荷载主要由板两侧的肋来承担，因此具有自重轻、适用跨度大的优点，多用作屋面板。槽形板的搁置方式有两种：一种是正置，即肋向下搁置；另一种是倒置，即肋向上搁置。

③ 空心板：将楼板中部沿纵向抽孔形成空心，也是一种梁板合一的构件。空心板孔的断面形式有圆形、椭圆形、矩形等几种，由于圆孔板在制作时抽芯脱模方便，因此应用得最为普遍。空心板上下表面平整，隔声效果较实心平板和槽形板好，是预制板中应用最广泛的一种板型。空心板的厚度一般为120~240mm（应为60mm的倍数），宽度为600~1800mm（应为300mm的模数），跨度为2.4~9.0m。

3）装配整体式钢筋混凝土楼板

装配整体式钢筋混凝土楼板综合了现浇板和预制板的优点，并适应装配式建筑的技术要求，工厂化生产和装配化施工紧密配合，应用效果良好。预制整体式钢筋混凝土楼板多为可以覆盖整个房间的大体量整间板，楼板的底板为预制钢筋混凝土楼板，在构件厂生产，底板的上表面留有桁架钢筋、四周留有拉结钢筋。底板安装就位之后，在施工现场把底板桁架钢筋用水平钢筋连接、板之间的拉结钢筋连接之后，再现浇一层混凝土，使底板和现浇层叠合为一个整体。

4）楼地面防水的基本构造

民用建筑存在一些用水频繁的房间，如厕所、盥洗室、淋浴室、实验室等，为了避免渗漏水的现象，需要做好楼地面的排水和防水。

① 地面排水：为排除室内地面的积水，地面应有一定坡度，一般为1%~1.5%，并设置地漏，使地面水有组织地排向地漏。为防止积水外溢，影响其他房间的使用，有水房间地面的完成面应比相邻房间地面低10~20mm。

② 地面防水：楼板应为现浇钢筋混凝土，对于防水要求较高的房间，还应在楼板与面层之间设置防水层，并将防水层沿周边向上泛起至少 150mm。常见的防水材料有卷材、防水砂浆和防水涂料。在门洞口处，应将防水层向外延伸 250mm 以上。同时需要对穿越楼地面的竖向管道进行细部处理。常在穿管位置预埋比竖管管径稍大的套管，高出地面 30mm 左右，并在缝隙内填塞弹性防水材料。

（5）垂直交通设施的一般构造

建筑的垂直交通设施主要包括楼梯、电梯与自动扶梯。楼梯是连通各楼层的重要通道，是楼房建筑不可或缺的交通设施，应满足人们正常时交通，紧急时安全疏散的要求。电梯和自动扶梯是现代多层、高层建筑中常用的可以机动运行的垂直交通设施，在提高建筑使用舒适度方面发挥了重要作用。有些建筑中还设置有坡道和爬梯，它们也属于建筑的垂直交通设施。

楼梯由楼梯段、楼梯平台以及栏杆组成（图 7-12）。

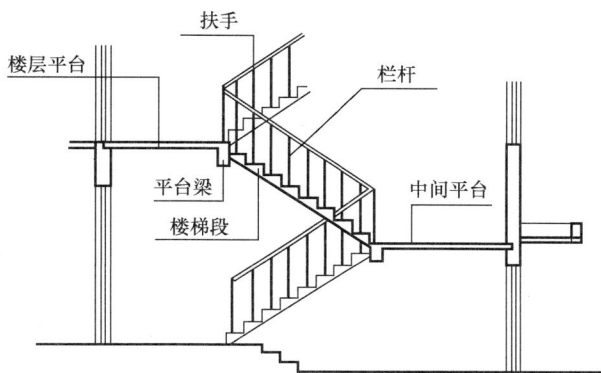

图 7-12　楼梯的组成

楼梯段是楼梯的主要组成部分，由若干个踏步构成。每个踏步一般由两个相互垂直的平面组成，人们行走时脚踏的水平面称为踏面，与踏面垂直的平面称为踢面。我国规定每段楼梯的踏步数量应在 3～18 步的范围之内。楼梯平台是两段楼梯转折处的水平构件，主要是为了支撑楼梯段、解决楼梯段的转折，同时也使人们在上下楼时能在此处稍作休息。设置楼梯栏杆和扶手主要是为了确保人们的通行安全。

楼梯的坡度是指楼梯段与水平面之间的角度。楼梯的坡度小，踏步就平缓、行走就较舒适；反之，行走就较吃力。但楼梯段的坡度与其占地面积关系密切，坡度越小，占地面越大。我国规定，楼梯的允许坡度范围为 23°～45°。正常情况下应当把楼梯坡度控制在 38°以内，一般认为 30°左右是楼梯的适宜坡度。

楼梯坡度大于 45°时，由于坡度较陡，人们往往需要借助扶手的助力扶持才能解决上下楼的问题，此时称为爬梯。爬梯在民用建筑中并不多见，一般只是在通往屋顶、电梯机房等非公共区域时采用。

当坡度小于 23°时，由于坡度较缓，把其处理成斜面就可以解决通行的问题，此时称为坡道。坡道可以通过车辆，但占面积较大。

楼梯段和平台是楼梯的行走通道，是楼梯的主要功能构件，需要重点考虑。

楼梯段的宽度是根据通行人数的多少（设计人流股数）和建筑的防火要求确定的。通常情况下，作为主要通行用的楼梯，其梯段宽度应至少满足两个人相对通行（即梯段宽度大于或等于 2 股人流）。我国规定，在计算通行量时每股人流按 $0.55+(0\sim0.15)$m 计算，其中 $0\sim0.15$m 为人在行进中的摆幅。非主要通行的楼梯，应满足单人携带物品通过的需要，此时，梯段的净宽一般不应小于 900mm。有关的规范对不同建筑楼梯段的净宽度均有明确的规定，应严格遵照执行。楼梯平台的净宽度不应小于楼梯段的净宽，并且不小于 1.2m。

两段楼梯之间的空隙，称为楼梯井。楼梯井一般是为楼梯施工方便和安置栏杆扶手而设置的，其宽度一般在 100mm 左右。

楼梯有多种分类方法。按楼梯材料分类：可分为钢筋混凝土楼梯、钢楼梯、木楼梯及组合材料楼梯；按楼梯在建筑中位置分类：可分为室内楼梯和室外楼梯；按楼梯的使用性质分类：可分为主要楼梯、辅助楼梯及消防楼梯；按楼梯间的平面形式分类：可分为开敞楼梯间、封闭楼梯间及防烟楼梯间；按楼梯的平面形式分类：主要可分为单跑直楼梯、双跑直楼梯、双跑平行楼梯、三跑楼梯、双分平行楼梯、双合平行楼梯、转角楼梯、双分转角楼梯、交叉楼梯、剪刀楼梯、螺旋楼梯等。

1）钢筋混凝土楼梯的构造

目前，钢筋混凝土楼梯在民用建筑中大量被采用，根据施工方式的不同，分为现浇和预制装配式两大类。

① 现浇钢筋混凝土楼梯：这种楼梯的楼梯段、平台与楼板层是整体浇筑在一起的，整体性好、承载力高、刚度大，施工时不需要大型起重设备。但楼梯段支设模板比较复杂、耗费的模板多，需要一定的养护时间，施工进度慢，施工程序较复杂。

现浇钢筋混凝土楼梯可以根据楼梯段结构形式的不同，分成板式和梁式楼梯两种类型：

A. 板式楼梯：这种楼梯的梯段分别与上下两端的平台梁整浇在一起，并由平台梁支承梯段的全部荷载。此时梯段相当于是一块斜放的现浇钢筋混凝土板，平台梁是支座（图 7-13a）。板式楼梯适用于荷载较小或层高较小的建筑，如住宅、宿舍等。有时为了保证平台下过道的净空高度，取消楼梯的平台梁，这种楼梯称之为折板式楼梯（图 7-13b）。此时板的跨度为楼梯段水平投影长度与平台深度尺寸之和。

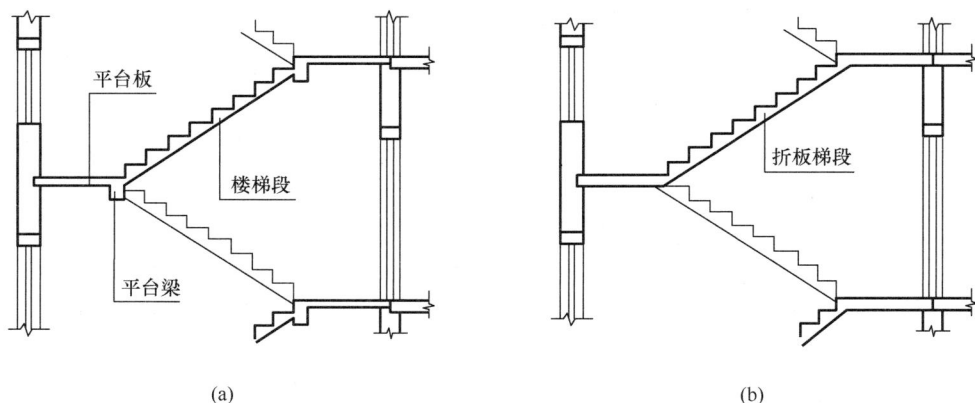

(a)   (b)

图 7-13 板式楼梯
(a) 板式；(b) 折板式

B. 梁式楼梯：这种楼梯的梯段与楼梯斜梁整浇在一起，梯段由斜梁支撑，斜梁由上下两端的平台梁支承。此时楼梯段的宽度相当于现浇斜板的跨度，平台梁的间距等于斜梁的跨度（约等于斜梁的水平投影长度）。楼梯段的荷载主要由斜梁承担，并传递给平台梁。梁式楼梯适用于荷载较大，建筑层高较大的情况，如商场、教学楼等公共建筑。

② 预制装配式钢筋混凝土楼梯：预制装配式钢筋混凝土楼梯根据组成的构件尺寸及装配的程度，可以分成小型构件装配式和中、大型构件装配式两种类型。在装配式建筑中通常采用大型构件装配式楼梯，一般为"干式连接"的构造方式。

A. 小型构件装配式楼梯：具有构件尺寸小，重量轻，构件生产、运输、安装方便的优点。但也存在着施工难度大，施工进度慢，往往需要现场湿作业配合等缺点，目前使用较少见。小型构件装配式楼梯主要有墙承式楼梯、悬臂楼梯、梁承式楼梯三种类型。

B. 中型、大型构件装配式楼梯：一般是把楼梯段和平台板作为基本构件。构件的规格和数量少，装配容易、施工速度快，但需要有相当的吊装设备进行配合。楼梯段可以预制成板式、梁式，平台板可以预制成带平台梁和不带平台梁两种。

③ 楼梯的细部构造：楼梯在使用过程中磨损得比较厉害，还容易受到人为因素的破坏。所以对楼梯的踏步面层、踏步细部、栏杆和扶手进行适当的构造处理，对保证楼梯的正常使用和保持建筑的美观非常重要。

踏步面层应当平整光滑，耐磨性好，一般适用于做楼地面面层的材料均可以做踏步面层。为了保证人们在楼梯上行走过程中不易滑跌，通常在踏步前缘应有防滑措施，这对人流集中建筑的楼梯就显得更加重要。图 7-14 是常见踏步防滑构造的举例。

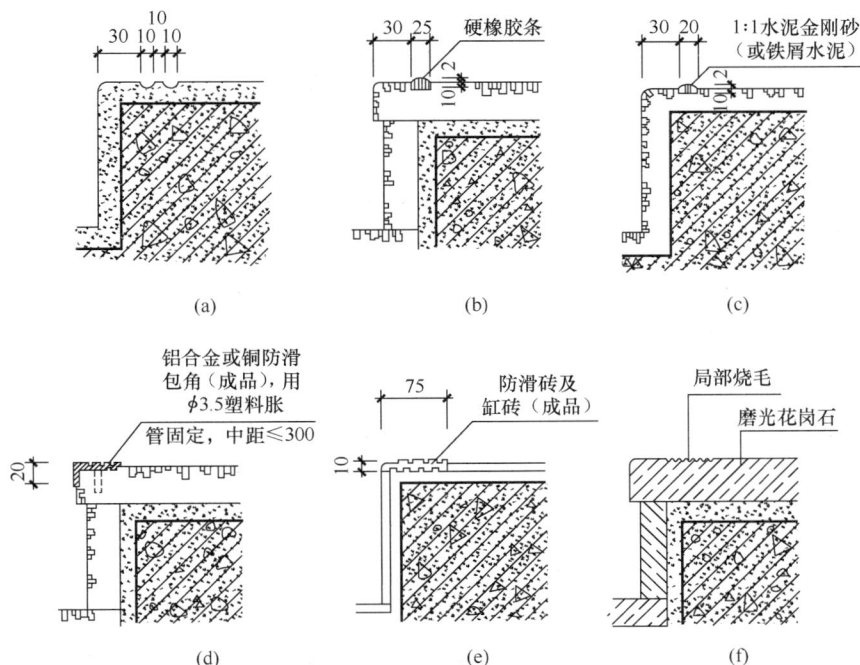

图 7-14 踏步防滑构造

（a）水泥砂浆踏步留防滑槽；（b）橡胶防滑条；（c）水泥金刚砂防滑条；（d）铝合金或铜防滑包角；
（e）缸砖面踏步防滑砖；（f）花岗石踏步烧毛防滑条

栏杆多采用金属材料制作，如钢材、铝材、铸铁花饰等，在大型公共建筑中，有时采用钢化玻璃栏板，其通过金属栏杆固定。用相同或不同规格的金属型材拼接、组合成不同的图案，使之在确保安全的同时，又能起到装饰作用。栏杆应有足够的强度，能够保证在人多拥挤时楼梯的使用安全。托儿所、幼儿园、中小学及少年儿童专用活动场所的楼梯，楼梯栏杆应采取不易攀登的构造，当栏杆为垂直分格时，其杆件净距不应大于 0.11m。栏杆的垂直构件必须要与楼梯段有牢固、可靠的连接，随着锚固技术水平的提升，连接方式也趋于多样。

扶手是楼梯与人体频繁接触的部位，应当用优质硬木、金属型材（铁管、不锈钢、铝合金等）、工程塑料、天然石材等材料制作。室外楼梯不宜使用木扶手，以免淋雨后变形和开裂。不论何种材料的扶手，其表面必须要光滑、圆顺、便于使用者扶持。

2）坡道及台阶构造

为了解决室内外高差带来的垂直交通问题，就需要设置台阶或坡道。台阶和坡道与建筑入口关系密切，具有较强的装饰功能，美观和质感要求较高。

① 台阶：台阶属于建筑的一部分，不允许进入道路红线，因此台阶的平面形式和尺寸应当根据建筑功能及周围基地的情况进行选择。部分大型公共建筑经常把行车坡道与台阶合并成为一个构件，使车辆可以驶进建筑入口，为使用者提供了更大的方便。图 7-15 是常见台阶的举例。

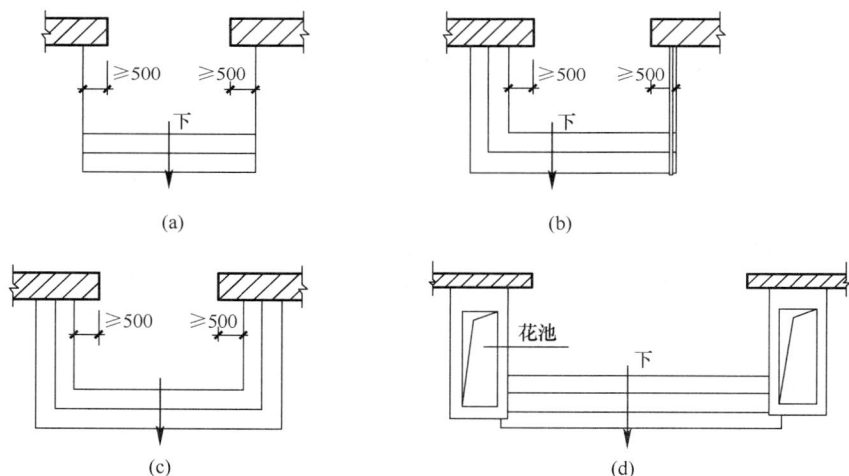

图 7-15 台阶的形式

（a）单面设踏步；（b）两面设踏步；（c）三面设踏步；（d）单面设踏步附带花池

由于室外台阶受自然气候条件的影响较大，为了保证通行安全，坡度宜平缓些，并应采用防滑面层。一般来说公共建筑踏步的踏面宽度不应小于 300mm，踢面高度应为 100～150mm。室内台阶的踏步数不应少于 2 个，当高差不足以设置台阶时，应用坡道连接。

② 坡道：也是民用建筑常见的附属构造，按照其用途的不同，可以分成行车坡道和轮椅坡道两类。

行车坡道是解决车辆进出或接近建筑而设置的，分为普通行车坡道与回车坡道两种。普通行车坡道布置在有车辆进出的建筑入口处，如：车库、库房等。回车坡道通常与台阶组合在一起，可以减少使用者下车之后的行走距离，一般布置在某些大型公共建筑的入口处，如：重要办公楼、旅馆、医院等。

轮椅坡道是为使残疾人能平等地参与社会活动而设置的，是目前大多数公共建筑和住宅必备的交通设施之一。由于轮椅坡道是供残疾人使用的，因此有一些特殊的规定，需要按照有关的设计规范执行。

3）电梯与自动扶梯构造

电梯是当前多层及高层建筑中常备的垂直交通设施，自动扶梯往往设置在人流集中的大型公共建筑中，具有通行量大、使用便捷的优点。电梯及自动扶梯的安装由生产厂家或专业公司负责。

① 电梯：分类方式较多。按照电梯的用途分类可以分为乘客电梯、病床电梯、客货电梯、载货电梯、杂物电梯；按照电梯的拖动方式可以分为交流拖动（包括单速、双速、调速）电梯、直流拖动电梯、液压电梯；按照电梯的消防要求可以分为普通乘客电梯和消防电梯。

电梯由井道、机房和轿厢三部分组成（图7-16）。其中轿厢及拖动装置等设备是由电梯厂生产的，并由专业公司负责安装。

电梯机房通常设在电梯井道的顶部，个别时候也有把电梯机房设在井道底部的。机房的平面及竖向尺寸主要依据生产厂家提出的要求确定，应满足布置牵引机械及电控设备的需要，并留有足够的管理、维护空间，同时要把室内温度控制在设备运行的允许范围之内。

消防电梯是在火灾发生时供运送消防人员及消防设备，抢救受伤人员用的垂直交通工具，应根据建筑的功能、层数及高度、每层面积以及设备配置情况设置，其台数、位置、动力系统、运行速度和装修及通信等均有特殊的要求。

② 自动扶梯：由电机驱动，踏步与扶手同步运行，可以上行，也可以下行，停机时可当作临时楼梯使用，但不能计入消防通道。自动扶梯宽度有600mm（单人）、800mm（单人携物）、1000mm、1200mm（双人）。自动扶梯的载客能力很高，一般为4000～10000人/h。

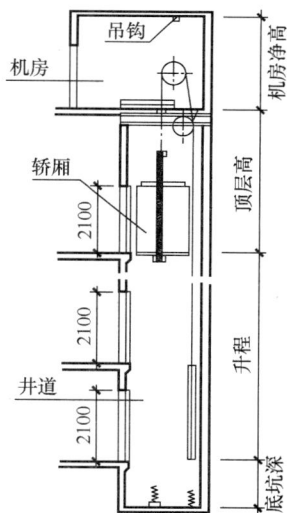

图7-16　电梯的组成示意图

自动扶梯的布置方式主要有以下几种：

A. 并联排列式：楼层交通乘客流动可以连续，升降两个方向交通均分离清楚，外观豪华，但安装面积大（图7-17a）；

B. 平行排列式：安装面积小，但楼层交通不连续（图7-17b）；

C. 串联排列式：楼层交通乘客流动可以连续（图7-17c）；

D. 交叉排列式：乘客流动升降两方向均为连续，且搭乘场地相距较远，升降客流不发生混乱，安装面积小（图7-17d）。

（6）屋顶的基本构造

屋顶又称屋盖，是建筑最顶部的围护和覆盖构件，由于屋顶所处的位置特殊，而且属于架空构件，因此屋顶的结构与构造有其特殊的要求，这些要求主要有：良好的围护功

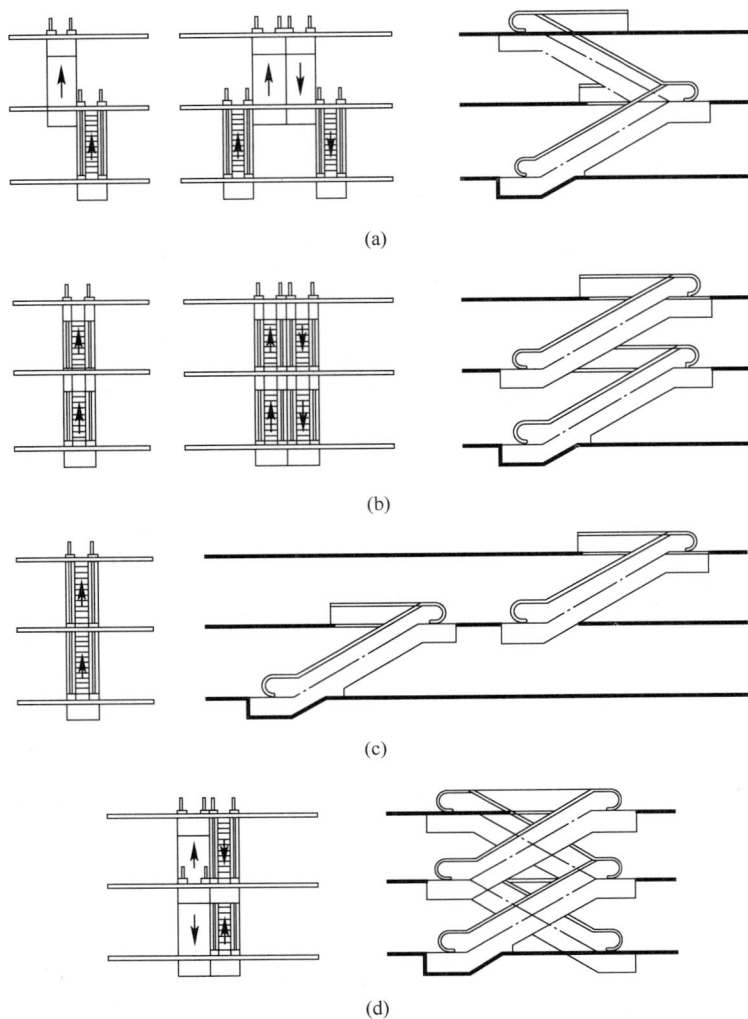

图 7-17　自动扶梯的布置

(a) 并联排列；(b) 平行排列；(c) 串联排列；(d) 交叉排列

能；可靠的结构安全性；美观的艺术形象；施工和保养的便捷；自重轻、耐久性好、经济合理。

　　为了保证屋面雨水的及时排除，所有的屋面均有大小不同的坡度。屋面的坡度越小，屋顶的构造空间就越小，自重也轻，建筑造价也会低一些。但屋面的坡度不同，对屋面防水材料和构造的要求也不一样：当采用单块面积小、接缝多的屋面材料时，为了避免由于雨水积存而形成压力，导致屋面渗漏，应当使屋面的坡度大些；当采用单块面积大、接缝少、防水性能好的屋面材料时，由于这些材料具有良好的防渗能力，就可以使屋面的坡度小一些。屋面坡度的形成一般有材料找坡和结构找坡两种方法。

　　1) 屋顶的类型

　　① 按照屋顶的外形分类：一般分为平屋顶、坡屋顶和曲面屋顶三种类型。平屋顶的屋面坡度比较平缓，通常不超过 5%（常用坡度为 2%～3%），对屋面防水材料的要求较

高；坡屋顶的屋面坡度一般在 10％以上，是我国传统建筑重要的符号标志，造型十分丰富，如卷棚顶、庑殿顶、歇山顶等；曲面屋顶往往在大空间建筑中应用，随着现代建筑技术的发展，曲面屋顶的形式也愈加丰富多彩。

② 按照屋面防水材料分类：屋顶按照屋面防水材料的材性分为柔性防水屋面、刚性防水屋面、构件自防水屋面和瓦屋面四种类型。

2）屋顶的防水及排水构造

屋顶的排水方式分为无组织排水和有组织排水两种类型。

① 无组织排水：是指在屋盖的周边形成挑出的屋檐，并保证屋檐是屋面的最低点，雨水在自重的作用下顺着屋面排水的坡向由屋脊流向屋檐，然后脱离屋檐自由落地的排水方式。无组织排水具有排水速度快、檐口部位构造简单、造价低廉的优点；但排水时会在檐口处形成水帘，而且落地的雨水四溅，对建筑周边地面产生较严重的冲刷，反溅的雨水对勒脚部位影响较大，寒冷地区冬季檐口挂冰存在安全隐患；适合于周边比较开阔的、低矮（一般建筑高度不超过 10m）的次要建筑。

② 有组织排水：是指屋面雨水顺着屋面排水的坡向由高向低，汇集到事先设计好的天沟中，然后经过雨水口、雨水管等排水装置被引至地面或地下排水管线的一种排水方式。有组织排水克服了无组织排水的缺点，目前在城市建筑中广泛采用；但排水速度比无组织排水慢、构造比较复杂，寒冷地区冬春交替季节容易出现雨水口及雨水管结冰现象，同时其造价也高。

按照雨水下落的途径，有组织排水分为外排水和内排水两种形式。

③ 平屋顶的防水构造：按照屋面防水层材性的不同，平屋顶的防水分为刚性防水屋面、柔性防水屋面两种类型。

A. 刚性防水屋面构造：刚性防水屋面采用防水砂浆或掺入外加剂的细石混凝土（防水混凝土）作为防水层。其优点是施工方便、构造简单、造价低、维护容易、可以作为上人屋面使用；缺点是由于防水材料属于刚性，延展性能较差，对变形反应敏感、处理不当容易产生裂缝、施工要求较高。尤其不易解决温差引起的变形，不宜在寒冷地区应用。

刚性防水屋面一般分为防水层、隔离层、找平层和结构层等四个构造层次。

B. 柔性防水屋面构造：柔性防水屋面采用各种防水卷材作为防水层。其优点是柔韧性好、对变形的适应能力强、防水性能可靠、适于在不同气候地区使用，但构造比较复杂、施工精度要求较高、耐久性稍差。我国长期使用沥青防水卷材作为柔性屋面的防水层，但由于沥青卷材的耐久性能和施工环境较差，目前已经趋于淘汰，目前大量采用改性沥青防水卷材、高分子化合物防水卷材作为屋面的防水材料。

柔性防水屋面一般分为保护层、防水层、找平层和结构层四个主要构造层次。

④ 坡屋顶的防水构造：坡屋顶的防水做法较多，常见的坡屋顶屋面做法有以下几种。

A. 彩色压型钢板屋面：彩色压型钢板俗称彩钢板，这是近年在一般工业及民用建筑中普遍采用的一种屋面覆盖板材，它既可以作为单一的屋面覆盖构件，也可以同时兼有保温功能。彩钢板具有自重轻、构造简单、色彩丰富、防水及保温性能好的优点。

彩钢板分为单一彩钢板与复合彩钢板（夹芯彩钢板）两种，后者是在两层压型钢板之间加设一层保温材料（如聚苯板），使板具有保温功能。

B. 沥青瓦屋面：沥青瓦又称为橡皮瓦，在欧美国家应用较多，是一种具有良好装饰效果的屋面防水材料。近年引入我国，目前在城市建筑和景区建筑中广泛应用。

沥青瓦是用沥青类材料将多层胎纸粘结起来，然后再在其表面粘贴上彩色石屑，以灰色居多，质感较好。沥青瓦屋面适用于屋面坡度较大的情况，一般要事先在坡屋顶上做卷材防水层（以沥青类卷材为佳），然后把沥青瓦按照设计好的铺贴方案顺序铺设，并用钢钉（如屋面基层是木板，也可以用铁钉）直接铺钉在屋面上，在日照高温下粘结成一个整体。

C. 小青瓦（筒瓦）屋面：小青瓦（筒瓦）屋面多在中国传统风格的建筑中使用。瓦一般是由土坯烧制而成，断面呈弧形，尺寸规格较多。

现代的坡屋顶建筑一般是在钢筋混凝土斜板上再铺设筒瓦，瓦片的固定方式有粘结和挂设两种。当防水等级较高时，应当在钢筋混凝土坡屋面上加设卷材防水层，并用现浇配筋混凝土构造层覆盖。

D. 平瓦屋面：平瓦又称机制平瓦，一般由黏土烧制而成，平瓦屋面是我国北方传统民居采用较多的一种屋面形式。平瓦屋面有冷摊瓦和木望板两种铺设方法。

E. 波形瓦屋面：波形瓦可用石棉水泥、塑料、玻璃钢或镀锌薄钢板等材料制成。它具有厚度薄、质量轻、施工简便等优点，但容易脆裂，保温、隔热性能差些，多用于对室内温度要求不高及临时性的建筑。

3）屋顶的保温与隔热构造

① 平屋顶的保温与隔热构造：我国北方地区冬季寒冷，为使冬季房间内部的温度能够满足使用要求以及建筑节能的需要，应当在屋顶设置保温层；我国的南方地区四季温差较小，夏季温度很高，屋顶接受的太阳辐射热会影响室内正常的使用，因而就需要对屋顶进行隔热处理。

A. 平屋顶的保温构造：平屋顶的保温主要应选择合适的保温材料，并要处理好保温层位置及临近构造。

应当优先选择质量轻、孔隙多、导热系数小的保温材料。根据保温材料的成品特点和施工工艺的不同，保温材料通常可分为散料、现场浇筑的拌合物和板块料三种。散料式保温材料主要有膨胀珍珠岩、膨胀蛭石、炉渣等。由于散料在施工时容易受到刮风及其他因素的影响，就位成型困难，施工难度较大，在实际工程中采用的较少；现场浇筑式保温材料是用散料为骨料，与水泥或石灰等胶结材料加适量的水进行拌合，因此易于成型、施工较方便，但保温层施工完成之后仍处于潮湿的状态，影响保温的效果，往往需要在保温层中设置通气口来散发潮气及冷凝水；板块式保温材料主要有聚苯板、加气混凝土板、泡沫塑料板、膨胀珍珠岩板、膨胀蛭石板等，具有施工速度快、保温效果好、避免了湿作业的优点，在当前工程中应用最为普遍。

保温层一般设在结构层与防水层之间，保温效果好并且符合热工原理，同时由于保温层摊铺在结构层之上，施工方便，构造也简单（图7-18）；也可以把保温层设置在防水层上面，这种做法又称为"倒置式保温屋面"。其构造层次自上而下分别为保温层、防水层、结构层。这种设置对保温材料有特殊的要求，应当使用具有吸湿性低、耐气候性强的憎水材料作为保温层（如聚苯乙烯泡沫塑料板或聚氨酯泡沫塑料板），并在保温层上加设钢筋混凝土、卵石、砖等较重的覆盖层；还可以把保温层与结构层结合，这种保温做法比较少见。

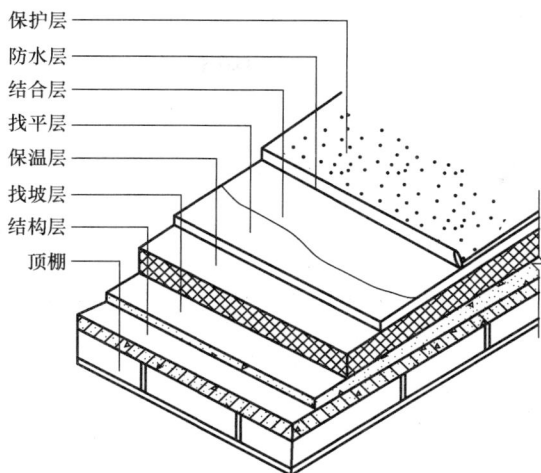

图 7-18　保温层在结构层与防水层之间的构造层次

B. 平屋顶的隔热构造：隔热构造要比保温构造简单一些，造价也低，主要有以下三种方法：

一是设置架空隔热层：这是一种目前大量采用的隔热措施。通过在屋顶设置架空的隔热间层，并在屋顶四周留出通风面，利用架空层中空气的流动带走辐射热量，进而降低屋顶内表面的温度，隔热效果较好（图 7-19）。

二是利用实体材料隔热：这种做法是利用表观密度大的材料蓄热性、热稳定性好和传导过程时间延迟的特性来达到隔热目的。

三是利用材料反射降温隔热：这种做法是通过在屋顶用浅颜色的砾石、混凝土做面层，或在屋面刷白色涂料或银粉等办法，将大部分太阳辐射热反射出去，进而达到降低屋顶温度的目的。

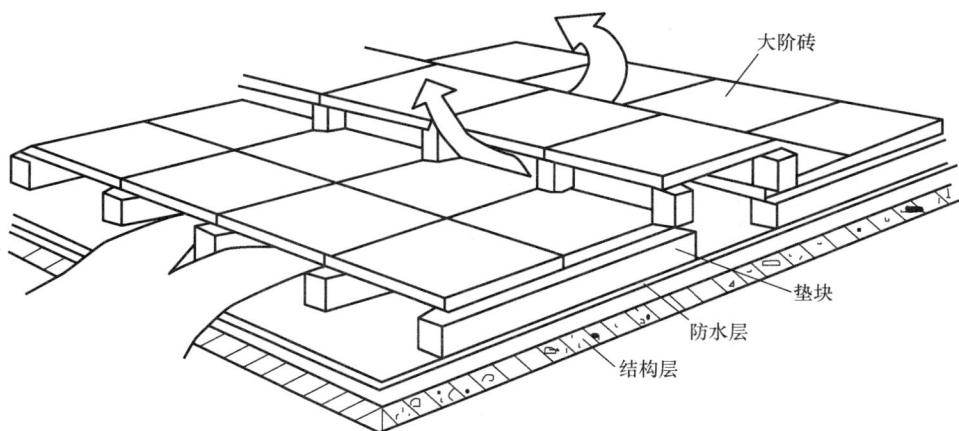

图 7-19　架空通风隔热层

② 坡屋顶的保温与隔热构造：坡屋顶的保温与隔热构造的工作原理和平屋顶相同，但构造处理方法有一定差异。

A. 坡屋顶的保温构造：坡屋顶的保温材料选择与平屋顶基本一致，构造要求也相同，主要是保温层放置的位置与平屋顶有所区别。根据保温材料的种类和位置可以分为上弦保温、下弦保温和构件自保温三种形式。

B. 坡屋顶的隔热构造：由于坡屋顶一般都有格构型的屋盖系统，自身的隔热能力远高于平屋顶。在炎热地区，为了使屋面具有隔热的功效，通常把坡屋顶做成双层屋面（设置"黑顶棚"或带架空层的双层坡屋面），并在檐口处或顶棚中（一般在山墙设窗或在屋面设置老虎窗）设置进风口，在屋脊处设排风口，利用屋顶内外的热压差和迎背风的压力差，组织空气对流，形成屋顶的自然通风，带走室内的辐射热，改善室内气候环境（图 7-20）。

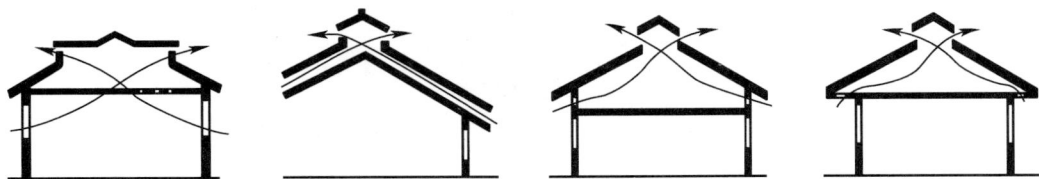

图 7-20　坡屋顶的隔热构造

4）屋顶的细部构造

① 平屋顶的细部构造：由于刚性防水屋面与柔性防水屋面采用的防水材料不同，因此其细部构造的处理方法也不同。

A. 刚性防水屋面的细部构造：主要应处理好泛水、屋面分仓缝和雨水口处的构造。泛水构造主要解决屋面与垂直墙面以及檐口处的防水问题。图 7-21 是刚性防水屋面女儿墙泛水构造的举例；分仓缝构造是为了避免屋面防水层因温度变化产生不规则裂缝而设置的，分仓缝通常应设置在预期变形较大的部位（如装配式结构面板的支承端、纵向接缝

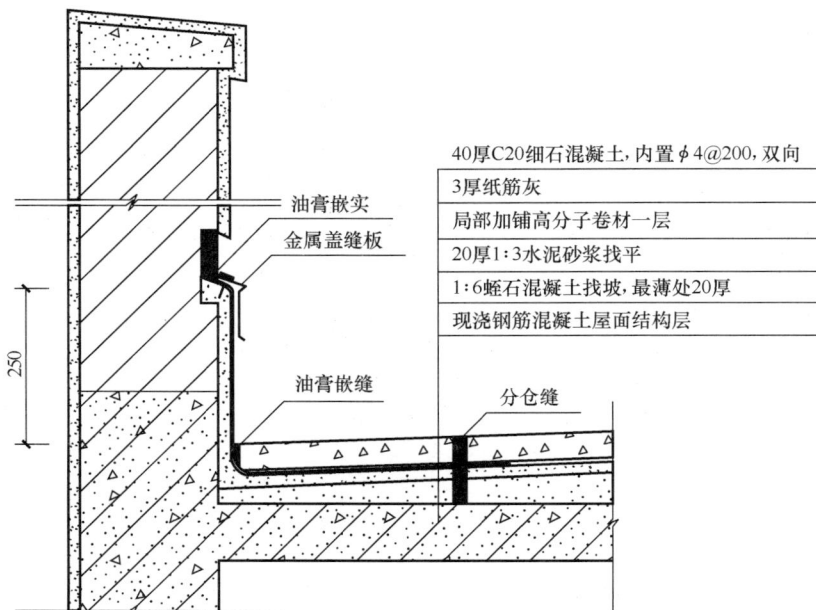

油膏嵌实
金属盖缝板

油膏嵌缝
分仓缝

250

40厚C20细石混凝土,内置φ4@200,双向
3厚纸筋灰
局部加铺高分子卷材一层
20厚1：3水泥砂浆找平
1：6蛭石混凝土找坡,最薄处20厚
现浇钢筋混凝土屋面结构层

图 7-21　刚性防水屋面女儿墙泛水构造

处、屋面的转折处、屋面与立墙交接处），分仓缝处刚性防水层内设的钢筋网片应断开；雨水口构造分为直管式和弯管式两种形式。直管式雨水口适用于外檐沟排水，弯管式雨水口适用于女儿墙排水。

B. 柔性防水屋面的细部构造：主要应处理好泛水构造、檐口构造。柔性防水屋面的泛水构造原理和高度要求与刚性防水屋面基本相同，主要的区别在于采用的材料及构造做法不同。有组织排水的通常做法是先用水泥砂浆或轻质混凝土在垂直面与屋面交界处做成半径大于 50mm 的圆弧或 75° 的斜面，以避免卷材被折断和存在空鼓现象。由于该部位经常处于潮湿状态，为了提高防水能力，泛水处应当加铺一层防水卷材。图 7-22 是常见泛水构造的举例，女儿墙的泛水构造也可以参照执行。

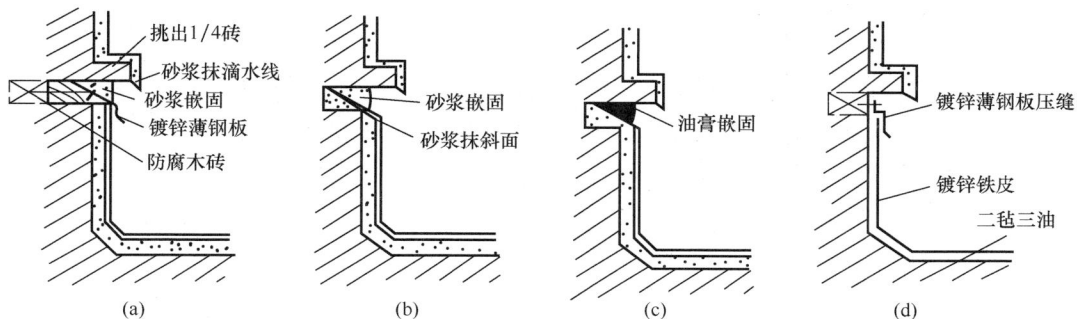

图 7-22　泛水构造举例
（a）薄钢板压毡；（b）砂浆嵌固；（c）油膏嵌固；（d）加镀锌薄钢板

无组织排水应处理好檐口构造，其关键是要处理好卷材的收头。自由排水屋面的檐口通常用油膏嵌缝、粘结，然后在上面撒绿豆砂作为保护层（图 7-23a）。也可用镀锌薄钢板做包檐（图 7-23b）。

② 坡屋顶的细部构造：坡屋顶的细部构造与采用的屋面材料有关，需要处理好檐口、山墙、天沟以及通风道、老虎窗等出屋面的泛水构造。

A. 檐口构造：坡屋顶的檐口主要分为挑檐和包檐两种。挑檐：通常用于自由排水，

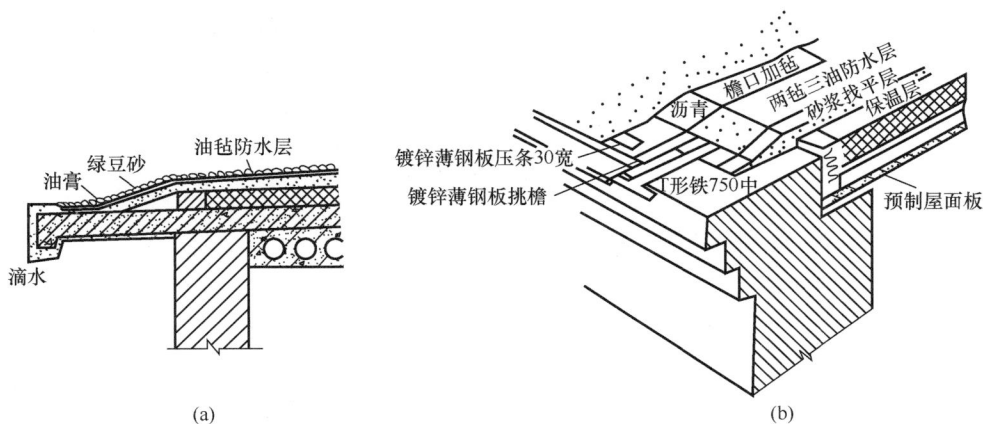

图 7-23　自由排水屋面檐口构造
（a）油膏嵌缝压毡；（b）镀锌薄钢板包檐

有时也用于降水量小的地区低层建筑的有组织排水。图 7-24 是平瓦屋面檐口构造的举例；包檐是在檐口外墙上部砌出压檐墙或女儿墙，将檐口包住，在包檐内设天沟。天沟内先用镀锌薄钢板放在木底板上，薄钢板一边伸入油毡层下，一边在靠墙处做泛水。若天沟采用混凝土槽形板，则沟内铺油毡防水层，并在女儿墙处做出泛水，泛水要求与油毡屋面的要求相同。

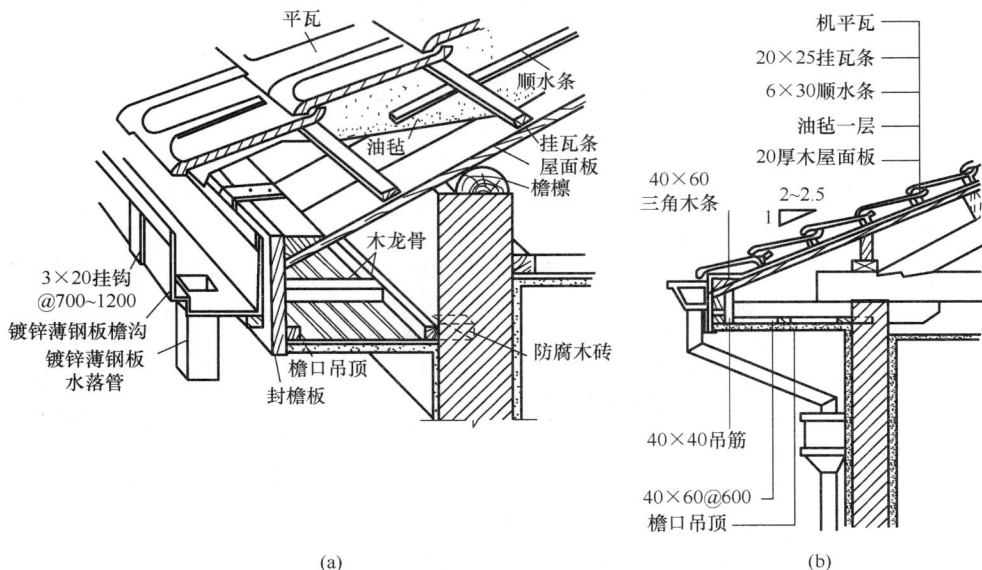

图 7-24 平瓦屋面檐口构造
（a）檐口的剖切透视；（b）檐口构造

B. 山墙檐口构造：根据山墙的位置，可以分为硬山和悬山两种。悬山通常是把檩条挑出山墙，用木封檐板将檩条封住，用 1：2 水泥石灰麻刀砂浆做披水线，将瓦封住（图 7-25）；硬山是把山墙升起后包住檐口，女儿墙与屋面交接处应做泛水处理，并要非常可靠。图 7-26 是硬山泛水构造的举例。

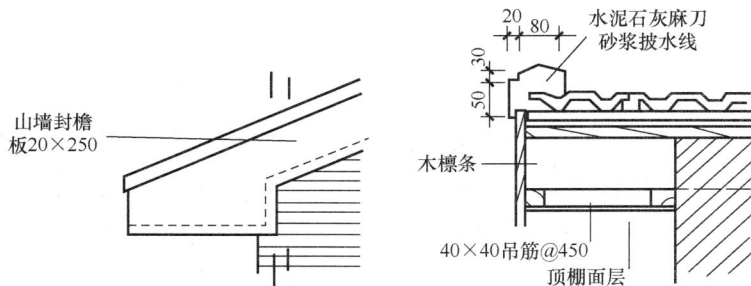

图 7-25 悬山构造

C. 斜沟和天沟的构造：在等高跨或高低跨屋面相交处，常常出现天沟，两个相互垂直的屋面相交则形成斜沟。为了保证屋面雨水及时排除，以及设置防水构造的需要，天沟和斜沟应有足够的断面尺寸，一般天沟的上口宽度不宜小于 300mm，斜沟泛水部位的断面

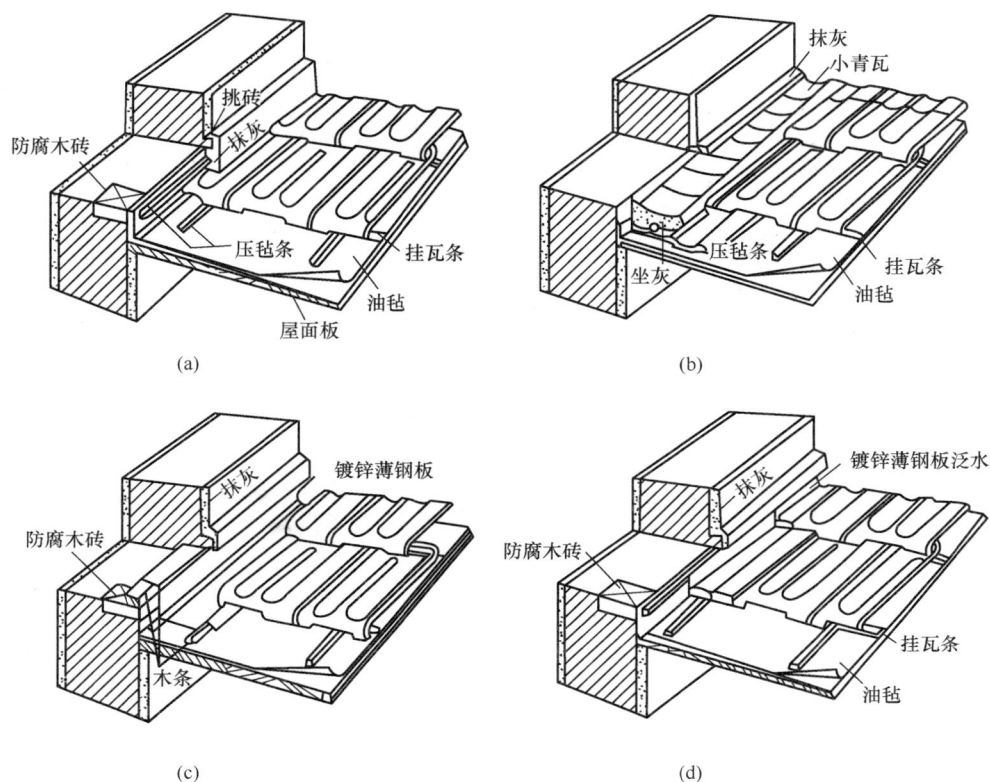

图 7-26 硬山泛水构造

（a）挑砖泛水；（b）小青瓦泛水；（c）通长镀锌薄钢板泛水；（d）镀锌薄钢板踏步泛水

也要足够大。

（7）变形缝的构造

变形缝是一种人工构造缝，包括伸缩缝（温度缝）、沉降缝和防震缝三种缝型，用变形缝把建筑划分成若干个在结构和构造上完全独立的单元，进而达到保证建筑正常使用和保护建筑安全的目的。

1）伸缩缝的构造

① 伸缩缝的作用：伸缩缝又叫温度缝，是为了防止因环境温度变化引起的变形，产生对建筑破坏作用而设置的。一般来说，建筑的长度越大，环境温差越大，积累的变形就越多。当变形引起的内力超过建筑某些部位（如建筑的薄弱部位及设置门窗的部位）构件的抵抗能力时，将会在这些部位产生不规则的竖向裂缝，这将影响建筑的正常使用，同时也会使人们产生不安全的感觉。为了避免这种现象的发生，往往通过设置伸缩缝的办法来设防。

② 伸缩缝的设置

伸缩缝的设置主要遵循以下几点原则：

A. 伸缩缝一般应尽量设置在建筑的中段。当设置几道伸缩缝时，应当使伸缩缝的间距尽量均衡。

B. 以伸缩缝为界，把建筑分成两个独立的温度区。在结构和构造上要完全独立，所以屋顶、楼板、墙体和梁柱要成为独立的结构与构造单元。由于基础埋置在地下,基本不受气温变化的影响,因此仍然可以连在一起。

C.伸缩缝应尽量设置在建筑横墙对位的部位,并采用双横墙双轴线的布置方案,这样可以较好地解决伸缩缝处的构造问题,并把伸缩缝对建筑内部空间影响削减到最小。

③ 伸缩缝的细部构造

伸缩缝的宽度是变形缝中最小的,一般为20～30mm。伸缩缝的细部构造主要应处理好墙体、楼地面和屋面三个部位。

A.墙体伸缩缝的构造:根据伸缩缝所处的部位和走向,墙体伸缩缝构造主要是解决伸缩缝部位的密闭和热工问题,对防水的要求不高。伸缩缝的缝型主要有平缝、错口缝和企口缝三种（图 7-27）。

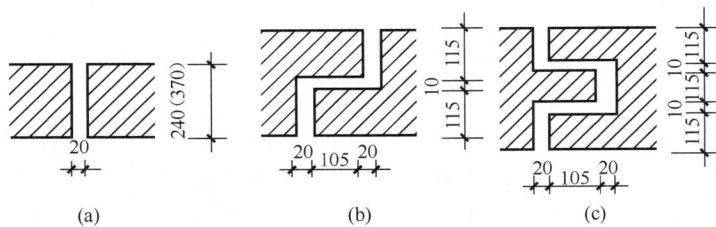

图 7-27　伸缩缝的缝型

(a) 平缝；(b) 错口缝；(c) 企口缝

外墙外表面的缝口一般要用薄金属板或油膏进行盖缝处理,外墙内表面及内墙的缝口一般要用装饰效果较好的木条或金属条盖缝,缝内填充柔性保温材料。图 7-28 是墙体伸缩缝构造的举例。

B.楼地面伸缩缝的构造:伸缩缝在楼地面处的构造主要是解决地面防水和顶棚的装饰问题,缝内也要采用弹性材料做嵌固处理。地面的缝口一般应当用金属、橡胶或塑料压

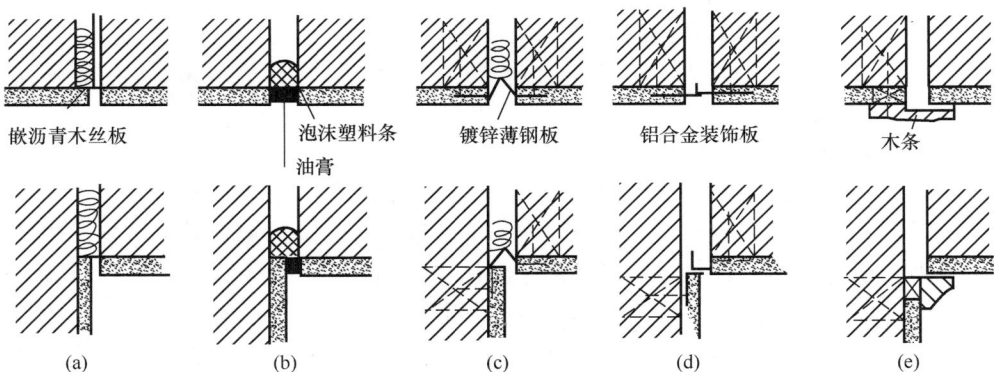

嵌沥青木丝板　　泡沫塑料条油膏　　镀锌薄钢板　　铝合金装饰板　　木条

图 7-28　墙体伸缩缝构造

(a)、(b)、(c) 外墙伸缩缝构造；(d)、(e) 内墙伸缩缝构造

条盖缝,顶棚的缝口一般要用木条、金属压条或塑料压条盖缝。由于伸缩缝处的楼地面也要保证平整、顺畅,因此伸缩缝的位置应当尽量避开地面可能有水的房间。

C.屋面伸缩缝的构造:伸缩缝在屋面的构造主要是解决防水和保温的问题,对美观

的要求不高。重点是要解决好泛水和顶部防水盖板的构造问题，其构造与屋面的防水构造类似。

2）沉降缝的构造

① 沉降缝的作用：沉降缝是为了防止由于建筑不均匀沉降引起的变形带来的破坏作用而设置的，建筑在预期出现较大沉降的部位设置沉降缝，可以有效地避免建筑不均匀沉降带来的破坏作用。

② 沉降缝的设置：沉降缝的设置标准没有伸缩缝的量化程度高，主要根据地基情况、建筑自重、结构形式的差异、施工期的间隔等因素来确定。

③ 沉降缝的细部构造：沉降缝的宽度与地基的性质、建筑预期沉降量的大小以及建筑高低分界处的共同高度有关（即沉降缝的高度）。地基越软弱，建筑的预期沉降量越大，缝的高度越大，沉降缝的宽度也就越大，一般不小于 30mm。

由于沉降缝主要是为了解决建筑的沉降问题，因此要用沉降缝把建筑分成在结构和构造上完全独立的若干个单元。除了屋顶、楼板、墙体和梁柱在结构与构造上要完全独立之外，基础也要完全独立，这也是沉降缝与伸缩缝在构造上最根本的区别之一。

A. 沉降缝的构造处理：沉降缝嵌缝材料的选择及施工方式与伸缩缝的构造基本相同，盖缝材料和基本构造也与伸缩缝相同。但由于沉降缝主要是为了解决建筑的竖向变形问题，因此在盖缝材料的固定方面与伸缩缝有较大的不同，要为沉降缝两侧建筑的沉降留有足够的自由度。图 7-29 是沉降缝构造的举例。

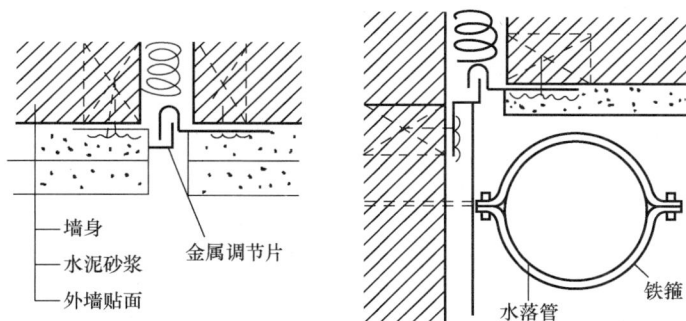

图 7-29 沉降缝的构造

B. 基础沉降缝的处理：由于沉降缝的基础必须要断开，这就给该位置的基础构造带来了特殊的技术问题，需要设计和施工单位密切配合，制定细致的实施方案，认真和妥善地处理。

3）防震缝的构造

① 防震缝的作用：地震与火灾，是影响建筑安全的主要因素。地震对建筑产生直接影响的是地震的烈度，我国把地震的设防烈度分为 1～12 度，其中设防烈度为 1～5 度地区的建筑可以不必考虑地震的影响，6～9 度地区的建筑要有相应的抗震措施，10 度以上地区不适宜建造建筑或在制订专门的抗震方案之后才能进行建筑的设计和施工。

防震缝是为了提高建筑的抗震能力，避免或减少地震对建筑的破坏作用而设置的一种构造措施，也是目前行之有效的建筑抗震措施之一。

② 防震缝的构造处理：地震发生时，建筑顶部受地震的影响较大，而建筑的底部受地震的影响较小，因此防震缝的基础一般不需要断开。防震缝的宽度与地震烈度、场地类别、建筑的功能等因素有关。由于防震缝的缝宽较大，构造处理相当复杂，要充分考虑各种不利因素，确保盖缝条的牢固性以及对变形的适应能力。

（8）幕墙的一般构造

幕墙是现代公共建筑经常采用的一种墙体形式，一般是用金属骨架把各种板材悬挂在建筑主体结构的外侧，有时也可以直接作为建筑的围护结构。幕墙的面板种类较多，常见的有玻璃幕墙、板材（石板、金属板）幕墙。可以根据建筑立面不同进行选择，既可以单一使用，也可以混合使用。

幕墙具有以下特点：

① 装饰效果好、造型美观，丰富了墙面装饰的类别；

② 通常采用拼装组合式构件、施工速度快，维护方便；

③ 自重较轻，具有较好的物理性能；

④ 造价偏高，施工难度较大，部分玻璃幕墙的技能效果不理想、存在光污染现象。

幕墙主要是根据墙面材料的不同来分类，其中玻璃幕墙最为常见。

1）玻璃幕墙的构造

① 玻璃幕墙的分类：玻璃幕墙通常以安装骨架或玻璃固定方式分类。

A. 有框式玻璃幕墙：这种幕墙是用铝合金、不锈钢或其他框材制作成骨架，并与建筑主体连接，然后把幕墙安装在骨架上。有框式玻璃幕墙具有连接可靠、构造简单的优点，造价也较低，但存在骨架与主体建筑为刚性连接，受建筑变形影响大的缺陷。根据玻璃幕墙与骨架之间的位置关系，可以分为框格式、竖框式、横框式和隐框式四种形式（图 7-30）。

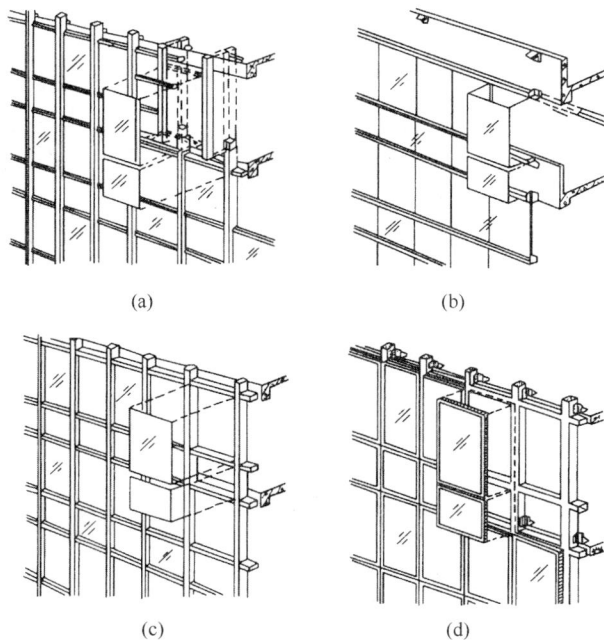

(a) (b)

(c) (d)

图 7-30 有框式玻璃幕墙的分类

（a）竖框式；（b）横框式；（c）框格式；（d）隐框式

B. 点式玻璃幕墙：这种幕墙是在玻璃面板上事先留孔（一般每块面板 4 个或 6 个），然后通过金属锚固件相互连接固定，并与后侧的支撑连接。支撑可以是金属杆件，也可以采用张拉的钢索。支撑与主体建筑之间为柔性连接，玻璃面板之间预留 10mm 左右的空隙，并用胶填缝。点式玻璃幕墙规避了有框式玻璃幕墙的缺陷，目前广泛采用。

C. 全玻璃式幕墙：这种幕墙的面板和支撑均为玻璃构成，支撑为竖向布置的玻璃肋，肋与面板之间一般用胶粘结，也可以利用金属锚具连接。玻璃肋可以悬挂在主体结构上，并应控制在一定的高度范围内。全玻璃式幕墙的通透性好和装饰性好，多在大型公共建筑或厅堂采用。

② 玻璃幕墙所用的材料：构成玻璃幕墙的材料主要有玻璃、支撑材料、连接构件和粘结密封材料。

A. 玻璃：幕墙所用的玻璃必须为安全玻璃（如钢化玻璃、夹丝玻璃等），以保证使用的安全。当幕墙有热工方面的要求时，应采用中空玻璃。为了减少玻璃幕的冷热损失，有利于节能，目前推荐采用低辐射玻璃、变色玻璃等。

B. 支撑材料：幕墙的支撑材料有金属框架和柔性钢索。金属框架多为铝合金、不锈钢以及型钢。铝合金型材表面应做氧化处理，并要保证型材的壁厚在 3mm 以上。不锈钢型材和型钢型材要做好防锈措施。

C. 连接构件：幕墙的连接构件主要有金属锚固件以及各类门窗五金等。

D. 粘结密封材料：幕墙的粘结密封材料多采用硅酮结构胶和硅酮耐候胶。硅酮结构胶一般用来处理玻璃与金属构件之间以及玻璃之间的连接，硅酮耐候胶主要用来嵌缝。

③ 玻璃幕墙的一般构造：幕墙在构造方面主要应解决好以下问题：

A. 结构的安全性：要保证幕墙与建筑主体（支撑体系）之间既要连接牢固，又要有一定的变形空间（包括结构变形和温度变形），以保证幕墙的使用安全。图 7-31 是幕墙节点的举例。

B. 防雷与防火：由于幕墙中使用了大量的金属构件，因此要做好防雷措施（一般要求形成自身防雷体系，并与主体建筑的防雷装置有效连接）。通常情况下，幕墙后侧与主体建筑之间存在一定的缝隙，对隔火、防烟不利，应采取可靠的构造措施进行处理。通常需要在幕墙与楼板、隔墙之间的缝隙内填塞岩棉、矿棉或玻璃丝棉等阻燃材料，并用耐热钢板封闭。

C. 要解决好通风换气的问题：幕墙的通风换气可以用开窗的方法解决，也可以利用在幕墙上下位置预留进出气口，利用空气热压的原理来通风换气。

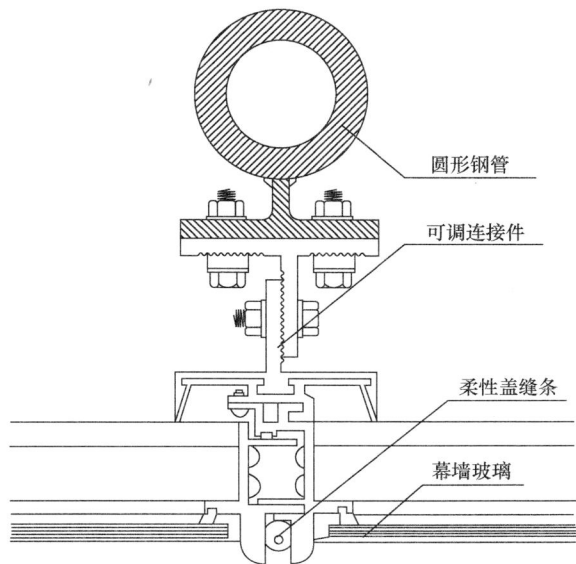

圆形钢管

可调连接件

柔性盖缝条

幕墙玻璃

图 7-31　安装有可调结构件的玻璃幕墙

171

2）石材幕墙构造

① 石材幕墙的分类：石材幕墙通常按照面板材料或安装方式进行分类。

A. 按照面板分类：可以分为天然石材幕墙和人造石材幕墙两种。天然石材可以用在室外，也可以用在室内；人造石材多用在室内。

B. 按照安装体系分类：可以分为有骨架体系和无骨架体系两种。有骨架体系是在建筑主体结构上附着型钢骨架，然后再在骨架上安装面板，是普遍采用的一种体系；无骨架体系是在建筑主体结构上直接固定预埋铁件，然后把面板安装在预埋件上，适用于小面积墙面。

② 石材幕墙的构造：需要事先把板材四角部位开出暗槽（多用于天然石材）或粘结连接构件（多用于人造石材），然后利用特制的连接铁件（要求高强度、耐腐蚀）把板材固定在金属支架上，并用密封胶嵌缝，饰面板材与主体结构之间一般需要留有80～100mm的空隙。由于安装幕墙时需要较大的构造空间，需要在设计阶段就统筹考虑，留出必要的安装空间，并对墙面线脚、门窗洞口处、墙面转角处进行专门的设计和排板。图7-32是石材幕墙构造的举例。

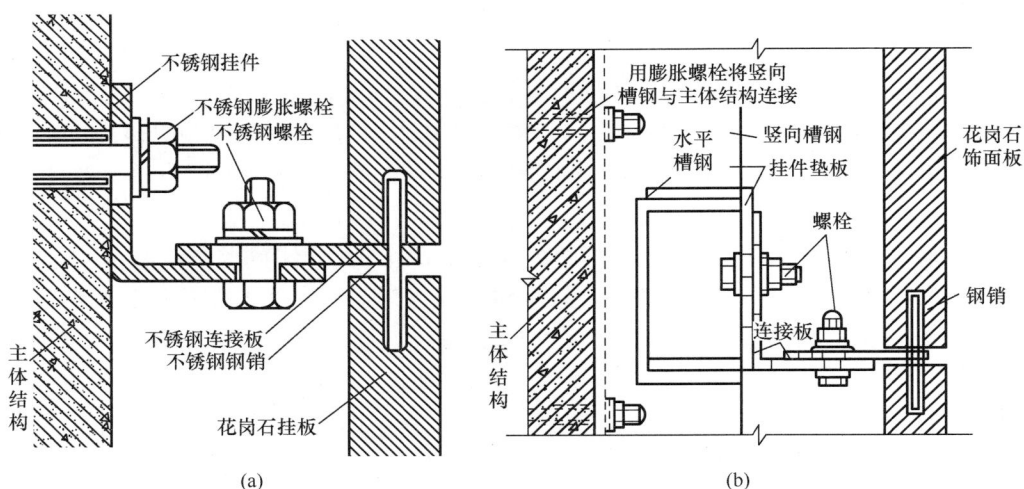

图 7-32　干挂法粘贴石材构造
(a) 无骨架；(b) 有骨架

3）金属幕墙的构造

金属幕墙是近年来兴起的一种幕墙形式，它是用薄铝板、复合铝板以及不锈钢板作为主材，经过压型或折边制成不同规格和形状的饰面板材，然后通过金属骨架或连接件与建筑主体结构相连接，最后用密封材料嵌缝。金属幕墙既可以单独使用，也可以与玻璃幕墙配合使用，多用于外墙面装修。

① 金属幕墙的分类：按照固定面板的方式不同，可以分为附着式和骨架式两种类型：附着式是把金属面板直接安装在主体结构的固定件上；骨架式是把金属面板安装在支撑骨架上，类似于隐框玻璃幕墙的构造，目前广泛采用。

② 骨架式金属幕墙的构造：一般采用铝合金骨架，与建筑主体结构（如墙体、柱、梁等）连接固定，然后把金属面板通过连接件固定在骨架上，也可以把若干块金属面板组

合固定在框格上，然后再固定。图 7-33 是金属幕墙连接构造的举例。

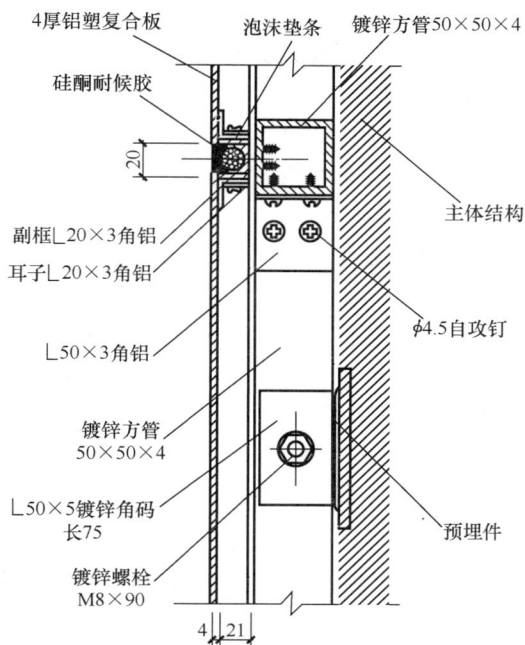

图 7-33　金属幕墙节点

标注：4厚铝塑复合板、泡沫垫条、镀锌方管50×50×4、硅酮耐候胶、副框L20×3角铝、耳子L20×3角铝、主体结构、L50×3角铝、φ4.5自攻钉、镀锌方管50×50×4、L50×5镀锌角码长75、镀锌螺栓M8×90、预埋件

2. 民用建筑室内地面的装饰构造

（1）基本要求与分类

建筑室内地面与人体接触密切，不但要经常受到摩擦、清扫，而且还可能受到冲击和碰撞。因此，地面装饰不但要有良好的装饰效果，还要有可靠的耐用性。

1）基本要求

① 坚固耐磨：能够保证在房间正常使用过程中不易被磨损、破坏，而且要求表面平整、光洁、易清洁和不起灰。

② 热工性能好：面层与人体接触密切，宜采用暖性材料，以保证使用者的舒适性要求。

③ 具有一定的弹性：在保证硬度和耐磨性的同时，应当采用弹性适宜的材料，使人们行走时不致有过硬的感觉。

④ 隔声能力强：楼板传声是室内噪声传播的主要途径，应当通过使用合适的面层材料与施工工艺来达到隔声的目的。

⑤ 其他特殊要求：对有水的房间，地面应具备防潮防水的能力；对有火灾隐患的房间，地面应具备相当的防火能力；对有不良介质的房间，则要求面层具有相应的防护能力。

2）地面装饰的分类

地面装饰一般是依据面层所用的材料来命名的，根据面层施工方法的不同，地面装饰可分为四种类型：整体地面、块材地面、卷材地面和涂料地面。

（2）地面的装饰构造

1）地面的组成

地面一般是由面层、结构层或垫层、基土或基层组成。

面层是指房间室内地面的完成面，直接关系到地面的使用及观感；对楼层而言，结构层是楼板；对首层房间而言，垫层起找平和传递荷载的作用，一般采用 C20 素混凝土或焦渣混凝土，厚度为 60～100mm；首层地面的基层多为素土夯实。

有些房间的地面还需要设置附加层。附加层主要是为了满足某些房间特殊使用功能要求而设置的，如防潮层、防水层、管线敷设层、保温隔热层等。

2）地面常见的装饰构造

① 整体地面：用现场浇筑或涂抹的施工方法做成的地面称为整体地面。常见的有水泥砂浆地面、水磨石地面等。

A. 水泥砂浆地面：水泥砂浆是应用最广泛的一种低档和基础性楼地面做法，它既可以作为完成面使用，也可以作为其他面层的基层。这种地面具有造价低、施工方便、适应性好的优点，但观感差、易结露和起灰、耐磨度一般。

水泥砂浆地面一般先用 15～20mm 厚 1:3 水泥砂浆打底、找平，再以 5～10mm 厚 1:2 或 1:2.5 的水泥砂浆抹面，用抹子拍出净浆，最后撒上干水泥粉揉光，抹平（如果为基础性楼地面，则可省去此道工序）。为了防止面层开裂，可以在结构层变形较大的位置设置分仓缝。

B. 水磨石地面：水磨石地面是用水泥作胶结材料、大理石碎块或白云石等中等硬度石料的石屑作骨料组成的水泥石屑浆作为面层材料，经磨光而成的地面。主要性能与水泥砂浆地面相似，但装饰性能好、耐磨性好、表面光洁、不易起灰，是我国相当长时期内一般公共建筑普遍采用的面层做法，近年来随着新型面层材料的不断涌现，水磨石地面已经比较少见。

水磨石地面一般先用 10～15mm 厚 1:3 水泥砂浆打底并找平，然后按设计的要求固定分格条（图 7-34），分隔条可以用玻璃条、铜条或铝条等。然后用 10mm 厚 1:2.5～1:2 水泥石屑浆抹面，浇水养护后用磨光机磨光，再用草酸清洗，并打蜡保护。地面分格的目的是将地面划分成面积较小的区格，以减少开裂的可能性，便于施工，并可以设计出不同的图案，实现装饰效果。

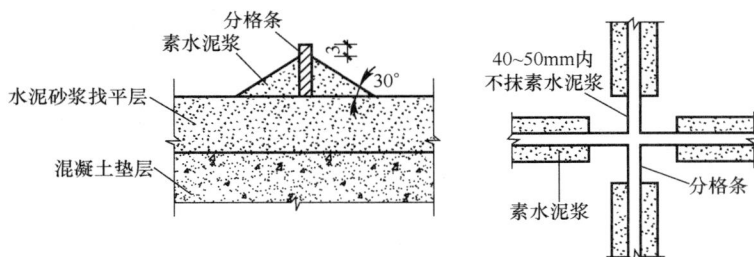

图 7-34 分隔条固定示意

② 块材地面：是指利用各种块材铺贴而成的地面，按面层材料不同有陶瓷类板块地面、石板地面、木地板等。

A. 陶瓷类板块地面：是目前广泛采用的地面做法，常用的材料有缸砖、陶瓷锦砖、釉面陶瓷地砖、瓷土无釉砖、玻化砖等。这种地面具有表面致密光洁、耐磨、耐腐蚀、吸水率低、不变色的特点，但造价偏高，一般适用于公共建筑、用水的房间以及有腐蚀介质的房间，如一般的厅堂、办公室、厕所、盥洗室，浴室和实验室等。

陶瓷类板块地面的铺贴方式一般是在结构层或垫层找平的基础上，用 20mm 厚 1:3 水泥砂浆作粘结层，按事先设计好的顺序铺贴面层材料，最后用干水泥粉或美缝剂嵌缝。

B. 石板地面：石板地面包括天然石材地面和人造石材地面两种材料。

建筑地面用的天然石材主要是大理石和花岗石，人造石材主要有预制水磨石板、人造大理石板等。这些石板尺寸较大，一般为 500mm×500mm～900mm×900mm，铺贴时的工艺要求较高，一般需要预先试铺，合适后再正式粘贴。

石板地面的构造做法是在垫层（结构层）上先用 20～30mm 厚 1:4～1:3 干硬性水

泥砂浆找平，再用5～10mm厚1：1水泥砂浆铺贴石板，并用干水泥粉或水泥浆擦缝。在首层地面也可以采用泼浆的铺法。

C. 木地板：木地板主要分为实木、复合及实木复合三种。

实木地板具有观感好、弹性好、不起灰、不返潮、易清洁、热工性能好的优点，但天然木材的耐火性差、易腐朽、吸潮易变形，且造价较高、耗费资源多。人工复合木地板克服了天然材料木地板的缺陷，目前应用得十分广泛，但某些低端产品存在环保性能不达标问题。实木复合地板综合了实木与复合地板的优点，具有很好的发展前景。木地板是一种档次较高的地面做法，多用于装修标准较高的住宅、宾馆、会议室、体育馆比赛用房、健身房、剧院舞台等建筑中。

木地板按构造方式有空铺式和实铺式两种，空铺木地面耗费木料多、占用空间大，目前已经基本不用。实铺木地面铺设方法较多，目前多采用铺钉式和直铺式做法。

铺钉式实铺木地板多用于对弹性有特殊要求的地面，分为单层和双层做法，单层做法是将木地板直接钉在事先已经固定好的木搁栅上，木搁栅多为50mm×70mm方木，中距一般为400mm；中填50mm×50mm横撑，中距设为800mm。若在木搁栅上加设45°斜铺木毛板，再钉长条木板或拼花地板，就形成了双层做法。为了防腐，可在基层上刷冷底子油一道，涂热沥青玛琋脂两道，木龙骨及横撑等均满涂氟化钠防腐剂。另外，还应在踢脚板处设置通风口，使地板下的空气疏通，以保持干燥。图7-35是铺钉式实铺木地板构造的举例。

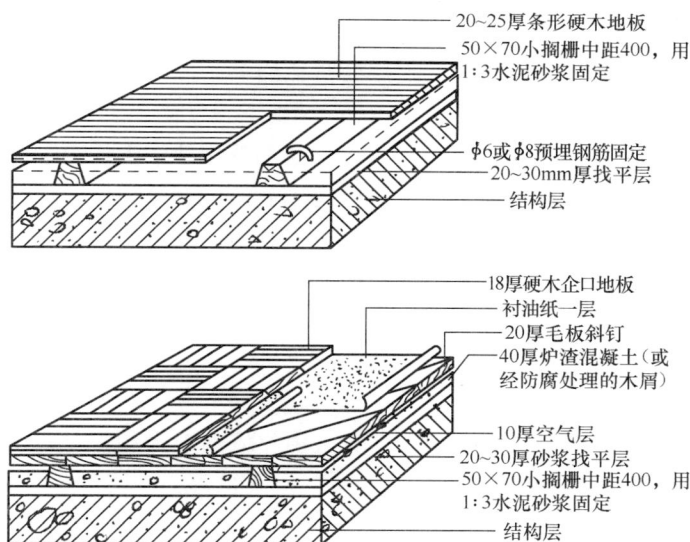

图7-35　铺钉式实铺木地板构造

目前采用较为广泛的复合及实木复合地板均带有裁口，可以自行咬接，在铺贴时一般在水泥砂浆找平层上（对找平层的平整度要求较高）放置防潮垫就可以直接铺贴了，不过要在踢脚下留出一定的变形空隙。

D. 塑料地板：是某些公共建筑经常采用的地面装饰做法，具有脚感舒适、防滑、易清洁、美观的优点，但由于板材较薄，对基层的平整度要求极高（最好为自流平基层）。

塑料地板是用聚氯乙烯树脂为原料，有硬质、半硬质和软质三种。塑料地板采用胶粘的方法铺贴，常用的胶粘剂有氯丁胶、水泥胶、白乳胶等。

③ 卷材地面

卷材地面是用成卷的面层材料铺贴而成，常见的卷材有软质聚氯乙烯塑料地毡、橡胶地毡以及地毯等。

A. 软质聚氯乙烯塑料地毡：经常在大型公共建筑中采用，具有很好的装饰效果。地毡的规格一般为宽700～2000mm、长10～20m、厚1～6mm，通常用胶粘剂粘贴在水泥砂浆找平层上，而且对找平层的平整度要求较高。塑料地毡的拼接缝隙，通常切割成V形，用三角形塑料焊条焊接。

B. 橡胶地毡：它是以橡胶粉为基料，掺入填充料，防老化剂、硫化剂等制成的卷材。它耐磨、防滑、耐湿、绝缘、吸声并富有弹性。橡胶地毡可以干铺，也可以用胶粘剂粘贴在水泥砂浆找平层上。

C. 地毯：类型较多，按地毯面层材料不同有化纤地毯、羊毛地毯、棉织地毯等。地毯柔软舒适、吸声、隔声、保温、美观，而且施工简便，是理想的地面装修材料，但价格较高。铺设方法有固定和不固定两种。固定式通常是将地毯用胶粘剂粘贴在地面上，或将地毯四周用事先固定在地面上的倒刺板钉牢。有些房间为了增加地面的弹性和消声能力，还要在地毯下面铺设一层泡沫橡胶衬垫。

④ 涂料地面

涂料地面是利用涂料涂刷或涂刮而成的。它是水泥砂浆地面的一种表面处理形式，主要是为了弥补水泥砂浆地面在使用和装饰方面的缺陷。

地板油漆是传统的地面涂料，它与水泥砂浆地面粘结性差、易磨损、脱落，目前已逐步被人工合成高分子材料所取代。

人工合成高分子涂料是由合成树脂代替水泥或部分代替水泥，再加入填料、颜料等搅拌混合而成的材料，经现场涂布施工，硬化以后形成整体的涂料地面。它的突出特点是无缝、易于清洁，并且施工方便，造价较低，可以提高地面的耐磨性、韧性和不透水性。适用于一般建筑的地面装修。也可在水泥砂浆面层上涂刷丙烯酸涂料，可以有多种颜色，多用于会展建筑、交通建筑、停车库。

3. 民用建筑室内墙面的装饰构造

室内墙面装饰是建筑装修的重要组成部分，由于墙面对人的视觉吸引力较强，因此对建筑室内形象影响极大，也是室内装修的重点。

（1）基本要求与分类

1）基本要求

① 装饰效果好、便于维护：应具有良好的色彩、观感和质感、便于清扫和维护。

② 适应建筑的使用功能要求：可以与室内空间及陈设融为一体，并满足使用功能对室内光线、音质的要求。

③ 适应环境因素的影响：适应室内各种介质对材料和构造的要求。

④ 经济可靠，便于实施：应当施工方便、节能环保、造价合理。

2）墙面装饰的分类

按材料及施工方式，主要可以分为抹灰类、贴面类、涂料类、裱糊类和铺钉类。

（2）墙面常见的装饰构造

① 抹灰类墙面：抹灰墙面是传统和基础的饰面做法，既可以作为墙体的完成面，往往又是其他装修做法的基础工程。通常采用砂浆或石渣浆借助工具抹在墙体表面，具有材料来源广泛，施工操作简便，造价低廉的优点，因此在墙面装修中普遍应用。

抹灰类墙面在施工时一般要分层操作。普通抹灰分底层和面层两遍成活；对一些标准较高的高级抹灰，要在底层和面层之间增加一个中间层，即三遍成活。不论是两遍成活还是三遍成活，抹灰的总厚度一般控制在 15～20mm。底层抹灰的作用是保证抹灰能够与墙体表面有效粘结和初步找平，普通砌筑墙体常用石灰砂浆和混合砂浆，混凝土墙则应采用混合砂浆和水泥砂浆，在抹灰之前要把墙体淋湿；中层抹灰的作用主要是找平，所用材料与底层基本相同，也可以根据装修要求选用其他材料；面层抹灰的作用是要达到预期的装修效果，是抹灰构造中最重要的一环。要求表面平整、色彩均匀、无裂纹，并根据设计要求做成光滑、粗糙等不同质感的表面。

在室内抹灰中，对人群活动频繁、易受碰撞或有防水、防潮要求的墙面，常采用 1∶3 水泥砂浆打底，1∶2 水泥砂浆或水磨石罩面，高约 1.5m 的墙裙。对于易被碰撞的内墙阳角，宜用 1∶2 水泥砂浆做护角，高度不应小于 2m，每侧宽度不应小于 50mm（图 7-36）。

随着大模板应用的普及，许多钢筋混凝土墙表面的平整度达标（成为清水混凝土），可直接刮腻子，做饰面。

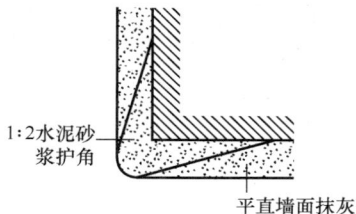

1∶2水泥砂浆护角

平直墙面抹灰

图 7-36 护角做法

② 贴面类墙面

贴面类装修是目前采用最多的一种墙面装饰做法，包括粘贴、绑扎、悬挂等多种工艺。它具有耐久性长、装饰效果好、容易养护与清洗等优点。常用的贴面材料有花岗石板和大理石板等天然石板、饰面砖、瓷砖、陶瓷锦砖和玻璃制品等人造板材。在选择材料时，除了要注意材料的装饰效果、价格、耐久性及操作性之外，还要特别注意材料的放射性指标等是否符合有关环保标准的要求。

A. 饰面砖：饰面砖多数是以陶土和瓷土为原料，压制成型后煅烧而成的，是目前在室内墙面装修普遍采用的饰面材料。饰面砖一般分挂釉和不挂釉两种，表面的色彩与质感也多种多样。釉面砖主要用于建筑内墙面的装修。

饰面砖等贴面类材料一般用水泥砂浆作为粘结材料。铺贴前应先将墙面清洗干净，然后将饰面砖放入水中浸泡一段时间，粘贴前去除表面的水分。先抹 15mm 厚 1∶3 水泥砂浆打底找平，再抹 5mm 厚 1∶1 水泥细砂砂浆作为粘贴层。为了延长砂浆的初凝时间，可以在砂浆中掺入一定比例的 108 胶。饰面砖的排列方式和接缝大小对立面效果有一定影响，通常有横铺、竖铺、错开排列等；还可以根据装饰效果的需要，采用留缝或不留缝的铺贴方式。

B. 陶瓷锦砖：陶瓷锦砖又名马赛克，是用优质陶土烧制而成的小块瓷砖，并在出厂时拼接粘贴在一张背纸上，有挂釉和不挂釉两种。陶瓷锦砖质地坚硬、色泽柔和，具有造价较低，观感好的优点，但清洗比较麻烦。

陶瓷锦砖铺贴时将纸面朝外整块粘贴在 1∶1 水泥细砂砂浆上,注意对缝找平,待砂浆凝结后,淋水浸湿,然后去除背纸,用白水泥粉嵌缝即可。

C. 石板墙面装修:天然石板具有强度高、结构密实、不易污染、装修效果好等优点。但由于加工复杂、造价高,一般多用于高级墙面装修中。人造石板一般由白水泥、彩色石子、颜料等配合而成,具有天然石材的花纹和质感、重量轻、表面光洁、色彩多样、造价较低等优点,常见的有水磨石板、仿大理石板等。

石板墙面根据施工工艺的不同分为湿挂法和干挂法两种。

湿挂法一般需要先在主体墙面固定由 $\phi8\sim\phi10$ 钢筋制作的钢筋网,再用双股铜线或镀锌钢丝穿过事先在石板上钻好的孔眼(人造石板则利用预埋在板中的安装环),将石板绑扎在钢筋网上。上下两块石板用不锈钢卡销固定。石板与墙之间一般留 30mm 缝隙,上部用定位活动木楔做临时固定,校正无误后,在板与墙之间分层浇筑 1∶2.5 水泥砂浆,每次灌入高度不应超过 200mm。待砂浆初凝后,取掉定位活动木楔,继续上层石板的安装。由于这种施工方法存在板缝漏浆、板材表面容易被砂浆污染、与主体结构为刚性连接、粘结可靠性稍差,需要逐层粘贴、施工效率低的缺陷,目前已经较少采用。图 7-37 是湿挂法构造的举例。

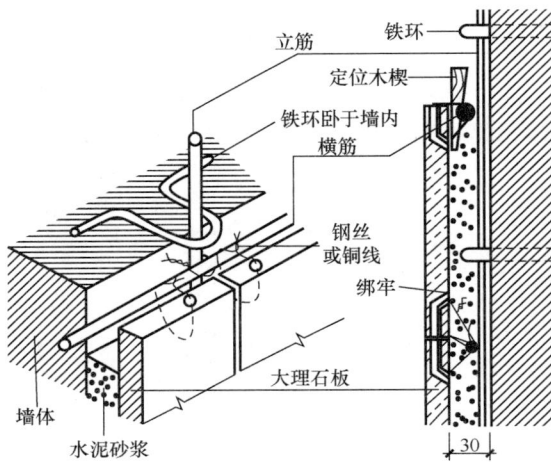

图 7-37　湿挂法粘贴石材构造

干挂法施工构造与幕墙基本相同。

③ 涂刷类墙面

涂刷类墙面是指利用各种涂料敷设于基层表面而形成完整牢固的膜层,达到装饰墙面作用的一种装修做法。其具有造价低、装饰性好、工期短、工效高、自重轻以及操作简单、维修方便、更新快等特点,因而在建筑上得到了广泛的应用和发展。

涂料可分为无机涂料和有机涂料两大类。

A. 无机涂料:无机涂料有普通无机涂料和无机高分子涂料。普通无机涂料主要有石灰浆、大白浆、可赛银浆等,多用于一般标准的室内装修。无机高分子涂料有 JH80-1 型、JH80-2 型、JHN84-1 型、F832 型、LH-82 型、HT-1 型等。其具有耐水、耐酸碱、抗冻性、装修效果好、价格较高等特点,多用于外墙面装修和有耐擦洗要求的内墙面装修。

B. 有机涂料:有机涂料依其主要成膜物质与稀释剂不同,有溶剂型涂料、水溶性涂料和乳液涂料三类:溶剂型涂料有传统的油漆涂料、苯乙烯内墙涂料、聚乙烯醇缩丁醛内(外)墙涂料、过氯乙烯内墙涂料等;水溶性涂料有聚乙烯醇水玻璃内墙涂料(即 106 涂料)、聚合物水泥砂浆饰面涂层、改性水玻璃内墙涂料、108 内墙涂料、ST-803 内墙涂料、JGY-821 内墙涂料、801 内墙涂料等;乳液涂料又称乳胶漆,常见的有乙丙乳胶涂料、苯丙乳胶涂料等，多用于内墙装修。

涂料类墙面一般分为刷涂、滚涂和喷涂三种施工方法。采用溶剂型和水溶性涂料时，后一遍涂料必须在前一遍涂料干燥后进行，否则易发生皱皮、开裂等质量问题。每遍涂料均应施涂均匀，各层结合牢固。当采用双组分和多组分的涂料时，施涂前应严格按产品说明书规定的配合比，根据使用情况分批混合，并在规定的时间内用完。

④ 裱糊类墙面

裱糊类墙面是将各种墙纸、墙布、织锦等卷材类的装饰材料裱糊在墙面上的一种装修做法。常用的有 PVC 塑料壁纸、复合壁纸、草编壁纸、玻璃纤维墙布等。裱糊类墙体饰面具有装饰性强、造价较经济、施工简便、自身变形能力强和材料更替方便的优点。

裱糊施工时，基层涂抹的粘结材料应坚实牢固，不得粉化、起皮和开裂。为达到基层平整效果，通常在清洁的基层上用胶皮刮板刮平，刮的遍数视基层的情况不同而定。对有防水或防潮要求的墙体，应对基层做防潮处理，在基层均匀地涂刷防潮底漆。墙面应采用整幅裱糊，并统一预排对花拼缝。裱糊的顺序为先上后下，先高后低，应使饰面材料的长边对准基层上弹出的垂直准线，用刮板或胶辊赶平压实。阴阳转角应垂直，棱角分明。阴角处墙纸（布）搭接顺光，阳角处不得有接缝，并应包角压实。

目前有自粘壁纸，减少了涂胶工序，施工便捷，成品观感效果较好。

⑤ 铺钉类墙面

铺钉类墙面装修是将各种天然或人造薄板镶钉在墙面上的装修做法，其构造与骨架隔墙相似，由骨架和面板两部分组成。施工时先在墙面上立骨架（墙筋），然后在骨架上铺钉装饰面板。

骨架分木骨架和金属骨架两种，采用木骨架时为满足防火安全需要应在木骨架表面涂刷防火涂料。骨架间及横档的距离一般根据面板的尺度而定。为防止因墙面受潮损坏骨架和面板，常在立筋前在墙面抹一层 10mm 厚的混合砂浆，并涂刷热沥青两道，或粘贴油毡一层。

室内墙面装修用面板，一般采用硬木条板、胶合板、纤维板、石膏板及各种吸声板等。硬木条板装修是将各种截面形式的条板密排竖直镶钉在横撑上。胶合板、纤维板等人造薄板可用圆钉或木螺钉直接固定在木骨架上，板间留有 5～8mm 缝隙，以保证面板有微量伸缩的可能，也可用木压条或铜、铝等金属压条盖缝。石膏板与金属骨架的连接一般用自攻螺钉或电钻钻孔后用镀锌螺栓。图 7-38 是木墙裙构造的举例。

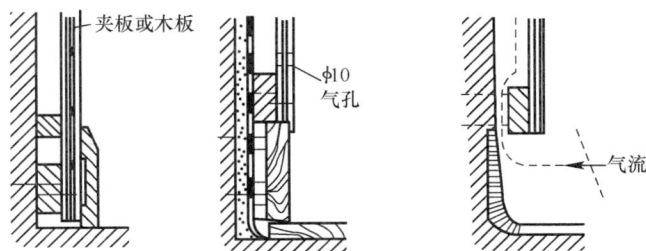

图 7-38　木墙裙构造

4. 民用建筑室内顶棚的装饰构造

（1）基本要求与分类

顶棚和地面一起构成了室内两个主要的平面，位置显眼，对室内效果影响极大，也是室内装饰的重点。顶棚属于悬空构件，需要依靠楼板或梁来维系，要有可靠的连接，自身的结构要求和防火性能要求也很高，需要认真对待。

1）顶棚装饰的分类

① 按照顶棚与主体结构的关系，可以分为直接顶棚和吊顶棚。

② 按照施工工艺的不同，可以分为抹灰类顶棚、贴面类顶棚、裱糊类顶棚和装配式顶棚。

③ 按照面层材料的不同，一般可以分为石膏板顶棚、金属板顶棚、木质顶棚等。

④ 按照承载的能力，可以分为上人顶棚和不上人顶棚。

顶棚有时也可以按照外观以及楼板结构层的显露方式进行分类。

2）顶棚装饰的构造要求

① 满足装饰和空间的要求：应具有良好的装饰效果，达到调整室内空间比例和室内顶部造型的目的。

② 具有可靠的技术性能：应具有足够的结构强度和防火能力，满足有关的技术要求。

③ 具有良好的物理功能：能够解决室内音质、照明的要求。

④ 提供设备空间：有时还要满足在吊顶内部设置设备管线的要求。

（2）顶棚常见的装饰构造

① 直接顶棚：是指在主体结构层（楼板或屋面板）下表面直接进行装饰处理的顶棚。它具有构造简单、节省空间的优点，多在装饰标准较低及面积较小的房间采用。

A. 抹灰顶棚：这种顶棚通常是用20mm厚1：3：9混合砂浆抹灰，一般是两遍成活，要求与墙面抹灰基本相同。目前在许多工程中普遍采用大模板技术，混凝土拆模后的平整度可以满足顶棚的观感要求，往往不另外抹灰，而是直接刮腻子，然后进行罩面装饰施工。

B. 直接铺钉饰面板顶棚：它也属于直接顶棚。它和吊顶棚的根本区别在于不设顶棚吊杆，而直接在主体结构下表面铺设龙骨，然后再设置饰面板（图7-39）。这种吊顶多用木质龙骨，断面一般为40mm×40mm或40mm×60mm，龙骨通常用射钉与结构层连接。对结构层的平整度要求较高，当存在较小的误差时，可以设置垫木作调整。

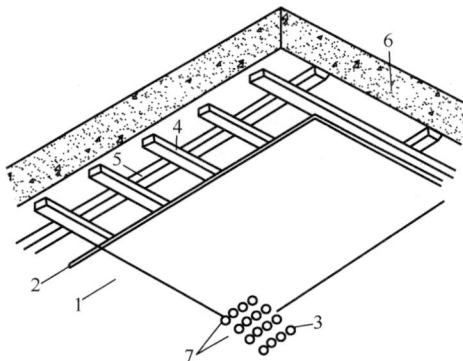

图7-39 直接铺钉饰面板顶棚构造

1—饰面穿孔石膏板；2—矿棉；3—纤维网；
4—次龙骨；5—主龙骨；6—楼板；7—腻子刮平

② 吊顶棚：具有装饰效果好、变化多样、可以改善室内空间比例，具有适应视听要求较高的厅堂要求以及方便布置设备管线的优点，在室内装饰要求较高的民用建筑中广泛采用，做法也非常多。

A. 轻钢龙骨吊顶：轻钢龙骨吊顶的选材与同类墙体基本相同，构造要求也相差不多。这种吊顶一般是由吊杆、轻钢骨架和罩面板构成，有时为了满足设置照明、空调和检修的要求，还要设置一些特殊的构造（图 7-40）。

吊杆是连接轻钢龙骨和结构层的传力构件，多采用型钢、钢筋或轻钢型材。吊杆的上端一般采用膨胀螺栓或预埋钢筋与结构层连接，下端通过螺杆与轻钢龙骨格栅连接。吊杆的强度应满足承担吊顶全部荷载的需要，并应能在一定范围内上下调整高度。

轻钢骨架选用镀锌挤压型材制作，断面多为 U 形、C 形。轻钢龙骨由大龙骨、中龙骨和小龙骨组成，同时还有配套的连接构件。龙骨的布置应当根据吊顶的自重、设备荷载以及是否上人，通过计算决定。

罩面板的种类很多，一般多为纸面石膏板，有时也可以根据需要选用金属面板、塑料面板或木质面板。

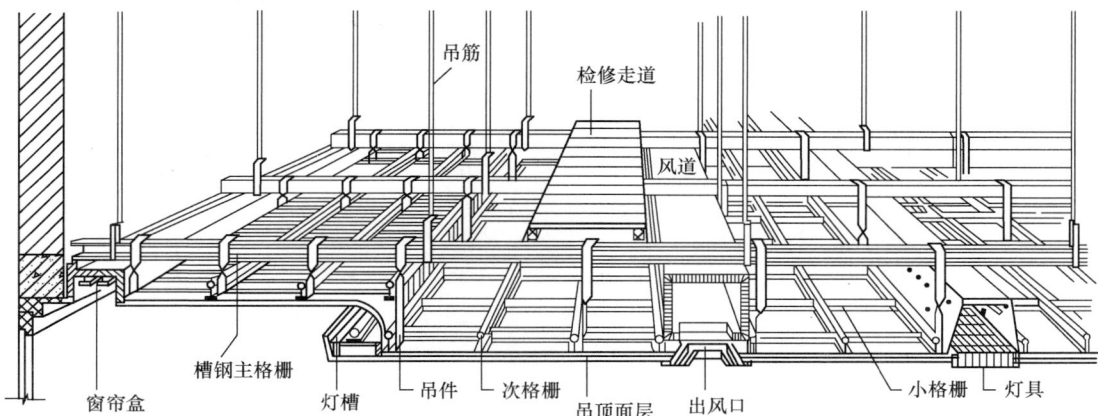

图 7-40　轻钢龙骨吊顶示意

B. 矿棉吸声板吊顶：这种吊顶多用于对室内音响效果有一定要求的厅堂或专用房间（如机房），吊杆及格栅的选材和构造与轻钢龙骨吊顶基本相同。矿棉吸声板的厚度一般在 9~25mm，形状多为正方形，少数为矩形。吸声板的搁置方法有两种：一种是把吸声板直接搁置在 T 形龙骨上，铝合金龙骨外露，俗称"明架"做法（图 7-41）；另外一种是事先在吸声板侧面切割出暗缝，然后把龙骨嵌入暗缝内，龙骨不外露，俗称"暗架"做法（图 7-42）。

C. 金属方板吊顶：金属方板吊顶是采用镀锌压型薄板（多为三角形断面）为龙骨，正方形或长方形金属面板作为罩面板的吊顶。面板与龙骨的连接多为"嵌入式"，也有"搁置式"的安装方式。这种吊顶具有很好的集约性，可以把灯具、通风口、广播口等设备与吊顶协调一致，具有很好的装饰性，多在商业建筑、住宅的厨房、卫生间采用。图 7-43 是"嵌入式"金属方板吊顶构造的举例。

D. 开敞式吊顶：这种吊顶的罩面是通透的，又称为格栅式吊顶，多在商业建筑中采用。吊顶格栅可以是木制，也可以是金属或塑料，可以在格栅中或吊顶空间内设置灯具、空调及通风及防火设备等。当吊顶格栅与吊顶内部的色彩有机结合时，可以获得具有现代化风格的装饰效果。

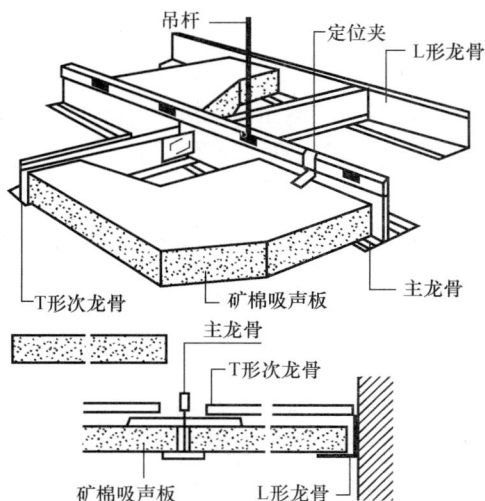

图 7-41 "明架"吸声板吊顶构造示意

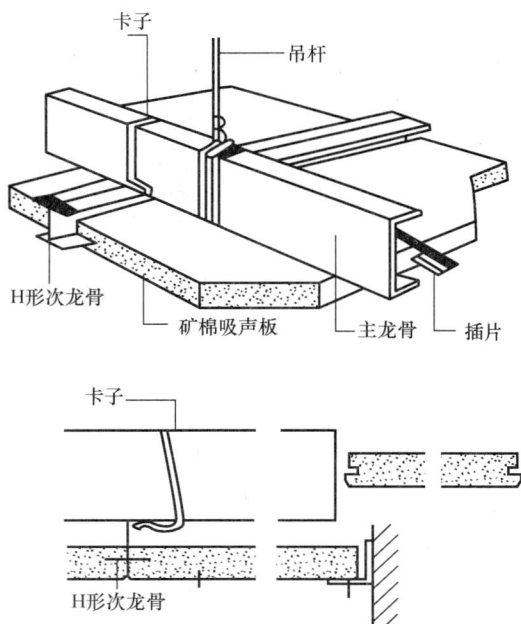

图 7-42 "暗架"吸声板吊顶构造示意

182

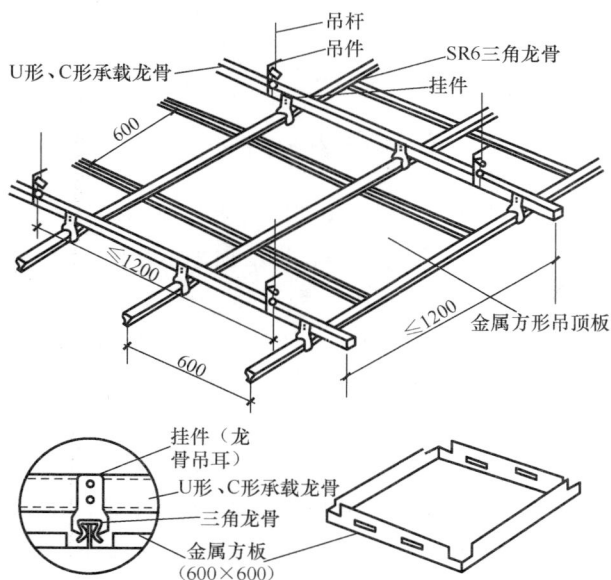

图 7-43 "嵌入式"金属方板吊顶构造

　　开敞式吊顶的安装主要有两种方式:一种是把格栅实现连接成整体,直接与吊杆相连,适用于格栅自重较轻的情况(图 7-44a);另一种是把格栅吊在骨架上,通过骨架与吊杆相连,适用于格栅自重较大的情况(图 7-44b)。

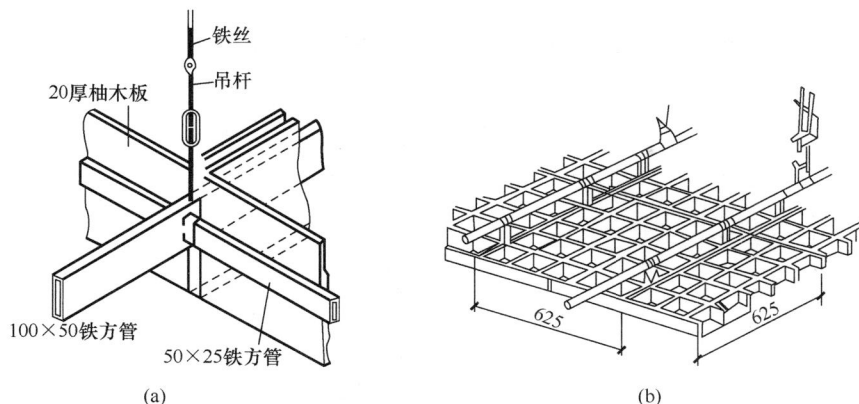

图 7-44　开敞式吊顶构造

（a）直接悬挂；（b）通过龙骨悬挂

5. 民用建筑常用门窗的构造

门窗虽然不属于建筑的主体结构，但与建筑的使用舒适性和节能关系密切，同时也是室内装修的重要组成部分。门窗的分类方式相差不多，主要可以按照所用材料、开启方式进行分类。如：按照所用材料主要分为木门窗、钢门窗、铝合金门窗、塑料门窗等；按照开启方式主要分为平开门窗、弹簧门、推拉门窗等。门的开启方式要比窗多一些，如：上翻门、下滑门、折叠门、卷帘门、旋转门等。门与窗的开启方式可以从图纸上反映出来，图 7-45 是门开启方式的举例，图 7-46 是窗开启方式的举例。

门在建筑中的作用主要是正常通行和安全疏散、隔离与围护、装饰建筑空间、间接采光和实现空气对流。

窗在建筑中的作用主要是采光和日照、通风、围护、装饰建筑空间。

门的洞口尺寸要满足人流通行、疏散以及搬运家具设备的需要，同时还应尽量符合建筑模数协调的有关规定。大多数房间门的宽度为 900~1000mm，人流集中房间门的宽度应通过计算确定（每 100 人拥有的门洞总宽度，称为百人指标）。对一些面积小、使用人数少、家具设备尺寸小的房间，门的宽度可以适当减小。当门洞的宽度较大时，可以采用双扇门或多扇门，而单扇门的宽度一般在 1000mm 之内。门洞的高度一般在 2000mm 以上，当门洞高度较大时，通常在门洞上部设亮子。

窗的尺寸主要是根据房间采光和通风的要求来确定，同时也要考虑建筑立面造型和结构方面的要求。窗扇需要开启灵活，为了节省用料、减少占地空间及确保窗的坚固性，窗扇的尺寸不宜过大，在大多数情况下都是在一个窗洞里面由若干个窗扇组合而成。平开窗扇的宽度一般不超过 600mm，高度一般不超过 1500mm，当窗洞高度较大时，可以加设亮窗。

门通常由门框、门扇、门用五金零件组成（图 7-47）。门框是门扇与墙体之间的连接构件，主要起固定门扇的作用，应当在洞口中镶嵌牢固。门扇根据用材及镶嵌材料的不同分成不同的种类，如全木门、全玻璃门、半玻璃门、百叶门、金属门、塑料门等。门用五金零件主要有门轴、拉手与锁具、插销等。当房间的装修标准较高时，多采用专业厂家生

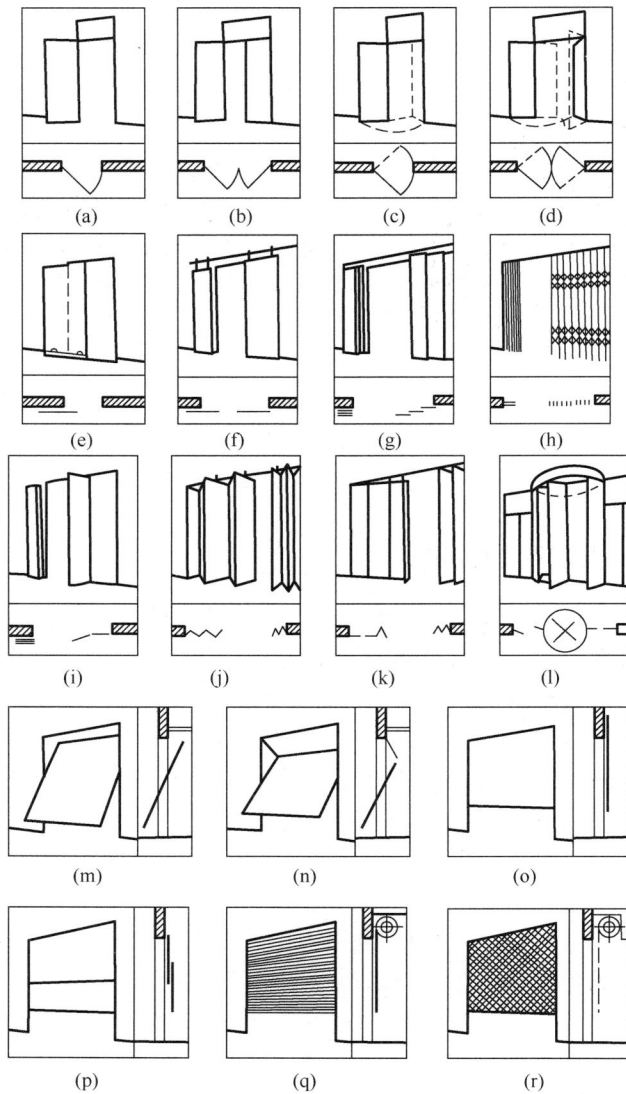

图 7-45　门开启方式的举例

（a）单扇平开门；（b）双扇平开门；（c）单扇弹簧门；（d）双扇弹簧门；（e）单扇推拉门；

（f）双扇推拉门；（g）多扇推拉门；（h）帘板卷帘门；（i）侧挂折叠门；（j）中悬折叠门；

（k）侧悬折叠门；（l）转门；（m）上翻门；（n）折叠上翻门；（o）单扇升降门；（p）双扇升降门；

（q）帘板卷帘门；（r）空格卷帘门

产的实木门或复合实木门等装饰效果好的门型，往往还要对门洞进行包口处理，通常要加设贴脸及筒子板。

　　窗一般是由窗框、窗扇、五金零件组成。窗框是窗扇与墙体的连接构件，由上框、下框、边框及中横框、中竖框组成。窗扇是窗的主体部分，窗扇分成开启扇和固定扇两种，由上冒头、下冒头、边框、窗芯（窗棂）、镶嵌材料（玻璃、窗纱、百叶）组成。五金零件包括铰链、窗用五金套件等。图 7-48 是窗的组成示意图。

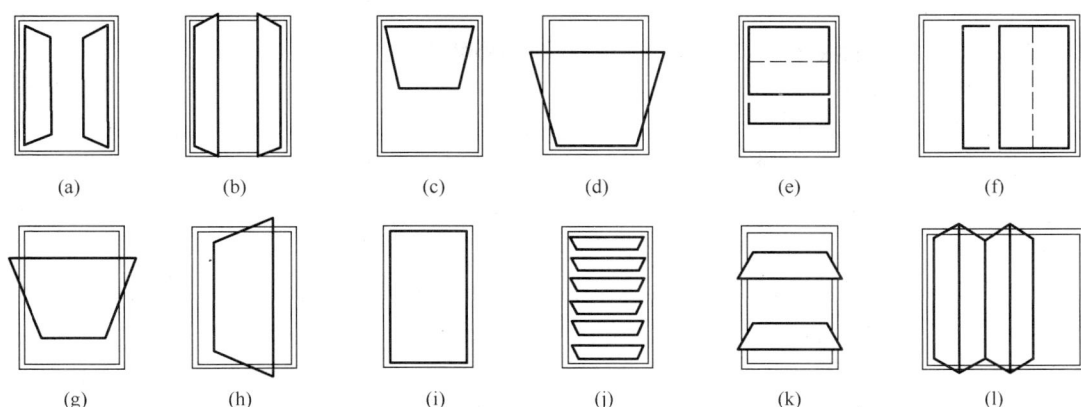

图 7-46　窗开启方式的举例

(a) 外平开窗；(b) 内平开窗；(c) 上悬窗；(d) 下悬窗；(e) 垂直推拉窗；(f) 水平推拉窗；
(g) 中悬窗；(h) 立转窗；(i) 固定窗；(j) 百叶窗；(k) 滑轴窗；(l) 折叠窗

随着建筑技术的进步和对自然环境的重视，木窗及钢窗已经基本退出建筑市场，塑钢窗和铝合金窗被广泛应用。一般建筑普遍采用塑钢门窗，铝合金门、木门多用于装饰水平较高的建筑。

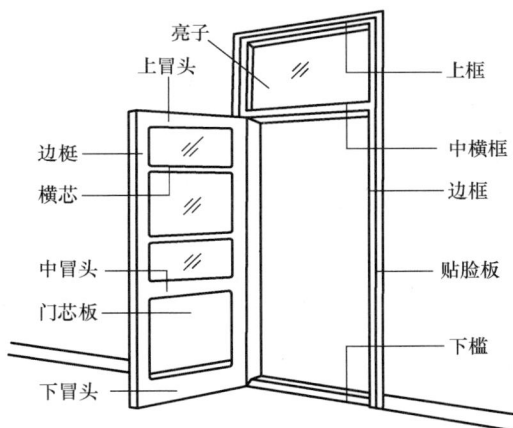

图 7-47　门的组成

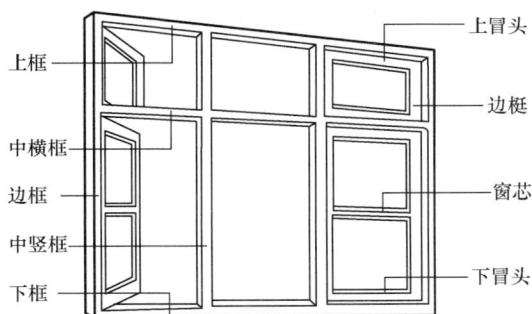

图 7-48　窗的组成

（1）塑钢门窗的基本构造

1）主要特点

塑料门窗是继木门窗、钢门窗、铝合金门窗之后的第四代新型门窗。塑料门窗具有良好的热工性能和密闭性能，防火性能好、耐潮湿、耐腐蚀，其外观和加工精度也能满足一般民用建筑的要求，能够适应我国建筑节能的技术要求，优点十分突出。塑料窗通常采用聚氯乙烯（PVC）与氯化聚乙烯共混树脂为主材，加入一定比例的添加剂，经挤压加工形成。型材的导热系数与松木的导热系数基本相同，但由于 PVC 型材的内部密闭空腔具有良好的阻热性能，因此制成门窗之后的导热系数约为木门窗的 1/4，铝合金门窗的 1/14。

2）基本构造

由于塑料型材具有良好的热工性能，因此塑料门窗通常只设单层框。对门窗的热工要求较高时，可以在单层门窗扇上设置间距 8～10mm 的双层玻璃，以解决保温隔热的问题。双层玻璃一般采用 3mm 或 4mm 厚的平板玻璃，事先用铝制密封条包围四周并粘结封闭牢固，玻璃之间应注入惰性气体或干燥空气，铝制密封条预留扩散孔并内置干燥剂，然后整体安装在门窗扇上。在严寒地区，为了达到建筑节能的标准，可以采用三层玻璃。

为了增加塑料型材的刚度，可以在塑料型材内腔中镶入增加抗压弯作用的钢衬或加强筋，然后通过切割、钻孔、熔接等工艺制成窗框，因此塑料窗又称为塑钢窗。塑料型材应为多腔体（一般至少为三腔结构：密闭的排水腔、隔离腔和增强腔），一般情况下，塑料型材框扇外壁厚度不小于 2.5mm。图 7-49 为塑料窗的细部构造举例。

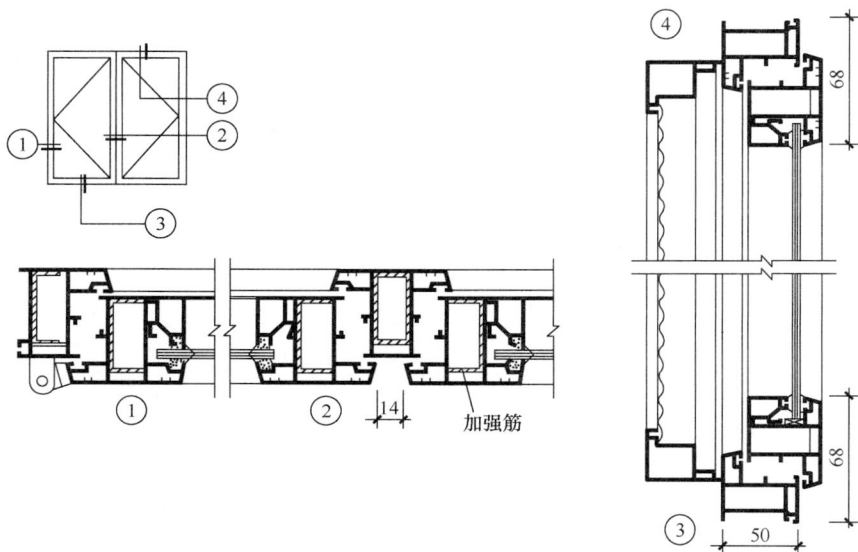

图 7-49 塑料窗的细部构造举例

3）彩色塑钢窗

塑料型材通常为白色。优质的塑料型材内含抗老化、防紫外线的助剂，表面光洁、颜色青白。而劣质再生型材含钙量较高，防晒能力差，表面泛黄，使用数年之后颜色越来越黄，并产生变形、老化、脆裂的现象。塑料型材为单一的白色，有时与建筑立面风格不易协调。为了改变塑钢门窗颜色单一的局面，目前我国开始采用彩色塑钢窗。彩色塑钢窗的着色工艺主要有以下三种：

① 双色共挤彩色塑钢窗：这种窗料通过在型材生产时加入双色共挤设备，为塑料型材着色。由于工艺设备和模具投资较大，生产成本高，型材的耐候性能差，目前较少采用。

② 彩色薄膜塑钢窗：这种工艺是在白色的塑料型材表面贴上一层彩色薄膜，称为覆盖式工艺。由于生产的型材怕碰撞，在运输、安装过程中容易出现"划膜"的现象，而且

耐候性能差，目前已经基本被淘汰。

③ 喷塑着色彩色塑钢窗：这种工艺是在型材或成窗骨架表面喷涂特种 PVC-U 型材专用的着色涂料，称为喷塑着色工艺，能使涂料渗透进型材表面，涂料和型材结合牢固，耐候性可达到 15～30 年。而且能够双面喷涂，窗在室内外的颜色可以根据需要灵活选择，优点较多。

4）铝塑门窗

由于目前塑钢门窗在观感和质感方面还有较大的改进空间，因此当建筑外观要求较高时，塑料门窗的观感效果就有可能满足不了要求，目前有一种在塑料型材外侧包上彩色铝合金饰面型材的做法，其外观漂亮、不褪色，称为铝塑窗。断桥式铝塑复合门窗代表了当前的先进水平。这种门窗是用塑料型材把室内外两层铝合金面材既隔开又连接成一个整体（俗称"断桥式"铝塑门窗），构成一种新的隔热铝型材，其保温性能与塑钢门窗相同。具有外形美观、气密性好、隔声效果好、节能效果好的特点。

（2）金属门窗的基本构造

为了节省木材，我国长期利用金属材料制作门窗框料，主要有铝合金及型钢（实腹和空腹），由于钢制门窗的加工进度不高，热工性能和观感差，满足不了节能和使用要求，还存在锈蚀的问题，目前在民用建筑中已经很少被采用。而铝合金窗的优点较多，是金属门窗的主体。

1）铝合金窗的主要特点

铝合金型材属于薄壁结构，它与钢制门窗相比具有自重轻、强度高、外形美观、色彩多样、加工精度高、密封性能好、耐腐蚀、易保养的优点。但铝合金门窗型材的热工性能稍差，而且造价也偏高。

铝合金门窗型材属于工业铝合金中的变形铝合金，通过表面处理，提高耐腐蚀性并获得某种颜色，处理方法不同，获得的颜色也不相同。目前铝合金表面主要有：浅茶、青铜、黑、淡黄、金黄、褐、银白、银灰、灰白、深灰；另外还有橙黄、琥珀色、灰褐、黄绿、蓝绿、橄榄绿、粉红、红褐、紫色、木纹色等。铝合金框料的系列名称是以框的厚度尺寸来区分的，如框料厚度构造尺寸为 50mm 宽，即称为 50 系列；框料厚度构造尺寸为 90mm 宽，即称为 90 系列。门窗的框料厚度不一，不同系列的铝型材所采用的配套零件及密封件也不相同。

2）铝合金门窗的基本构造

铝合金门窗的开启方式较多，常见的有平开、地弹簧、滑轴平开、上悬式平开、上悬式滑轴平开、推拉等。

双层铝合金窗采用平开和滑轴平开式时，一般采用内外开，为了减少开启之后所占的室内面积，窗扇的尺寸应当不大于 600mm×1200mm（宽×高）。上悬式平开和上悬式滑轴平开窗多为外开，适用于在高窗或玻璃幕墙采用。推拉窗也是铝合金窗采用较多的开启方式，它具有开启方便、不占空间、窗的通透性好的优点，但由于窗扇之间要留出相当的间隙以保证滑动的顺畅，因此推拉窗的密闭性稍差，一般采用加设毛条的办法加以解决。图 7-50 是铝合金推拉窗构造的举例。

为改善铝合金门窗的热工性能，可以在木质框料外表面加设铝合金型材，行程铝包木门窗。这种门窗优点多，但价格较高，多用于高档建筑。

187

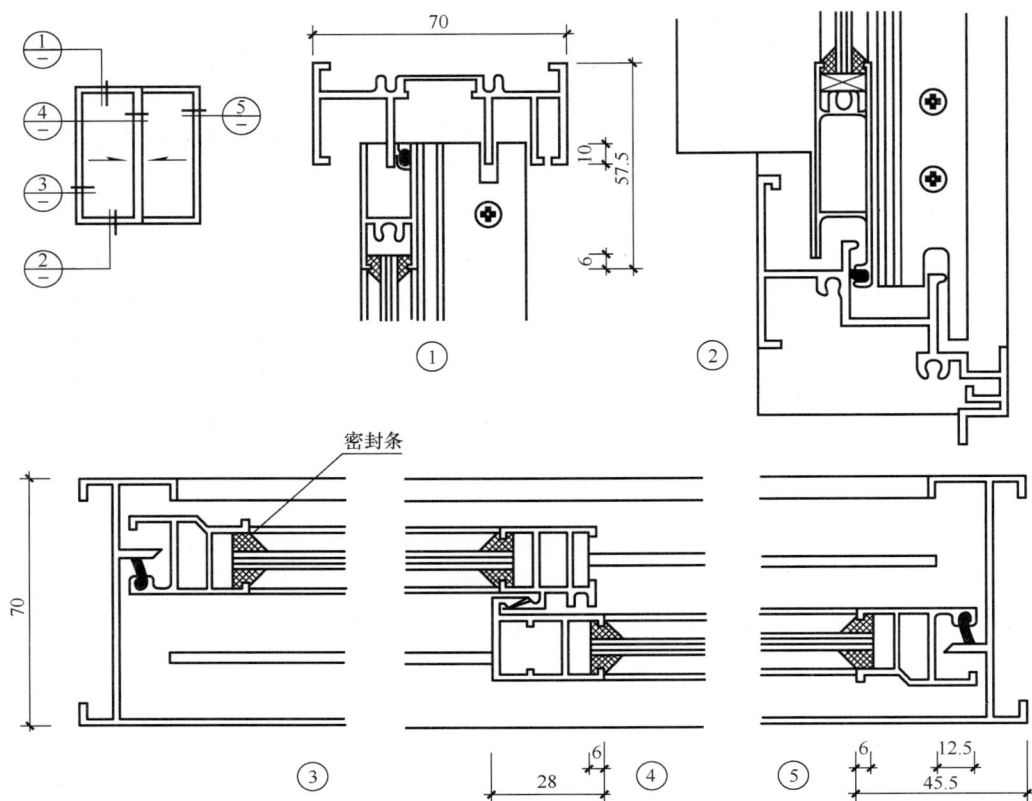

图 7-50　70 系列铝合金推拉窗构造

铝合金门的开启方式多采用地弹簧自由门，有时也采用推拉门。

铝合金门窗玻璃的固定有用空心铝压条和专用密封条两种方法，由于采用空心铝压条会直接影响窗的密封性能，而且也不够美观，目前已经基本被淘汰。

（3）门窗与建筑主体的连接构造

目前，门窗在建筑当中是作为成品构件使用的，在设计单位完成设计选型之后，制作一般由专业厂家完成，在施工现场主要是完成门窗与建筑主体的安装。根据安装的程序不同，门窗框与墙的连接方式可以分为立口和塞口两种。立口是先立框、后砌墙的施工方式，具有门窗框与墙体连接紧密、牢固的优点，但在施工时需要不同工种相互配合、衔接，对施工进度略有影响。为了避免在施工过程中造成门窗扇的破坏，往往前期只固定框，要在主体施工完成之后再填装扇，现场作业量较大。塞口是先在墙体中预留洞口，后塞入框的施工方式，具有施工速度快，主体施工时不易破坏门窗的优点，但窗框与墙体连接的紧密程度稍差，处理不好容易形成"热桥"，应重点处理好塞口安装的构造问题。

1）塑钢门窗与墙体的连接

塑钢门窗的框料与墙体一般通过固定铁件连接，也可以用射钉，塑料及金属膨胀螺钉固定。为了使框料和墙体的连缝封堵严密，需要在安装完门窗框之后，用泡沫塑料发泡剂认真地嵌缝填实，并用玻璃胶封闭。图 7-51 是门窗框与墙体连接构造的举例。

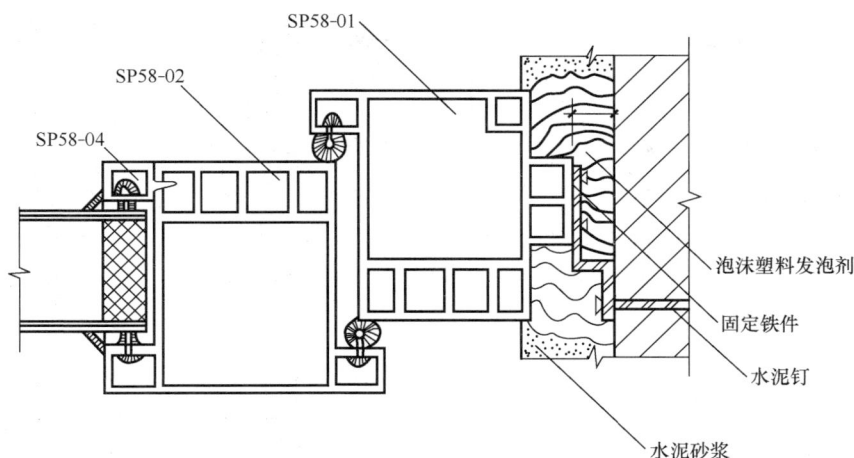

图 7-51 塑料门窗框的固定

2）铝合金门窗与墙体的连接

铝合金窗框与墙体的连接主要有采用预埋铁件、燕尾铁脚、金属膨胀螺栓、射钉固定等方法（图 7-52），但在砖墙中不宜采用射钉的方法固定窗框。铝合金窗框和墙体之间一般也需密封，其方法与塑料窗相同。

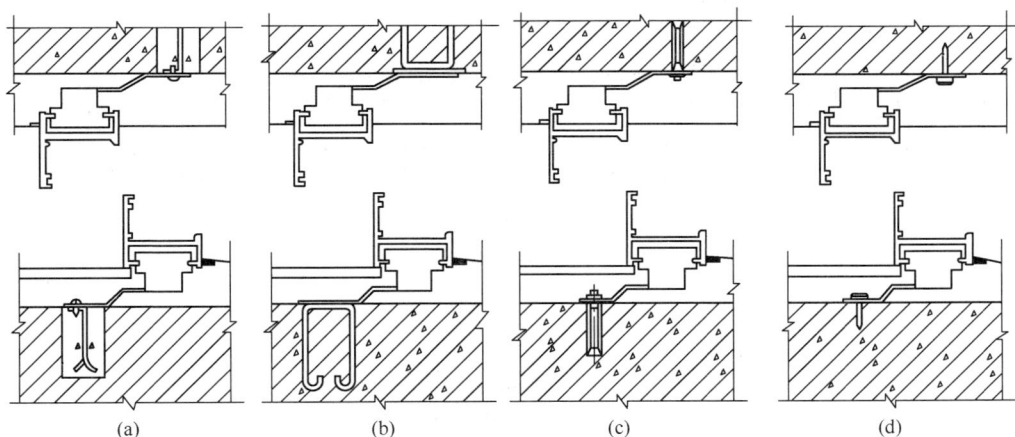

图 7-52 铝合金窗框与墙体的固定方式
（a）预埋铁件；（b）燕尾铁脚；（c）金属膨胀螺栓；（d）射钉

3）木门窗与墙体的连接

木门窗框与墙体的连接主要有两种方式：当采用"立口"时，可以使门窗的上下槛外伸，同时在边框外侧安置木砖，利用它们与墙体连接；当采用"塞口"时，一般是在墙体中预埋木砖，然后用钉子与框固定。木框与墙体接触部位及预理的木砖均应事先做防腐处理，外门窗还要用毛毡或其他密封材料嵌缝。图 7-53 是木门框与不同材料墙体连接构造的举例。

189

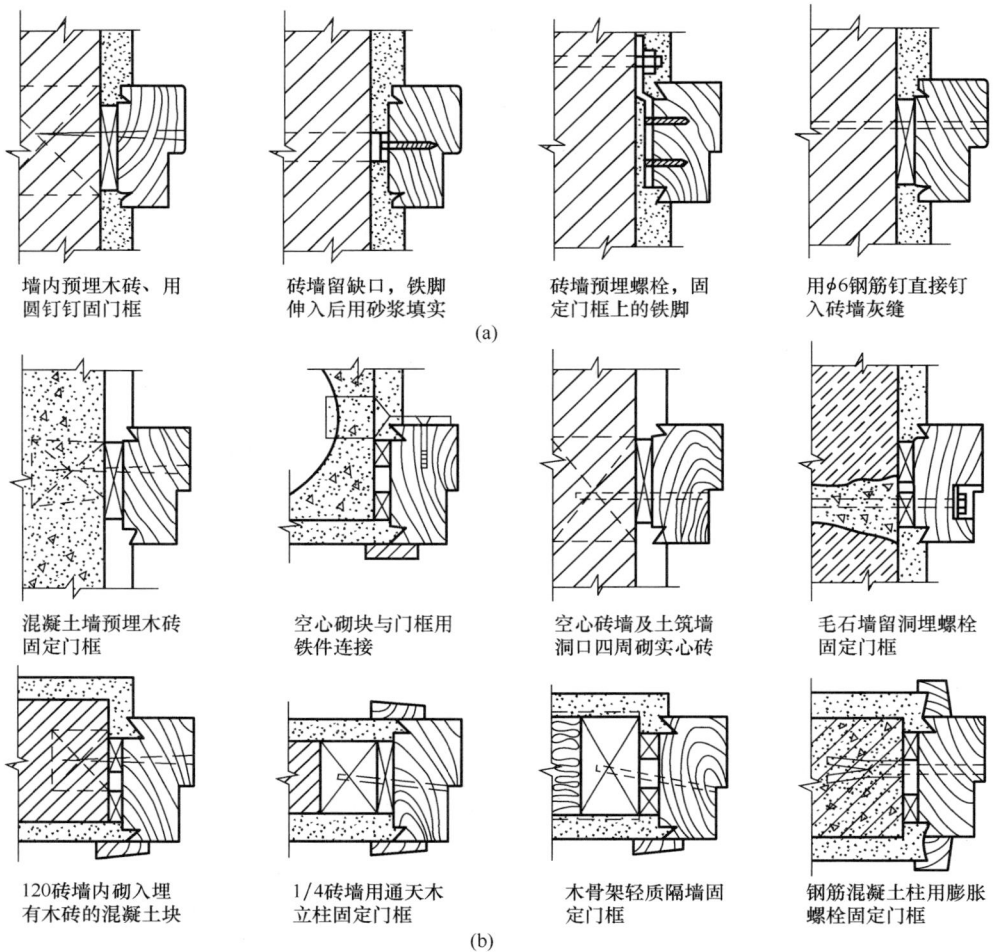

墙内预埋木砖、用圆钉钉固门框

砖墙留缺口，铁脚伸入后用砂浆填实

砖墙预埋螺栓，固定门框上的铁脚

用φ6钢筋钉直接钉入砖墙灰缝

(a)

混凝土墙预埋木砖固定门框

空心砌块与门框用铁件连接

空心砖墙及土筑墙洞口四周砌实心砖

毛石墙留洞埋螺栓固定门框

120砖墙内砌入埋有木砖的混凝土块

1/4砖墙用通天木立柱固定门框

木骨架轻质隔墙固定门框

钢筋混凝土柱用膨胀螺栓固定门框

(b)

图 7-53 门框与墙体的连接

（a）门框与砖墙连接；（b）门框与其他墙体连接

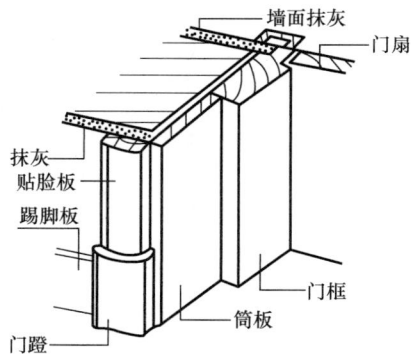

图 7-54 木门包口构造

（4）门窗口的装饰构造

在进行室内的装修时，除了需要选择合适的门窗之外，往往还要对门窗洞口进行装饰处理，最常用的手段是做包口装饰。目前包口的方法很多，既有纯实木、也有木质装饰面板和金属面板贴贴；既可以在现场加工，也可以在厂家制作、现场组装就位。图 7-54 是木门包口的举例，图 7-55 是窗口细部处理的举例。

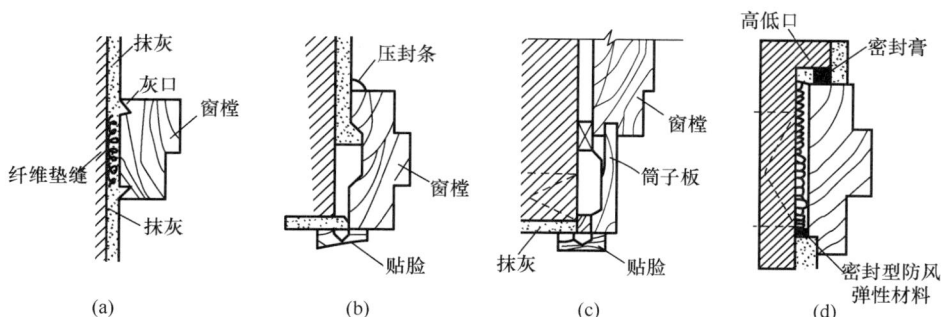

图 7-55　窗口细部构造

（a）平口；（b）设置贴脸；（c）贴脸和筒子板；（d）设置高低缝

6. 建筑室外装饰构造

（1）室外装饰的基本原则

建筑的外观是通过建筑的体型和外装饰实现的，一般应当遵循以下原则：

1）能够反映建筑的功能、结构和材料特性。

2）与周边环境及原有建筑融合、协调。

3）在体现建筑文化和时代特征的同时，具有长久的生命活力，经得住时光的考验。

4）合理选材，符合美学原则和构图规律。

5）具有良好的耐候性，经济性，性能可靠、施工方便。

（2）室外装饰的重点部位

建筑外立面的所有要素均会对建筑外观效果产生影响，但重点部位的作用会更大一些，一般包括以下部位：

1）墙面

墙面是建筑外立面最主要的组成部分，建筑外观的总体效果主要是由墙面效果体现的。在处理墙面时，主要应关注墙面材料的质感、色彩和组合方式，墙面的线脚，以及施工工艺效果。

2）门窗

门窗在大多数情况下是外立面中占有面积第二大的部分，在一定程度上可以左右建筑立面的风格，反映建筑的时代和档次。在选择门窗时，除了要关注门窗的尺寸、比例，还要关注框料和镶嵌材料的种类、色彩、质感，门窗的立面分格也会影响到装饰效果。许多公共建筑设有醒目的主入口，门的装饰效果对建筑外观有较大的影响。

3）檐口和勒脚

严格地说，檐口和勒脚也是墙面的一部分，但檐口位于墙面的最顶部，位置显眼，而且与屋顶关系密切；勒脚靠近地面，与人的行为距离极近，具有某些特殊的要求，它们也是室外装饰的重点部位。

4）阳台

阳台是住宅建筑必备的组成部分，数量多、分布规律。应当结合建筑的整体风格来对阳台的形状、线脚、饰面材料进行设计。

（3）室外装饰的分类

主要可以分为抹灰类饰面、涂料类饰面、贴面类饰面、幕墙饰面等四类。

1）抹灰类饰面：装饰性抹灰有剁斧石、水刷石、干粘石、假面砖等；

2）涂料类饰面：主要包括各类涂料、石漆、油漆等；

3）贴面类饰面：主要包括面砖、马赛克、石材等；

4）幕墙类饰面：主要包括玻璃幕墙、金属幕墙、干挂石材墙面等。

清水墙也属于外墙面装饰的一种，它造价低、构造简单、施工方便，具有一定的特色。

（4）室外装饰的选材

由于室外装饰位置的特殊性，许多装饰材料及构造不宜在室外应用。室外装饰材料一般应当具有良好的防水或耐水性能；具有可靠的耐候性，能够抵御阳光、高温、低温、风沙等不利因素的侵袭。

（5）外墙面的装饰构造

1）抹灰及涂料墙面

抹灰及涂料墙面多用于普通建筑。墙面抹灰一般分为两遍完成，当对平整度要求较高时，也可以分为三遍完成，即底灰层、中灰层、面灰层。当采用两遍成活时，底层抹灰为15mm厚1：3水泥砂浆，面层抹灰为10mm厚1：2.5～1：2水泥砂浆，干旱少雨地区建筑也可以采用混合砂浆。可以把抹灰层作为完成面，但观感较差，一般用于低档建筑，目前多在抹灰面层上涂刷合成树脂乳液类外墙涂料。此类墙面在抹灰时应根据建筑立面门窗布设的情况预留分仓缝，缝宽一般为15～20mm，缝深一般为15mm。

当建筑采用外墙外保温复合墙体时，可以在聚苯保温板外侧粘贴的纤维网上刮腻子，再涂刷涂料，不必抹灰。

2）饰面砖墙面

饰面砖墙面是目前普遍采用的一种外墙饰面做法，主要的饰面材料有：饰面砖、马赛克、文化石等。饰面砖墙面分构造为三层，即底层、粘结层和饰面层。底层一般采用15mm厚1：3水泥砂浆，粘结层采用10mm厚1：2.5水泥砂浆（可加入增加砂浆黏稠度、延缓砂浆初凝时间的外加剂），当饰面层为饰面砖等块材时，一般把粘结层砂浆直接满涂在块材背面，进行粘贴。也可以采用高粘结力的改性砂浆或成品粘结剂进行粘结。

寒冷地区采用饰面砖墙面时，要注意其抗冻性指标是否合格。由于饰面砖和粘结砂浆的温度变化收缩率不同，易产生面砖脱落现象，发生危险，应慎重采用。

3）板材墙面

板材面墙是目前高档建筑广泛采用的一种外墙饰面做法，其具有观感好、质感好、造型多样的优点。典型的板材墙面有玻璃幕墙、金属幕墙和石材幕墙，它们既可以单独采用，也可以混合采用。图7-56为钢骨架金属面板外墙面转角处构造的举例。

4）水刷石墙面

这是一种传统的饰面方法，具有天然石材的观感，在我国曾经广泛采用。具体做法是：先用约 15mm 的 1∶3 水泥砂浆打底刮毛；然后进行分格，并固定好分隔条；再刷一道素水泥浆，然后抹水泥石渣浆，其配合比与石子的粒径有关；等到面层半凝固之后，用喷枪刷去表面的水泥浆，使石子半露即可（图 7-57）。采用不同颜色和质地的石子，可以形成不同的装饰效果。近年来，由于石材的采用量增加和应用的普及，水刷石墙面的应用面已经大大地缩小了。

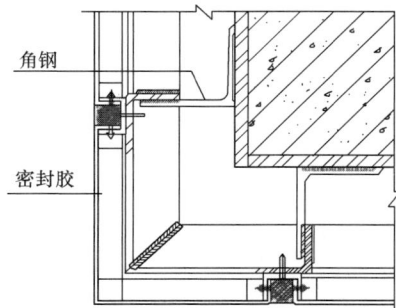

图 7-56　钢骨架金属面板外墙
面转角处构造

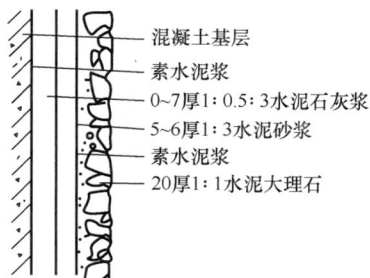

图 7-57　水刷石饰面

5）剁斧石墙面

剁斧石墙面又称斩假石墙面，它是以水泥石渣浆作为面层，等到面层全部硬化、具有相当强度之后，用斧子、凿子、切割机等工具按照事先设计好的方案进行剁斩，最终形成类似于天然石材墙面的一种饰面方法。不同的斩剁方法可以获得不同的装饰效果，主要有主纹剁斧、花锤剁斧和棱点剁斧三种。目前剁斧石墙面主要在民居、景区小品等小型建筑中应用，城市建筑已基本不用。

大多数情况下，室内外装饰构造的差异并不大，关键是要根据室外自然环境的差异，选择好面层材料和粘结材料。

（二）建筑结构的基本知识

1. 基础

（1）地基的基本概念

建筑物上部结构的荷载通过下部结构最终都会传到地表的土层或岩层上，这部分起支撑作用的土体或岩体就是地基。将建筑物所承受的各种作用传递到地基上的下部承重结构称为基础。

地基根据是否经过人工处理分为天然地基和人工地基。基础底面离地面的深度称为基础的埋置深度。

（2）常见基础的结构形式

常见基础的结构形式有无筋扩展基础、扩展基础、柱下条形基础、高层建筑筏形基础、高层建筑箱形基础和桩基础等。

1）无筋扩展基础

无筋扩展基础系指由砖、毛石、混凝土或毛石混凝土、灰土和三合土等材料组成的墙下条形基础或柱下独立基础，如图7-58、图7-59所示。

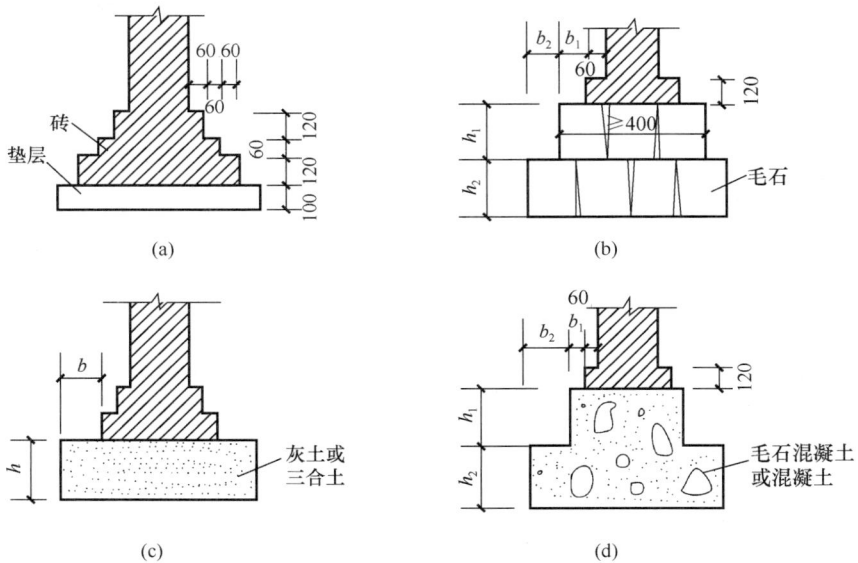

图 7-58 无筋扩展基础

（a）砖基础；（b）毛石基础；（c）灰土基础；（d）毛石混凝土基础、混凝土基础

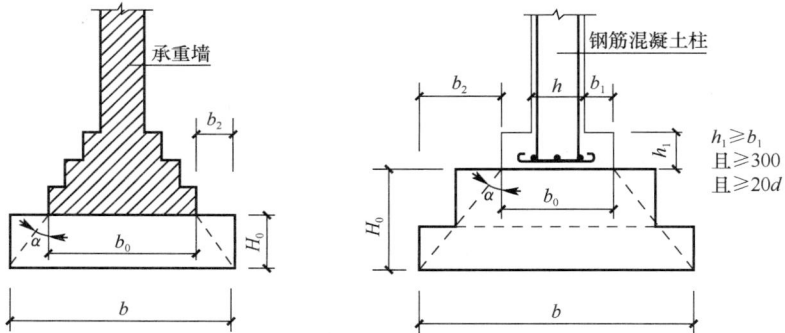

图 7-59 无筋扩展基础构造示意

这些材料都是脆性材料，有较好的抗压性能，但抗拉、抗剪强度往往很低。为保证基础的安全，必须限制基础内的拉应力和剪应力不超过基础材料强度的设计值，基础设计时，通过基础构造的限制来实现这一目标，即基础的外伸宽度与基础高度的比值应小于规范规定的台阶宽高比的允许值。由于此类基础几乎不可能发生挠曲变形，所以常称为刚性基础。

无筋扩展基础的高度，应符合下式要求：

$$H_0 \geqslant (b - b_0)/2\tan\alpha \tag{7-1}$$

2）扩展基础

扩展基础是指柱下钢筋混凝土独立基础和墙下钢筋混凝土条形基础，如图 7-60 所示。这种基础抗弯和抗剪性能良好，特别适用于"宽基浅埋"或有地下水时。

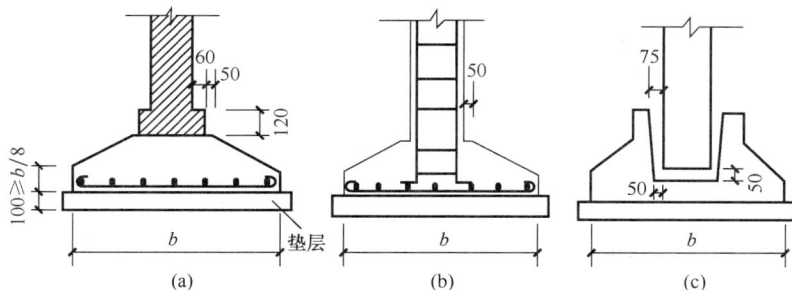

图 7-60 扩展基础

（a）钢筋混凝土条形基础；（b）现浇独立基础；（c）预制杯形基础

由于扩展基础有较好的抗弯能力，通常被看作柔性基础。这种基础能发挥钢筋的抗弯性能及混凝土抗压性能，适用范围广。

扩展基础应满足以下构造要求：

① 坡形基础的边缘高度不宜小于 200mm；阶梯形基础的每阶高度宜为 300～500mm。

② 垫层的厚度不宜小于 70mm；垫层混凝土强度等级应为 C20。

③ 扩展基础受力钢筋最小配筋率不应小于 15％，底板受力钢筋的最小直径不应小于 10mm，间距不应大于 200mm，也不应小于 100mm。墙下钢筋混凝土条形基础纵向分布钢筋的直径不应小于 8mm；间距不应大于 300mm；每延米分布钢筋的面积应不小于受力钢筋面积的 15％。当有垫层时钢筋保护层的厚度不应小于 40mm；无垫层时不应小于 70mm。

④ 钢筋混凝土强度等级不应小于 C20。

⑤ 基础内部受力钢筋的配置应当通过计算确定，并要满足有关的构造要求。

⑥ 现浇柱的基础，其插筋数量、直径以及钢筋种类应与柱内纵向受力钢筋相同，插筋的锚固长度应满足上述要求。当符合下列条件之一时，可将四角的插筋伸至底板钢筋网上，其余插筋锚固在基础顶面下 l_a 或 l_{aE} 处，如图 7-61 所示。

3）桩基础

桩基础由桩和承台两部分组成。桩在平面

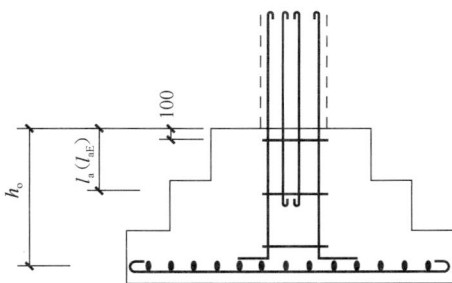

图 7-61 现浇柱基础中的插筋构造示意

上可以排成一排或几排，所有桩的顶部由承台连成一个整体并传递荷载。桩基础的作用是将承台以上上部结构传来的外力通过承台，由桩传到较深的地基持力层中，承台将各桩连成一个整体共同承受荷载，并将荷载较均匀地传给各个基桩。

由于桩基础的桩尖通常都进入到了比较坚硬的土层或岩层，因此，桩基础具有较高的承载力和稳定性，具有良好的抗震性能，是减少建筑物沉降与不均匀沉降的良好措施。

① 桩的分类

A. 按形成方法分类：可分为预制桩和灌注桩两类。

B. 按桩身材料分类：可分为混凝土桩（混凝土预制桩和混凝土灌注桩）、钢桩（型钢和钢管桩）、组合桩（采用两种材料组合而成的桩，如：钢管桩内填充混凝土或上部为钢管桩，下部为混凝土桩）。

C. 按桩的使用功能分类：竖向抗压桩、水平受荷桩、竖向抗拔桩、复合受荷桩。

D. 按桩的承载性状分类：摩擦桩（在极限承载力状态下，桩顶荷载由桩侧阻力承受）、端承摩擦桩（在极限承载力状态下，桩顶荷载主要由桩侧阻力承受，部分桩顶荷载由桩端阻力承受）、端承桩（在极限承载力状态下，桩顶荷载由桩端阻力承受）、摩擦端承桩（在极限承载力状态下，桩顶荷载主要由桩端阻力承受，部分桩顶荷载由桩侧阻力承受）。

E. 按成桩方法分类：挤土桩、部分挤土桩、非挤土桩。

F. 按承台底面的相对位置分类：高承台桩基、低承台桩基。

G. 按桩径的大小分类：小桩（直径≤250mm）、中等直径桩（直径为250～800mm）、大直径桩（直径≥800mm）。

② 桩的构造规定

A. 摩擦型桩的中心距不宜小于桩身直径的3倍，扩底灌注桩的中心距不宜小于扩底直径的1.5倍；当扩底直径大于2m时，桩端净距不宜小于1m；

B. 扩底灌注桩的扩底直径不宜大于桩身直径的3倍；

C. 预制桩的混凝土强度等级不低于C30，灌注桩不低于C20，预应力桩不低于C40；

D. 打入式预制桩的最小配筋率不小于0.8%，静压预制桩的最小配筋率不小于0.6%，灌注桩的最小配筋率不小于0.2%～0.65%（小直径取大值）；

E. 桩顶嵌入承台的长度不小于50mm，主筋伸入承台内的锚固长度不宜小于钢筋直径（HPB300钢筋）的30倍和钢筋直径（HRB335和HRB400钢筋）的35倍。

③ 承台构造

承台有多种形式，如柱下独立桩基承台、箱形承台、筏形承台、柱下梁式承台和墙下条形承台等。为满足传递荷载的要求，承台要有足够的强度和刚度。

以下主要介绍板式承台的构造要求：

A. 承台的宽度不小于500mm；

B. 承台厚度不小于300mm；

C. 承台的配筋，对于矩形承台其钢筋应按双向均匀通长配筋，钢筋直径不小于10mm，间距不大于200mm；对于三桩承台，钢筋应按三向板带均匀配置，且最里面的三根钢筋围成的三角形应在柱截面范围内；

D. 承台混凝土的强度等级不低于C20。

4) 柱下条形基础

当上部结构荷载较大、地基土的承载力较低时，采用无筋扩展基础或扩展基础往往不能满足地基强度和变形的要求。为增加基础刚度，防止由于过大的不均匀沉降引起的上部结构的开裂和损坏，常采用柱下条形基础。根据刚度的需要，柱下条形基础可沿纵向设置，也可沿纵横向设置而形成双向条形基础，称为交梁基础，如图7-62所示。

图 7-62　柱下条形基础

(a) 柱下单向条形基础；(b) 交梁基础

2. 混凝土结构的构件的受力

（1）混凝土结构的一般概念

1）混凝土结构的定义与分类

① 混凝土结构的定义：以混凝土为主材，并根据需要配置钢筋、钢骨、钢管等，作为主要承重材料的结构，均可称为混凝土结构。

② 混凝土结构的分类：可以分为素混凝土结构、钢骨混凝土结构、钢筋混凝土结构、钢管混凝土结构、预应力钢筋混凝土结构等。

2）配筋的作用与要求

在混凝土中配置钢筋，把钢筋与混凝土组合起来，主要是由两者的力学性能和经济性决定的。

① 混凝土的主要力学性能

A. 抗压强度较高，而抗拉强度却很低（只有抗压强度的 $1/20 \sim 1/8$）。

B. 具有明显的脆性性质。

② 钢材的主要性能

A. 抗拉和抗压强度都很高。

B. 延性好：多数钢材具有屈服现象，破坏时表现出较好的延性。

C. 易于压曲失稳：细长的钢筋受压时极易压曲，仅能作为受拉构件。

D. 耐久性和耐火性差。

因此，将混凝土和钢材这两种材料有机地结合在一起，可以取长补短，充分利用材料的性能。

③ 钢筋混凝土梁的受力性能

配置钢筋后钢筋混凝土梁的承载力比素混凝土梁大大提高；钢筋的抗拉强度和混凝土的抗压强度均得到充分利用；破坏过程有明显预兆。

3）钢筋与混凝土共同工作的条件

A. 钢筋和混凝土之间存在良好的粘结力；保证在荷载作用下两种材料协调变形，共同受力；

B. 钢材与混凝土具有基本相同的温度线膨胀系数（钢材为 $1.2 \times 10^{-5}/℃$，混凝土为 $1.0 \times 10^{-5} \sim 1.5 \times 10^{-5}/℃$）；保证温度变化时，两种材料不会产生过大的变形差而导致两者间的粘结力破坏。

C. 钢材宜在碱性环境中工作。

4）钢筋混凝土结构的优缺点

① 优点：就地取材，合理用材，经济性好，耐久性和耐火性好，维护费用低，可模性好，整体性好，且通过合适的配筋，可获得较好的延性，适用于抗震、抗爆结构等。

② 缺点：自重大，不适用于大跨、高层结构。抗裂性差，普通钢筋混凝土结构在正常使用阶段往往带裂缝工作。

（2）构件的基本受力形式

钢筋混凝土构件按基本受力形式可分为：受弯、受扭以及纵向受力三种。

1）钢筋混凝土受弯构件

① 钢筋混凝土受弯构件的概念及计算简图

杆件在纵向平面内受到力偶或垂直于杆轴线的横向力作用时，杆件的轴线将由直线变成曲线，这种变形称为弯曲。实际上，杆件在荷载作用下产生弯曲变形时，往往还伴随有其他变形。但通常把以弯曲变形为主的构件称为受弯构件。

梁和板，如房屋建筑中的楼（屋）面梁、楼（屋）面板、雨篷板、挑檐板、挑梁等是工程实际中典型的受弯构件，如图 7-63 所示。

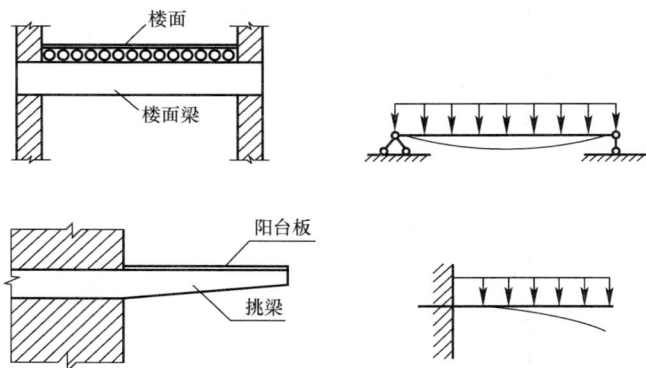

图 7-63 受弯构件举例

实际工程中常见的梁，其横截面往往具有竖向对称轴（图 7-64a、b、c），它与梁轴线所构成的平面称为纵向对称平面（图 7-64d）。

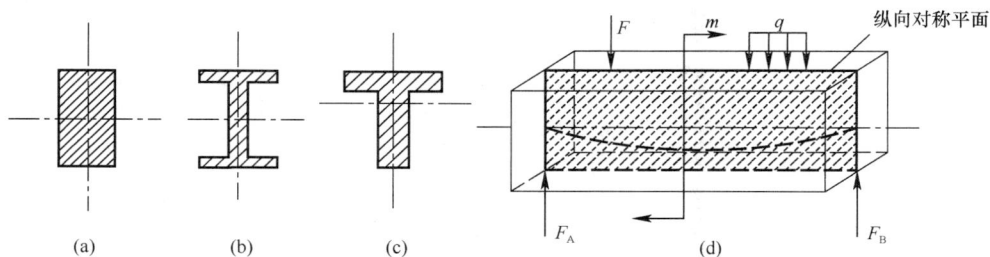

图 7-64 梁横截面的竖向对称轴及梁的纵向对称平面
(a)、(b)、(c) 梁横截面的竖向对称轴；(d) 梁的纵向对称平面

若作用在梁上的所有外力（包括荷载和支座反力）和外力偶都位于纵向对称平面内，则梁变形时，其轴线将变成该纵向对称平面内的一条平面曲线，这样的弯曲称为平面弯曲。

按支座情况不同，工程中的单跨静定梁分为悬臂梁、简支梁和外伸梁三类。

在梁的计算简图中，梁用其轴线表示，梁上荷载简化为作用在轴线上的集中荷载或分布荷载，支座则是其对梁的约束，简化为可动铰支座、固定铰支座或固定端支座。梁相邻两支座间的距离称为梁的跨度。悬臂梁、简支梁、外伸梁的计算简图如图 7-65 所示。

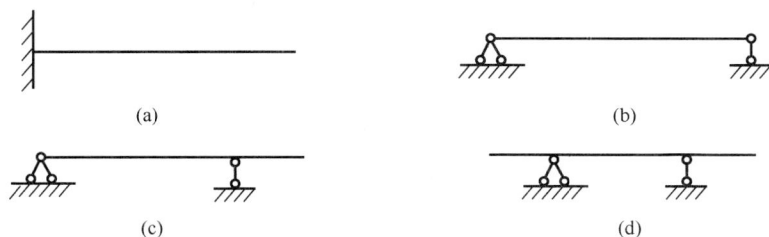

图 7-65　单跨静定梁的计算简图

（a）悬臂梁；（b）简支梁；（c）、（d）外伸梁

② 钢筋混凝土受弯构件的内力（剪力和弯矩的计算）

图 7-66(a) 为一平面弯曲梁。用一假想平面将梁沿 m-m 截面处切成左、右两段。现考察左段（图 7-66b）。由平衡条件可知，切开处应有竖向力 V 和约束力偶 M。若取右段分析，由作用与反作用关系可知，截面上竖向力 V 和约束力偶 M 的指向如图 7-66(c) 所示。V 是与横截面相切的竖向分布内力系的合力，称为剪力；M 是垂直于横截面的合力偶矩，称为弯矩。

剪力的单位为牛顿（N）或千牛顿（kN）；弯矩的单位是牛顿·米（N·m）或千牛·米（kN·m）。

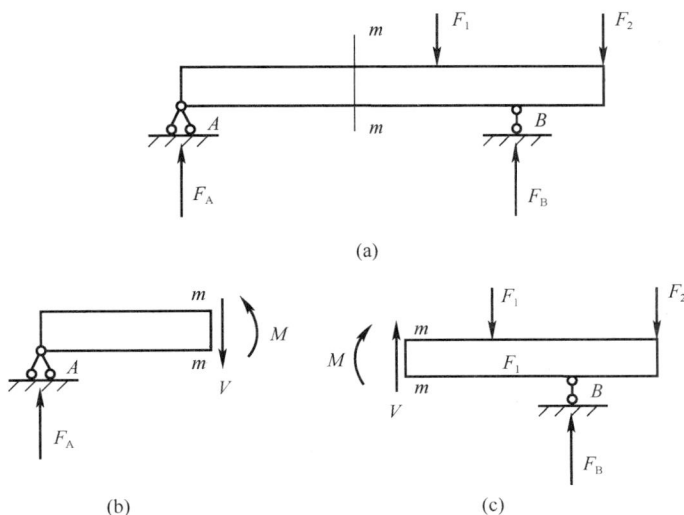

图 7-66　梁的内力

（a）平面弯曲梁；（b）、（c）切开的左、右段

剪力和弯矩的正负规定如下：剪力使所取脱离体有顺时针方向转动趋势时为正，反之为负（图 7-67a、b）；弯矩使所取脱离体产生上部受压、下部受拉的弯曲变形时为正，反之为负（图 7-67c、d）。

③ 钢筋混凝土受弯构件截面法计算剪力和弯矩

用截面法计算指定截面剪力和弯矩的步骤如下：

A. 计算支反力；

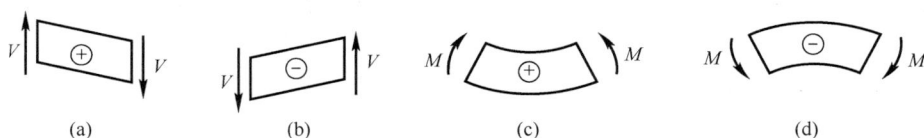

图 7-67 剪力、弯矩的正负规定
(a)、(b) 剪力的正负规定；(c)、(d) 弯矩的正负规定

B. 用假想截面在需要求内力处将梁切成两段，取其中一段为研究对象；

C. 画出研究对象的受力图，截面上未知剪力和弯矩均按正向假设；

D. 建立平衡方程，求解内力。

【**例 7-1**】 如图 7-68(a) 所示简支梁，$F_1 = F_2 = 8kN$，试求 1-1 截面的剪力和弯矩。

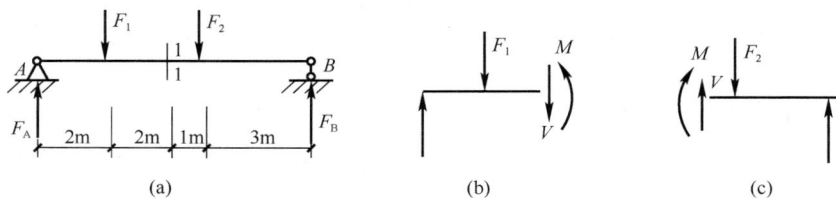

图 7-68 例 7-1 图

【**解**】 （1）求支座反力

以 AB 梁为研究对象，假设支座反力为 F_A 和 F_B。

由 $\Sigma M_A = 0$ 得：

$$2F_1 + 5F_2 - 8F_B = 0$$
$$F_B = (2F + 5F_2)/8 = (2 \times 8 + 5 \times 8)/8 = 7kN$$

由 $\Sigma F_y = 0$ 得：

$$F_A + F_B - F_1 - F_2 = 0$$
$$F_A = F_1 + F_2 - F_B = 8 + 8 - 7 = 9kN$$

（2）求截面 1-1 的内力

取 1-1 截面以左的梁段为研究对象，假设剪力 V 和弯矩 M 如图 7-68(b) 所示（按正向假设）。

由 $\Sigma F_y = 0$ 得：

$$F_A - F_1 - V = 0$$
$$V = -F_1 + F_A = -8 + 9 = 1kN$$

由 $\Sigma M_A = 0$ 得：

$$M-2F_1-4V=0$$
$$M=2F_1+4V=2\times8+4\times1=20\text{kN}\cdot\text{m}$$

计算结果 V、M 均为正值，说明其实际方向与所设方向相同。

【例 7-2】试求图 7-69（a）所示悬臂梁 1-1 截面的内力。

【解】　本例可不必计算固定端的支座反力。

假想将梁从 1-1 截面处切开，取右段为研究对象，按正向假设剪力 V 和弯矩 M，如图 7-69（b）所示。

由 $\Sigma F_y=0$ 得：

$$V-2q-F=0$$
$$V=2q+F=2\times8+20=36\text{kN}$$

由 $\Sigma M_{1-1}=0$ 得：

$$-M-2q\times1-F\times2=0$$
$$M=-(2\times8+20\times2)=-56\text{kN}\cdot\text{m}$$

计算结果 V 为正值，说明其实际方向与假设方向相同。M 为负，说明其实际方向与假设方向相反。

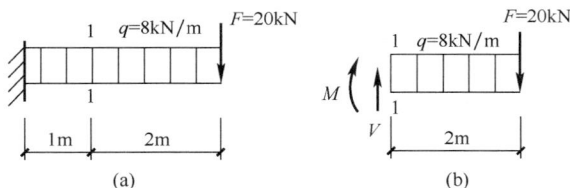

图 7-69　例 7-2 图

由以上例题的计算可总结出截面法计算任意截面剪力和弯矩的规律：

一是梁内任一横截面上的剪力 V，等于该截面左侧（或右侧）所有垂直于梁轴线的外力的代数和，即 $V=\Sigma F$ 外。所取梁段上与该剪力指向相反的外力在式中取正号，指向相同的外力取负号。

二是梁内任一横截面上的弯矩 M，等于截面左侧（或右侧）所有外力对该截面形心的力矩的代数和，即 $M=\Sigma M_c(F$ 外$)$。所取脱离体上 M 转向相反的外力矩及外力偶矩在式中取正号，转向相同的取负号。

【例 7-3】试计算图 7-70 所示外伸梁 A、B、E、F 截面上的内力。已知 $F=5\text{kN}$，$m=6\text{kN}\cdot\text{m}$，$q=4\text{kN/m}$。

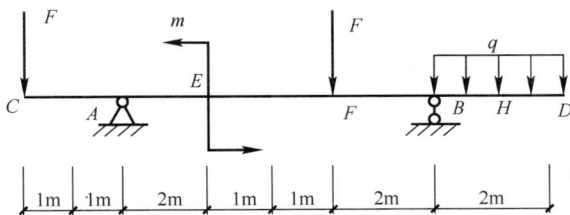

图 7-70　例 7-3 图

【解】（1）求支座反力：

取整体为研究对象，设支座反力 F_A、F_B 方向向上。

由 $\Sigma M_B = 0$ 得：

$$6F_A + 2q \times 2/2 - 2F - m - 8F = 0$$
$$F_A = 8\text{kN}$$

由 $\Sigma F_y = 0$ 得：

$$F_A + F_B - F - F - 2q = 0$$
$$F_B = -F_A + F + F + 2q = -8 + 5 + 5 + 2 \times 4 = 10\text{kN}$$

（2）求出相应截面的内力：

按正向假设未知内力，各截面均取左段分析。

A 左截面：

$$V_{A左} = -F = -5\text{kN}$$
$$M_{A左} = -F \times 2 = -5 \times 2 = -10\text{kN} \cdot \text{m}$$

A 右截面：

$$V_{A右} = -F + F_A = -5 + 8 = 3\text{kN}$$
$$M_{A右} = -F \times 2 = -5 \times 2 = -10\text{kN} \cdot \text{m}$$

E 左截面：

$$V_{E左} = -F + F_A = -5 + 8 = 3\text{kN}$$
$$M_{E左} = -F \times 4 + F_A \times 2 = -4\text{kN} \cdot \text{m}$$

E 右截面：

$$V_{E右} = -F + F_A = 3\text{kN}$$
$$M_{E右} = -F \times 4 + F_A \times 2 - m = -10\text{kN} \cdot \text{m}$$

F 左截面：

$$V_{F左} = -F + F_A = 3\text{kN}$$
$$M_{F左} = -F \times 6 + F_A \times 4 - m = -4\text{kN} \cdot \text{m}$$

F 右截面：

$$V_{F右} = -F + F_A - F = -2\text{kN}$$
$$M_{F右} = -F \times 6 + F_A \times 4 - m = -4\text{kN} \cdot \text{m}$$

B 左截面：

$$V_{B左} = -F + F_A - F = -2\text{kN}$$
$$M_{B左} = -F \times 8 + F_A \times 6 - m - F \times 2 = -8\text{kN} \cdot \text{m}$$

B 右截面：

$$V_{B右} = -F + F_A - F + F_B = 8\text{kN}$$
$$M_{B右} = -F \times 8 + F_A \times 6 - m - F \times 2 = -8\text{kN} \cdot \text{m}$$

由上述例题可以看出，有集中力偶作用处的左侧和右侧截面上，弯矩突变，其突变的绝对值等于集中力偶的大小；有集中力作用处的左侧和右侧截面上，剪力值突变，其突变的绝对值等于集中力的大小。

④ 钢筋混凝土受弯构件构造要求

梁的截面形式主要有矩形、T 形、倒 T 形、L 形、工字形、十字形、花篮形等。板的截面形式一般为矩形、空心板、槽形板等。梁、板的截面尺寸必须满足承载力、刚度和裂缝控制要求，同时还应利于模板定型化。

从有利于模板定型化考虑，梁的截面高度 h 一般可取 250mm、300mm…800mm、900mm、1000mm 等，$h \leqslant 800mm$ 时取 50mm 的倍数，$h > 800mm$ 时取 100mm 的倍数；矩形梁的截面宽度和 T 形截面的肋宽 b 宜采用 100mm、120mm、150mm、180mm、200mm、220mm、250mm，大于 250mm 时取 50mm 的倍数。梁适宜的截面高宽比 h/b，矩形截面高宽比为 2~3.5，T 形截面高宽比为 2.5~4。

现浇板的厚度一般取为 10mm 的倍数，工程中现浇板的常用厚度为 60mm、70mm、80mm、100mm、120mm。

⑤ 钢筋混凝土梁、板的配筋

A. 梁的配筋：梁中通常配置纵向受力钢筋、弯起钢筋、箍筋、架立钢筋等，构成钢筋骨架（图7-71），有时还配置纵向构造钢筋及相应的拉筋等。

纵向受力钢筋的配置：受弯构件分为单筋截面和双筋截面两种。前者指只在受拉区配置纵向受力钢筋的受弯构件，后者指同时在梁的受拉区和受压区配置纵向受力钢筋的受弯构件；梁纵向受力钢筋的常用直径为 12~25mm。

为了保证钢筋周围的混凝土浇筑密实，避免钢筋锈蚀而影响结构的耐久性，梁的纵向受力钢筋间必须留有足够的净间距，如图7-72所示。

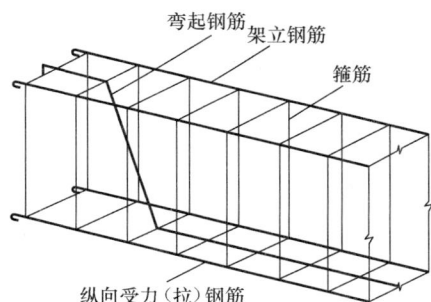

图7-71 梁的配筋

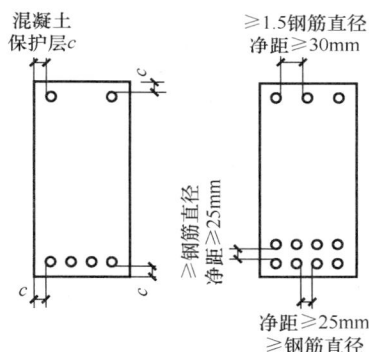

图7-72 受力钢筋的排列

架立钢筋配置：应设置在受压区外缘两侧，并平行于纵向受力钢筋。其作用一是固定箍筋位置以形成梁的钢筋骨架，二是承受因温度变化和混凝土收缩而产生的拉应力，防止发生裂缝。受压区配置的纵向受压钢筋可兼作架立钢筋。

弯起钢筋配置：在跨中是纵向受力钢筋的一部分，在靠近支座的弯起段弯矩较小处则用来承受弯矩和剪力共同产生的主拉应力，即作为受剪钢筋的一部分。钢筋的弯起角度一般为 45°，梁高 $h > 800mm$ 时可采用 60°。实际工程中第一排弯起钢筋的弯终点距支座边缘的距离通常取为 50mm，如图7-73所示。

箍筋的配置：主要用来承受由剪力和弯矩在梁内引起的主拉应力，并通过绑扎或焊接把其他钢筋联系在一起，形成空间骨架；箍筋应根据计算确定。按计算不需要箍筋的梁，当梁的截面高度 $h > 300mm$ 时，应沿梁全长按构造配置箍筋；当 $h = 150~300mm$ 时，可仅在梁

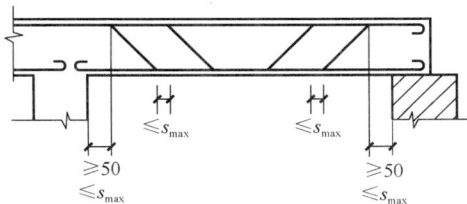

图7-73 弯起钢筋的布置

203

的端部各 1/4 跨度范围内设置箍筋，但当梁的中部 1/2 跨度范围内有集中荷载作用时，仍应沿梁的全长设置箍筋；若 $h<150$mm 时，可不设箍筋。梁内箍筋宜采用 HPB300 级、HRB335 级、HRB400 级钢筋。

箍筋的形式可分为开口式和封闭式两种，如图 7-74 所示。

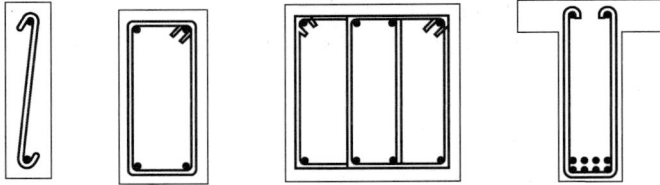

图 7-74 箍筋的形式和肢数

梁支座处的箍筋一般从梁边（或墙边）50mm 处开始设置。当梁与钢筋混凝土梁或柱整体连接时，支座内可不设置箍筋，如图 7-75 所示。

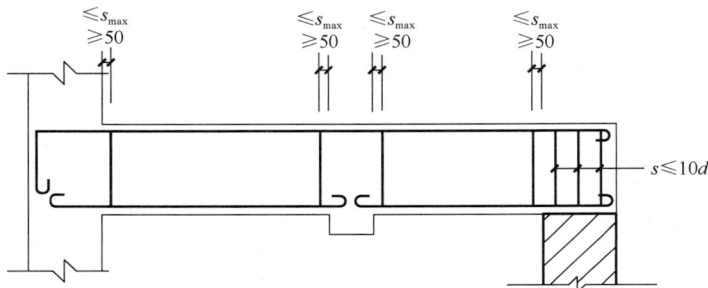

图 7-75 箍筋的布置

纵向构造钢筋及拉筋：当梁的截面高度较大时，为了防止在梁的侧面产生垂直于梁轴线的收缩裂缝，同时也为了增强钢筋骨架的刚度，增强梁的抗扭作用，当梁的腹板高度 $h_w \geqslant 450$mm 时，应在梁的两个侧面沿高度配置纵向构造钢筋，并用拉筋固定（图 7-76）。

B. 板的配筋：板通常只配置纵向受力钢筋和分布钢筋（图 7-77）。

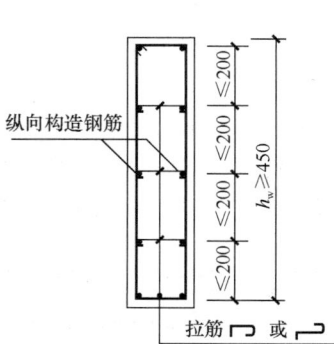

图 7-76 腰筋及拉筋

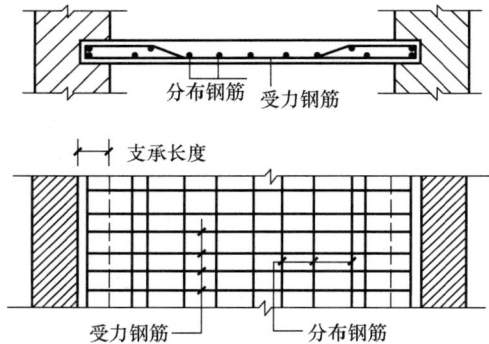

图 7-77 板的配筋

受力钢筋的配置：沿板的短跨方向布置在截面受拉一侧，用来承受弯矩产生的拉力；纵向受力钢筋的常用直径为 6mm、8mm、10mm、12mm；为了正常地分担内力，板中受力钢筋的间距不宜过稀，但为了绑扎方便和保证浇捣质量，板的受力钢筋间距也不宜过密。

分布钢筋的配置：垂直于板的受力钢筋方向，在受力钢筋内侧按构造要求配置。分布钢筋的作用，一是固定受力钢筋的位置，形成钢筋网；二是将板上荷载有效地传到受力钢筋上去；三是防止温度或混凝土收缩等原因沿跨度方向的裂缝。分布钢筋宜采用 HPB300 级、HRB335 级钢筋，常用直径为 6mm、8mm。

2）纵向受力构件

纵向受力构件可分为轴心受力构件和偏心受力构件。

轴心受力构件包括轴心受拉构件和轴心受压构件，偏心受力构件包括偏心受拉构件和偏心受压构件，见表 7-1。建筑工程中，受压构件是最重要且常见的承重构件。

纵向受力构件类型 表 7-1

类别	轴心受力构件（$l_0 = 0$）	
	轴心受拉构件	轴心受压构件
简图		
变形特点	只有伸长变形	只有压缩变形
举例	屋架中受拉杆件、圆形水池等	屋架中受压杆件及肋形楼盖的中柱、轴压砌体等
简图		
变形特点	既有伸长变形，又有弯曲变形	既有压缩变形，又有弯曲变形
举例	屋架下弦杆（节间有竖向荷载，主要是钢屋架）、砌体中的墙梁	框架柱、排架柱、偏心受压砌体、屋架上弦杆（节间有竖向荷载）等

当纵向压力作用线与构件轴线重合时，称为轴心受压构件；不重合即有偏心距 l_0 时，称为偏心受压构件。

① 轴心受力构件的内力

轴心受压柱最常见的形式是配有纵筋和一般的横向箍筋，称为普通箍筋柱。箍筋是构造钢筋，这种柱破坏时，混凝土处于单向受压状态。当柱承受荷载较大、增加截面尺寸受到限制，普通箍筋柱又不能满足承载力要求时，横向箍筋也可以采用螺旋筋或焊接环筋，这种柱称为螺旋箍筋柱。

图 7-78(a) 所示在纵向荷载 F 作用下将产生纵向变形 Δl 和横向变形 Δb。若用假想平面 m-m 将杆件截开（图 7-78b），其截面上与外力 F 平衡的力 N 就是杆件的内力。显然，

该内力是沿杆件轴线作用的,因此,将轴向拉(压)杆的内力称为轴力。

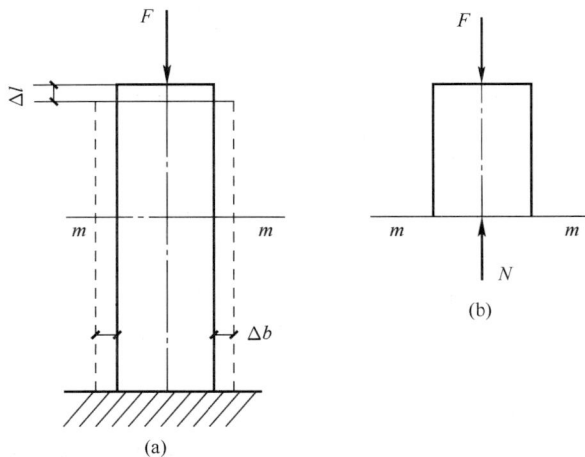

图 7-78 轴心受压构件受力图

② 截面法求轴心受压构件轴力

A. 取脱离体:用假想的平面去截某一构件,如图 7-78(a) 中 $m\text{-}m$ 截面,从而把构件分成两部分,移去其中一部分,保留部分为研究对象。

B. 列平衡方程:在脱离体截开的截面上给出轴力(假设为轴向拉力或轴向压力),如图 7-78(b) 假定轴力 N 为压力,利用平衡方程就可以求得轴力 N。

C. 画轴力图:应用上述原理就可以求得任一横截面上的轴力值。假定与杆件轴线平行的轴为 x 轴,其上各点表示杆件横截面对应位置;另一垂直方向为 y 轴,y 坐标大小表示对应截面的轴力 N,按一定比例绘成的图形叫轴力图(N 图)。

【例 7-4】 已知矩形截面轴压柱的计算简图如图 7-79(a) 所示,其截面尺寸为 $b \times h$,柱高 H,材料重度为 γ,柱顶承受集中荷载 F,求各截面的内力并绘出轴力图。

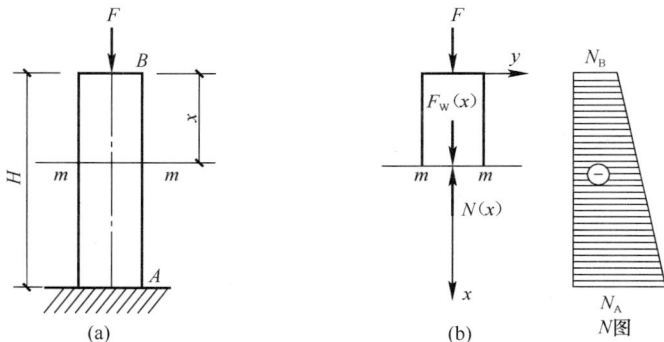

图 7-79 轴心受压构件

【解】

a. 取脱离体:

用假想平面距柱顶 x 处截开,取上部分为脱离体(图 7-79b)。柱子自重 $F_W(x) = \gamma bhx$,对应截面的轴力为 $N(x)$,假定为压力(箭头指向截面)。

b. 列平衡方程:

由 $\Sigma F_x = 0$ 得:$-N(x) + F_W(x) + F = 0$

$N(x) = F_W(x) + F = \gamma bhx + F(0 \leqslant x \leqslant H)$

当 $x = 0$ 时,$N_B = F$;当 $x = H$ 时,$N_A = F + \gamma bhH$。

本题计算结果 $N(x)$ 为正,与图中标注方向一致,所以 $N(x)$ 为压力。绘轴力图时,符号规定：拉力为正；压力为负。

③ 构造要求

A. 材料要求：混凝土宜采用 C20、C25、C30 或更高强度等级。钢筋宜用 HRB335、HRB400 级或 RRB400 级。为了减小截面尺寸，节省钢材，宜选用强度等级高的混凝土，而钢筋不宜选用高强度等级的，其原因是受压钢筋与混凝土共同工作，钢筋应变受到混凝土极限压应变的限制，而混凝土极限压应变很小，所以钢筋的受压强度不能充分利用。《混凝土结构工程施工质量验收规范》GB 50204—2015 规定受压钢筋的最大抗压强度为 $400N/mm^2$。

B. 截面形式及尺寸：轴压柱常见截面形式有正方形、矩形、圆形及多边形；矩形截面尺寸不宜小于 250mm×250mm。为了避免柱的长细比过大，承载力降低过多，常取 $l_0/b \leqslant 30$，$l_0/h \leqslant 25$，b、h 分别表示截面的短边和长边，l_0 表示柱子的计算长度，它与柱子两端的约束能力大小有关。

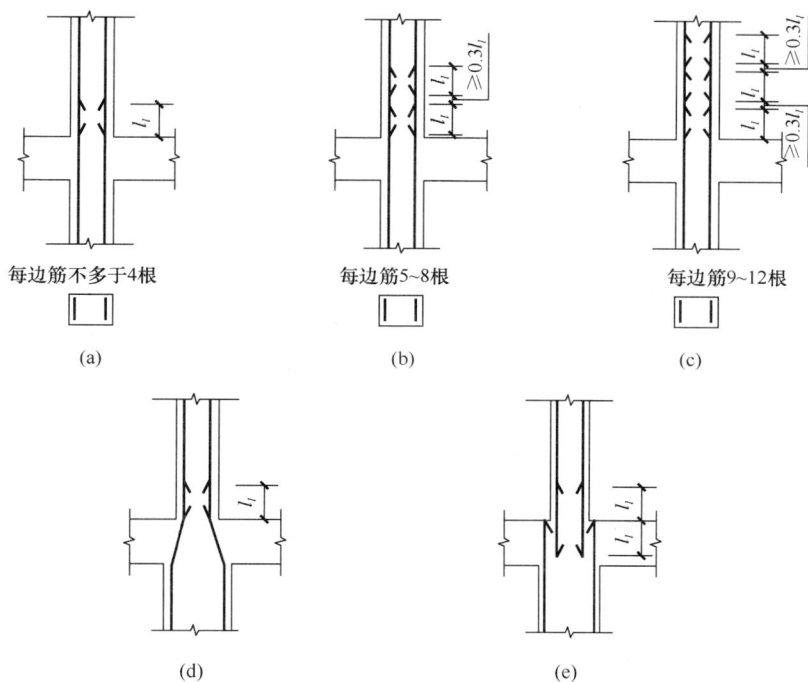

图 7-80　柱纵筋接头构造

C. 配筋构造：一是受力钢筋接头宜设置在受力较小处，多层柱一般设在每层楼面处。当采用绑扎接头时，将下层柱纵筋伸出楼面一定长度并与上层柱纵筋搭接；二是同一构件相邻纵向受力钢筋接头位置宜相互错开，当柱每侧纵筋根数不超过 4 根时，可允许在同一绑扎接头连接区段内搭接（图 7-80a）；三是纵筋每边根数为 5～8 根时，应在两个绑扎接头连接区段内搭接（图 7-80b）；四是纵筋每边根数为 9～12 根时，应在三个绑扎接头连接区段内搭接（图 7-80c）；五是当上下柱截面尺寸不同时，可在梁高范围内将下柱的纵筋弯折一斜角，然后伸入上层柱（图 7-80d），或采用附加短筋与上层柱纵筋搭接（图 7-80e）。

3）钢筋混凝土受扭构件

① 受扭构件的内力

A. 集中外力偶 M_e：集中外力偶是指作用在受扭构件上的集中力 F 到构件轴线的距离 e 的乘积，其弯曲平面与杆件轴线垂直。图 7-81(a) 中 L_1 表示框架梁的边梁。所以图 7-81(b) 中的 L_1 上集中外力偶 $M_e = Fe$，其弯曲方向与构件轴线垂直。只要作用在构件上的竖向荷载与构件的中性面不重合，就存在与杆件轴线垂直的力偶作用。实际上 L_1 除承受集中外力偶作用外，还要承受集中竖向荷载 F 作用（图 7-81c）。

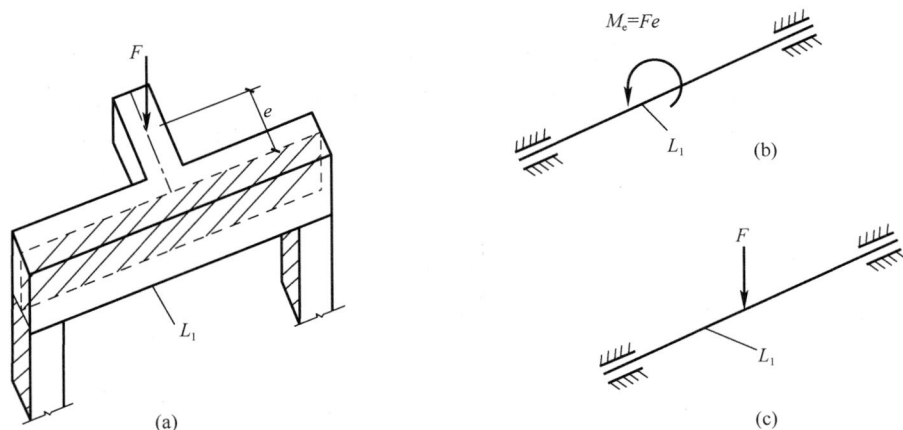

图 7-81　集中外力偶

B. 均布外力偶 m_e：均布外力偶 m_e 是指作用在受扭构件上均布荷载 q 到构件轴线的距离 e 的乘积，即 $m_e = qe$，其弯曲平面与杆件轴线垂直（图 7-82a、b）所示。雨篷梁还承受雨篷板传来的均布荷载（图 7-82c）。

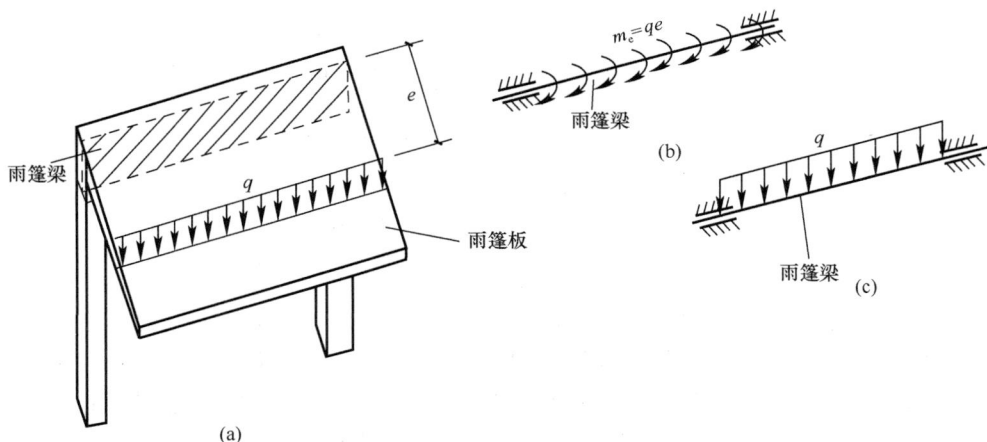

图 7-82　均布外力偶

② 钢筋混凝土受扭构件的构造要求

A. 由于破裂面是斜向曲面，所以纵向受扭钢筋 A_{stl} 应沿截面周边均匀对称布置，间距不应大于 200mm 和截面短边尺寸，根数 ≥4 根。纵向受扭钢筋在支座内的锚固长度按受拉钢筋考虑；

B. 由于箍筋在截面四周均受拉，所以应做成封闭式（图 7-83），末端应做成 135°弯钩，弯钩端平直部分的长度≥10d（d 为箍筋直径）。

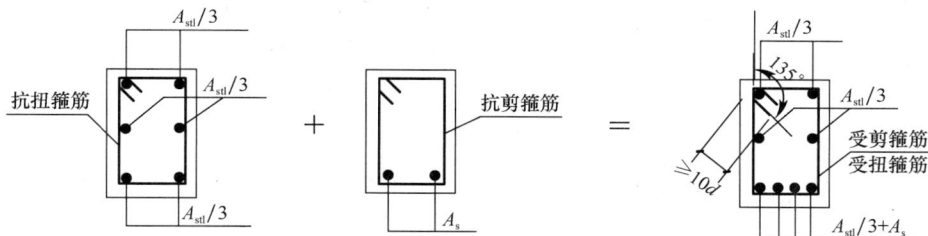

图 7-83　弯剪扭构件受力钢筋

3. 现浇钢筋混凝土楼盖

钢筋混凝土现浇楼盖是指在现场整体浇筑的钢筋混凝土楼盖。钢筋混凝土现浇楼盖的优点是：整体刚性好，抗震性强，防水性能好，结构布置灵活，所以常用于对抗震、防渗、防漏和刚度要求较高以及平面形状复杂的建筑。钢筋混凝土现浇楼盖的缺点是，由于混凝土的凝结硬化时间长，所以施工速度慢，而且耗费模板多，受施工季节影响大。

（1）分类与适用范围

现浇楼盖按楼板受力和支承条件的不同，现浇钢筋混凝土楼盖有肋形楼盖、无梁楼盖和井字楼盖。

（2）结构的基本要求

1）板的构造要求

① 板厚：由于板的混凝土用量占整个楼盖的 50%～70%，因此从经济角度考虑，应使板厚尽可能接近构造要求的最小板厚，同时为了使板具有一定的刚度，要求连续板的板厚满足表 7-2 的要求。

钢筋混凝土梁、板截面尺寸　　　　　表 7-2

构件种类	截面高度 h 及跨度 l 比值	附　注
悬臂板 简支单向板 两端连续单向板	$\dfrac{h}{l} \geq \dfrac{1}{12}$ $\dfrac{h}{l} \geq \dfrac{1}{35}$ $\dfrac{h}{l} \geq \dfrac{1}{40}$	单向板 h 不小于下列值： 　一般屋面：60mm 　民用建筑楼面：60mm 　工业建筑楼面：70mm 　行车道下的楼板：80mm
多跨连续次梁 多跨连续主梁 单跨简支梁	$\dfrac{h}{l} = \dfrac{1}{18} \sim \dfrac{1}{12}$ $\dfrac{h}{l} = \dfrac{1}{15} \sim \dfrac{1}{10}$ $\dfrac{h}{l} = \dfrac{1}{14} \sim \dfrac{1}{8}$	梁的高宽比（h/b） 一般取 2.0～3.0 并以 50mm 为模数

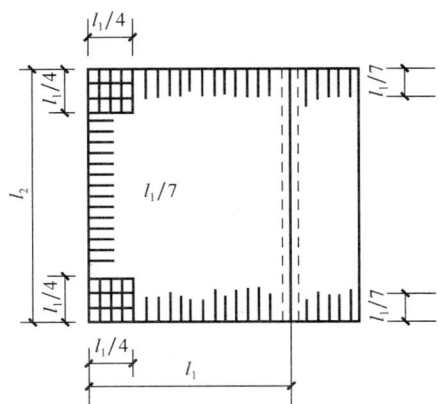

图 7-84 板嵌固在承重墙内时板边
的构造钢筋

② 板的配筋方式：连续板中受力钢筋的弯起点和截断点一般应按弯矩包络图及抵抗弯矩图确定。

2）构造钢筋的构造要求

① 嵌固于墙内板的板面附加钢筋：为避免沿墙边产生板面裂缝，应在支承周边配置上部构造钢筋。其直径不宜小于 8mm，间距不宜大于 200mm；沿板的受力方向配置的上部构造钢筋，其截面面积不宜小于该方向跨中受力钢筋截面面积的 1/3，沿非受力方向配置的上部构造钢筋，可根据经验适当减少。

② 嵌固在砌体墙内的板（图 7-84）。

③ 楼板孔洞边配筋要求：当 b（或 d）$\leqslant 300$mm 时，符合图 7-85(a) 所示；当 300mm$<b$（或 d）$\leqslant 1000$mm 时，符合图 7-85(b)；当 b（或 d）>1000mm 时，或孔洞周边有较大集中荷载时，应在洞边设肋梁（图 7-85c）。

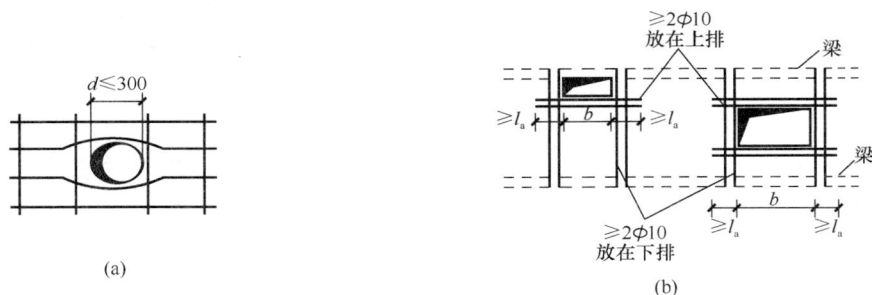

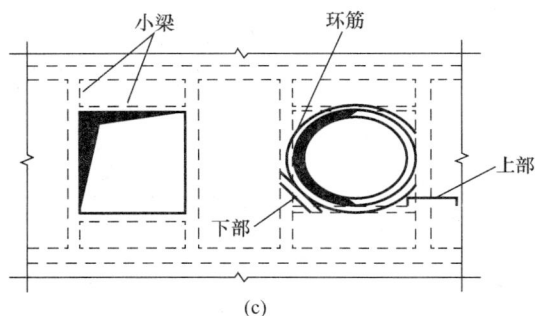

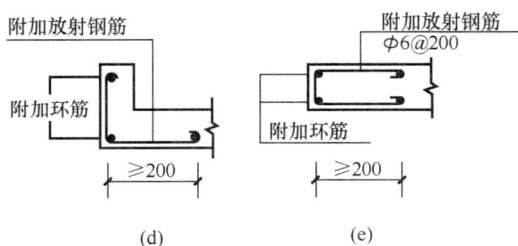

图 7-85 板上开洞的配筋方法

3）主梁的构造要求

① 主梁的一般构造要求与次梁相同，但主梁纵向受力钢筋的弯起和截断点的位置，应通过在弯矩包络图上画抵抗弯矩图来确定，并应满足有关构造要求。

② 主梁伸入墙内的长度一般不应小于 370mm。

③ 附加箍筋：应符合图 7-86 的要求。

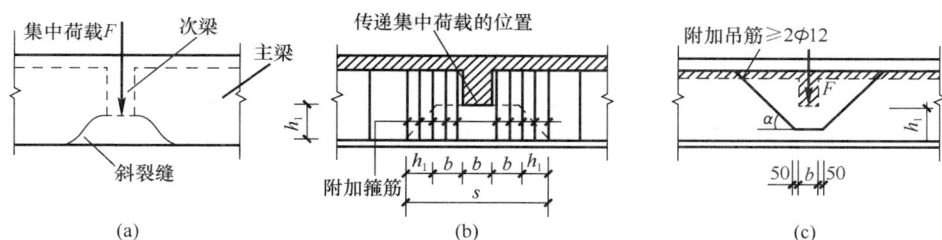

图 7-86　主梁腹部局部破坏情形及附加横向钢筋布置
（a）集中荷载作用下的裂缝情形；（b）集中荷载作用下的附加横向钢筋布置图；
（c）集中荷载作用下的吊筋布置图

4. 钢结构

（1）钢结构的适用范围与基本知识

钢结构是以钢板、型钢、薄壁型钢制成的构件，通过焊接、铆接、螺栓连接等方式而组成的结构。与其他材料的结构相比，具有如下的特点：强度高，结构自重轻，塑性、韧性好，材质均匀，工业化程度高，可焊性好；但是耐腐蚀性差，耐火性差，钢结构在低温和其他条件下，可能发生脆性断裂等。

钢结构主要应用于大跨度结构、重型厂房结构、受动力荷载作用的厂房结构、多层、高层和超高层建筑、高耸结构、板壳结构和可拆卸结构。

建筑行业中常见的钢材型号有 Q235、Q345 和 Q390。

（2）钢结构构件的连接与受力

钢结构是由钢构件经连接而成的结构，因此连接是重要环节，它直接关系到钢结构的安全和经济。在受力过程中，连接应有足够的强度，被连接构件之间应保持正确的相对位置。

1）钢结构连接的种类及其特点

常见的连接方式有焊接连接、铆钉连接和螺栓连接，其中以焊接连接最为普遍。

① 焊接连接（图 7-87a）：优点是对几何形体适应性强，构造简单，不削弱截面，省材省工，自动化程度和工效高；缺点是焊接残余应力大且不易控制，焊接变形大对材质要求高，焊接程序严格，质量检验工作量大。

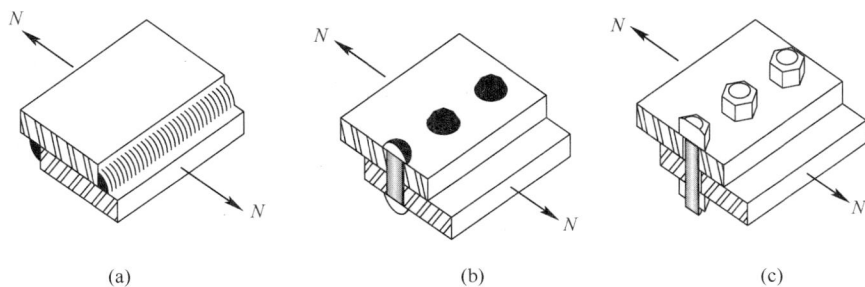

图 7-87　钢结构的连接方式
（a）焊接连接；（b）铆钉连接；（c）螺栓连接

211

② 铆钉连接（图7-87b）：简称铆接。优点是传力可靠，韧性和塑性好，质量易于检查，抗动力荷载好；缺点是费钢、费工。

③ 螺栓连接（图7-87c）：优点是装卸便利，设备简单；缺点是螺栓精度低时不宜受剪，螺栓精度高时加工和安装难度较大。采用高强度螺栓可以解决普通螺栓的缺憾，但造价较高。

2）连接方式

① 焊接

A. 按焊缝的形式分为：对接焊缝和直角焊缝（图7-88）。对接焊缝的形式较多（图7-89）。为防止熔化金属流淌，必要时可在坡口下加垫板，变厚度板或变宽度板对接，在板的一面或两面切成坡度不大于1∶4的斜面，避免应力集中。建筑工程中一般采用的角焊缝的形式为直角焊缝，直角焊缝按照作用力和焊缝关系，可分为侧焊缝（图7-90a）、端焊缝（图7-90b）、斜焊缝（图7-90c）。

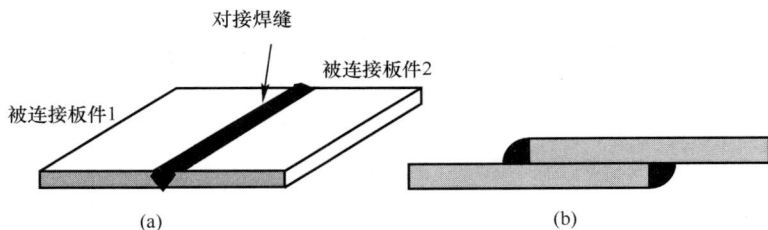

图7-88　焊缝的种类

（a）对接焊缝；（b）直角焊缝

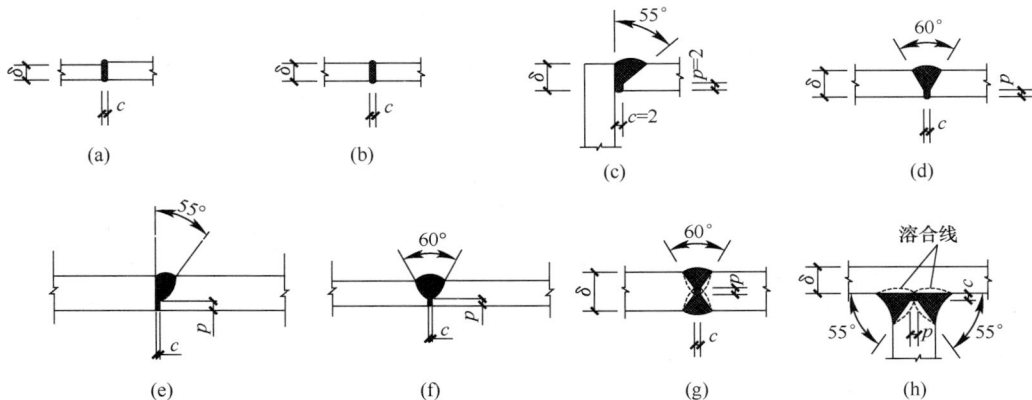

图7-89　对接焊缝的形式

（a）、（b）工形；（c）单边V形；（d）V形；（e）单边U形；（f）U形；（g）X形；（h）K形

直角焊缝的构造如图7-91所示：

图中　h_f—焊脚尺寸、h_e—焊缝有效厚度。

并有：$h_e=0.7h_f$、h_e—总是45°斜面上的最小高度。

B. 对接焊缝按受力与焊缝方向分为：直缝（作用力方向与焊缝方向正交）、斜缝（作用力方向与焊缝方向斜交）。

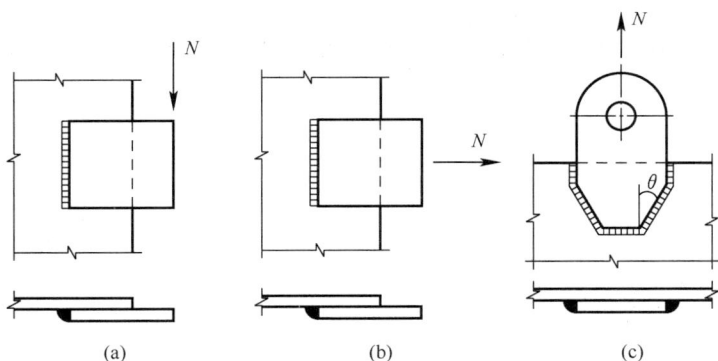

图 7-90　角焊缝的种类　　　　　　　　图 7-91　直角焊缝的构造
(a) 侧焊缝；(b) 端焊缝；(c) 斜焊缝

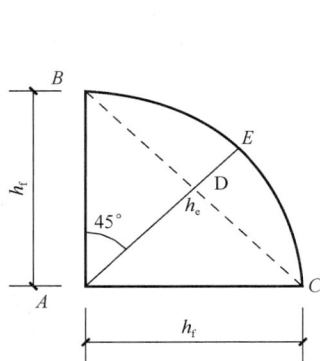

C. 角焊缝按受力与焊缝方向分为：侧缝（作用力方向与焊缝长度方向平行），端缝（作用力方向与焊缝长度方向垂直），斜缝（作用力与焊缝长度方向倾斜）。

D. 按施工位置分为：俯焊、立焊、横焊、仰焊。其中以俯焊施工位置最好，所以焊缝质量也最好，仰焊最差。

② 螺栓连接

A. 排列方式：螺栓在构件上排列应简单、统一、整齐而紧凑，通常分为并列和错列两种形式（图 7-92）。并列比较简单整齐，所用连接板尺寸小，但由于螺栓孔的存在，对构件截面削弱较大。错列可以减小螺栓孔对截面的削弱，但螺栓孔排列不如并列紧凑，连接板尺寸较大。

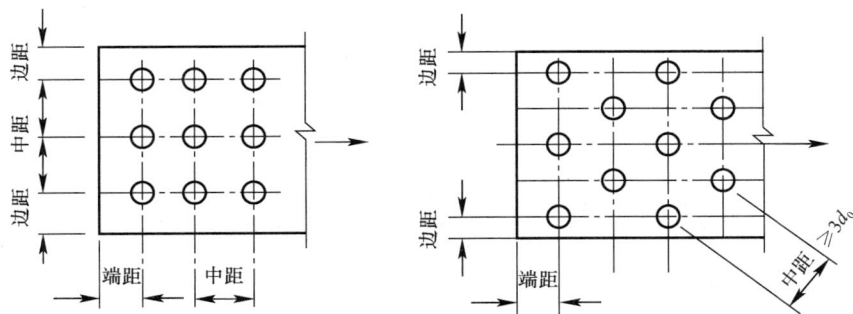

图 7-92　螺栓的排列

B. 构造要求：主要有以下三个方面。

一是受力要求：在受力方向螺栓的端距过小时，钢材有剪断或撕裂的可能；各排螺栓距和线距太小时，构件有沿折线或直线破坏的可能；对受压构件，当沿作用方向螺栓距过大时，被连板间易发生鼓曲和张口现象。

二是构造要求：螺栓的中距及边距不宜过大，否则钢板间不能紧密贴合，潮气侵入缝隙使钢材锈蚀。

三是施工要求：要保证一定的空间，便于转动螺栓扳手拧紧螺母。

213

3）钢构件的受力

钢结构构件主要包括钢柱和钢梁，其中钢柱的受力形式主要有轴向拉压和偏心拉压，钢梁的受力形式主要有拉弯和压弯组合受力。

① 轴向受力构件（主要为钢柱）

A. 轴向受力构件的应用和截面选择：主要应用于主要承重结构、平台、支柱、支撑等。可选择的截面形式如图 7-93～图 7-96 所示。

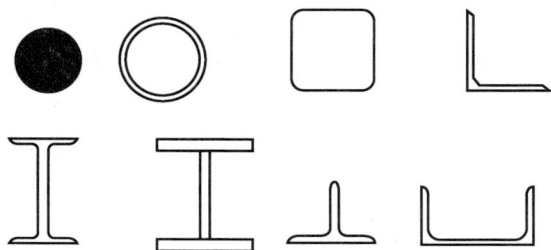

图 7-93 热轧型钢截面选择

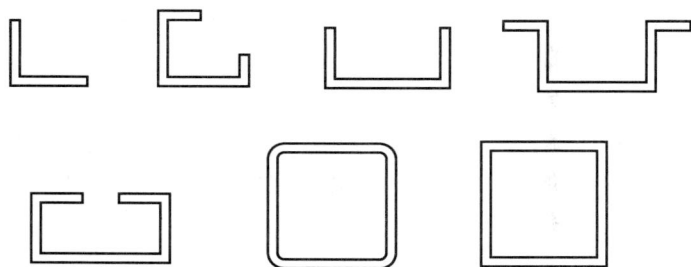

图 7-94 冷弯薄壁型钢截面选择

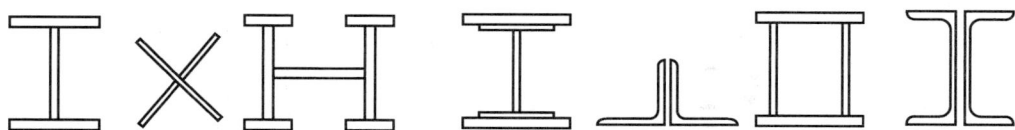

图 7-95 实腹式组合截面选择

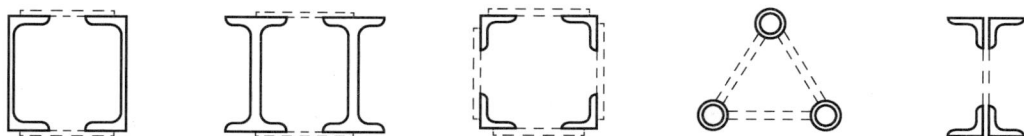

图 7-96 格构式组合截面选择

对截面形式选择的依据为：能提供强度所需要的截面积、制作比较简便、便于和相邻的构件连接以及截面开展而壁厚较薄。

B. 轴心受压构件的强度：强度计算与轴心受拉一样，一般其承载力由构件稳定性控制。

② 弯剪受力构件的应用和强度计算（主要为钢梁）

A. 梁的类型和强度：梁的类型按制作方式分为型钢梁和组合梁（图 7-97）。

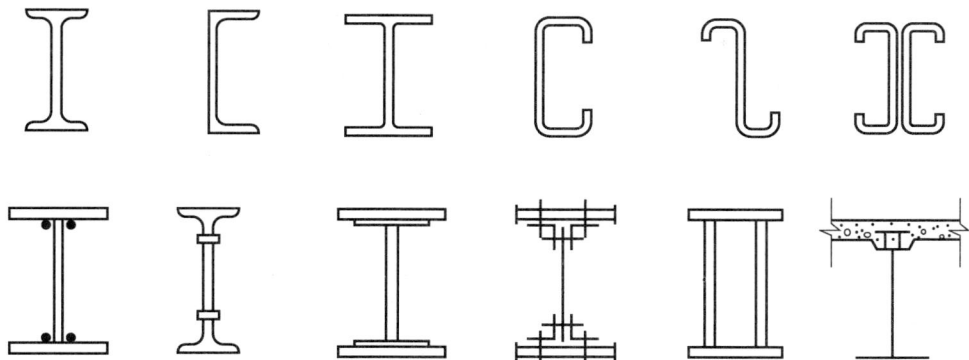

图 7-97　钢梁类型

B. 按梁截面沿长度有无变化分为等截面梁和变截面梁。梁的极限承载能力应考虑弯、剪、扭及综合效应。

a. 梁的正应力：

单向弯曲时：

$$\sigma = \frac{M_x}{\gamma_x W_{nx}} \leqslant f \tag{7-2}$$

双向弯曲时：

$$\sigma = \frac{M_x}{\gamma_x W_{nx}} + \frac{M_y}{\gamma_y W_{ny}} \leqslant f \tag{7-3}$$

b. 梁的剪应力：

$$\tau = \frac{VS}{I t_w} \leqslant f_v \tag{7-4}$$

式中　S——计算剪应力处以上毛截面对中和轴的面积矩；

f_v——钢材的抗剪强度设计值。

c. 梁的局部压应力：

局部压应力作用

$$\sigma_c = \frac{\psi F}{t_w l_z} \leqslant f \tag{7-5}$$

式中　ψ——集中荷载增大系数，对重级工作制吊车梁取 $\psi = 1.35$，其他取 $\psi = 1.0$；

l_z——压应力分布长度。

③ 拉弯、压弯构件的应用和强度计算（主要包括钢柱和屋架上、下弦杆）

A. 拉弯、压弯构件的应用：

拉弯构件主要应用于钢屋架受节点力下弦杆。其受力简图如图 7-98 所示。

压弯构件应用于厂房框架柱、多高层建筑框架柱、屋架上弦，其受力简图如图 7-99 所示。

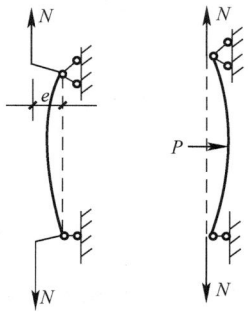

图 7-98　拉弯构件受力简图　　　　图 7-99　压弯构件受力简图

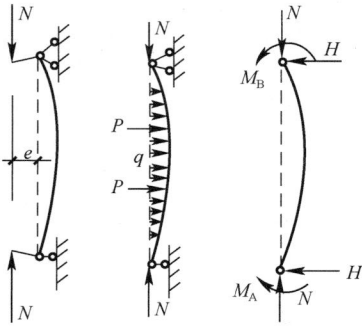

B. 拉弯、压弯构件的强度计算：

单向压弯（拉弯）构件强度极限状态：

$$\frac{N}{A_n}+\frac{M}{\gamma_x W_{nx}} \leqslant f \tag{7-6}$$

式中　A_n——净截面面积；

　　　W_{nx}——净截面对 x 轴的抵抗矩；

　　　f——钢材抗压（拉）承载力设计值。

双向压弯（拉弯）构件

$$\frac{N}{A_n}\pm\frac{M_x}{\gamma_x W_{nx}}\pm\frac{M_y}{\gamma_y W_{ny}} \leqslant f \tag{7-7}$$

式中　W_{ny}——净截面对 y 轴的抵抗矩；

　　　γ_x、γ_y——截面塑性发展系数。

5. 砌体结构

砌体结构具有容易就地取材，造价低廉，具有良好的耐火性和较好的耐久性，受环境气候和施工条件的影响较小，隔声、隔热和保温性能好；采用配筋砌体还可提高强度，改善延性和抗震性能的优点。但与钢和混凝土相比，砌体强度较低，结构自重大；而且砌体的砌筑施工劳动量大；砌体的抗拉和抗剪强度较抗压强度更低，因此无筋砌体抗震性能较差；黏土砖制造耗用黏土，影响农业生产，不利于环保。

（1）砌体结构的材料及强度等级

1）块材

块材是砌体的主要组成部分，通常占砌体总体积的 78％以上。我国目前的块材主要有以下几类：

① 砖

A. 烧结普通砖：烧结普通砖简称普通砖，指以黏土、页岩、煤矸石、粉煤灰为主要原料，经过焙烧而成的实心的或孔洞率不大于规定值且外形尺寸符合规定的砖。

烧结普通砖可分为烧结黏土砖、烧结页岩砖、烧结煤矸石砖、烧结粉煤灰砖等。全国统一规定这种砖的尺寸为 240mm×115mm×53mm，习惯上称为标准砖。烧结普通砖的强度等级有 MU30、MU25、MU20、MU15 和 MU10 五个等级。

B. 非烧结硅酸盐砖：非烧结硅酸盐砖是指以硅酸盐材料、石灰、砂石、矿渣、粉煤灰等为主要材料压制成型后经蒸汽养护制成的实心砖。常用的有蒸压灰砂砖、蒸压粉煤灰砖、炉渣砖、矿渣砖等。

蒸压灰砂砖简称灰砂砖，是以石灰和砂为主要原料，经坯料制备、压制成型、蒸压养护而成的实心砖，其强度等级有 MU25、MU20、MU15 和 MU10。

蒸压粉煤灰砖简称粉煤灰砖，是以粉煤灰、石灰为主要原料，掺配适量的石膏和集料，经坯料制备、压制成型、高压蒸汽养护而成的实心砖，有 MU20、MU15、MU10 和 MU7.5 四个强度等级。

炉渣砖亦称煤渣砖，以炉渣为主要原料，掺配适量的石灰、石膏或其他集料制成。

矿渣砖以未经水淬处理的高炉炉渣为主要原料，掺配适量的石灰、粉煤灰或炉渣制成。

C. 烧结多孔砖：烧结多孔砖简称多孔砖，是指以黏土、页岩、煤矸石或粉煤灰为主要原料，经焙烧而成的具有竖向孔洞（孔洞率不小于 25%，孔的尺寸小而数量多）的砖。型号有 KM1、KP1 和 KP2 三种。烧结多孔砖主要用于承重砌体，其强度等级划分为 MU30、MU25、MU20、MU15 和 MU10。

② 砌块：砌筑结构中除了砖以外的、尺寸较大的块材称砌块。可分为小型、中型和大型三类。高度在 180～350mm 的一般称为小型砌块，便于手工砌筑，使用上也较灵活。高度在 350～900mm 的一般称为中型砌块。高度大于 900mm 的一般称为大型砌块。

砌块一般用水泥混凝土或硅酸盐材料制成。主要有小型混凝土空心砌块、加气混凝土砌块、水泥炉渣空心砌块、粉煤灰硅酸盐砌块等。砌块的强度等级分为 MU20、MU15、MU10、MU7.5 和 MU5 五级。

③ 石材：石材抗压强度高，抗冻性、抗水性及耐久性均较好，通常用于建筑物基础、挡土墙等，也可用于建筑物墙体。砌体中的石材应选用无明显风化的天然石材。石材的强度等级共分七级：MU100、MU80、MU60、MU50、MU40、MU30 和 MU20。

石材按加工后的外形规则程度分为料石和毛石两种。

A. 料石：料石分为细料石、半细料石和粗料石。细料石通过细加工，外形规则，叠砌面凹入深度不应大于 10mm，截面的宽度、高度不应小于 200mm，且不应小于长度的 1/4；半细料石的规格尺寸同细料石，但叠砌面凹入深度不应大于 15mm；粗料石的规格尺寸同细料石，但叠砌面凹入深度不应大于 20mm。

B. 毛石：指形状不规则，中部厚度不小于 200mm 的石材。

2）砂浆

砂浆是砌体结构的另一类重要材料，砂浆的作用是将块材连成整体，从而改善块材在砌体中的受力状态，使其应力均匀分布，提高了砌体强度。同时因砂浆填满了块材间的缝隙，也降低了砌体的透气性，提高了砌体的防水、隔热、抗冻等性能。

按配料成分不同，砂浆分为以下几种：水泥砂浆、水泥混合砂浆、非水泥砂浆、混凝土砌块砌筑砂浆。

砌筑砂浆的强度等级共有 M15、M10、M7.5、M5 和 M2.5 五个等级。

（2）砌体结构构件的承载力

无筋受压砌体承载力计算

1）影响砌体抗压承载力的因素

A. 砌体的抗压强度。

B. 偏心距（$e=M/N$）：当其他条件相同时，随着偏心距的增大，截面应力分布变得愈来愈不均匀；并且受压区愈来愈小，甚至出现受拉区；其承载力愈来愈小；截面从压坏可变为水平通缝过宽影响正常使用，甚至被拉坏。

C. 高厚比 β：砌体的高厚比 β 是指砌体的计算高度 H_0 与对应于计算高度方向的截面尺寸之比，$\beta \leqslant 3$ 时为短柱，$\beta > 3$ 时为长柱。当矩形截面两个方向计算高度相等时，轴压柱 $\beta = H_0/b$；偏心受压柱（单向偏心受压沿长边 h 偏心）：偏心方向 $\beta = H_0/h$，垂直偏心方向 $\beta = H_0/b$。对于墙体 $\beta = H_0/h$（h 指墙厚）。随着高厚比的增加，构件承载力将降低；对于轴压短柱，纵向弯曲很小，可以忽略，不考虑高厚比影响。

D. 砂浆强度等级：对于长柱，若提高砂浆强度等级，可以减少纵向弯曲，减少应力的不均匀分布。

《砌体结构设计规范》GB 50003—2011 给出了单向偏心受压的高厚比及偏心距、砂浆强度等级对纵向受力构件承载力的影响系数 φ。

当 $\beta \leqslant 3$ 时

$$\varphi = \frac{1}{12\left(\dfrac{e}{h}\right)^2} \tag{7-8}$$

当 $\beta > 3$ 时

$$\varphi = \frac{1}{1 + 12\left[\dfrac{e}{h} + \sqrt{\dfrac{1}{12}\left(\dfrac{1}{\varphi_0} - 1\right)}\right]^2} \tag{7-9}$$

式中　e——轴向力的偏心距；

$\quad\quad h$——矩形截面的轴向力偏心方向的边长；

$\quad\quad \varphi_0$——轴心受压构件的稳定系数，$\varphi_0 = 1/(1 + \alpha\beta^2)$；

$\quad\quad \alpha$——与砂浆强度等级有关的系数，当砂浆强度等级大于或等于 M5 时，α 等于 0.0015；当砂浆强度等级等于 M2.5 时，α 等于 0.002；当砂浆强度等级 f_2 等于 α_0 时，α 等于 0.009；

$\quad\quad \beta$——构件的高厚比。

2）承载力计算公式（$e \leqslant 0.6y$）

$$N \leqslant N_u = \varphi f A \tag{7-10}$$

应用式（7-9）时应注意以下两点：

A. 当为偏心受压时，除计算偏心方向计算承载力外，还应计算垂直偏心方向计算承载力即按轴压考虑，特别是 h 较大，e 较小，b 较小，在短边方向可能先发生轴压破坏。

B. 由于各类砌体在强度达到极限时变形有较大差别，因此在计算 φ 时，高厚比还应进行修正，乘以砌体高厚比修正系数 γ_β，即 $\beta = \gamma_\beta H_0/h$，$\gamma_\beta$ 值见表 7-3。

砌体高厚比修正系数	表 7-3
砌体材料类别	γ_β
烧结普通砖、烧结多孔砖	1.0
混凝土及轻骨料混凝土砌块	1.1
蒸压灰砂砖、蒸压粉煤灰砖、细料石、半细料石	1.2
粗料石、毛石	1.5

【例 7-5】已知某单向偏心受压柱（沿长边偏心），截面尺寸 $b \times h = 370\text{mm} \times 620\text{mm}$，柱计算高度 $H_0 = 5\text{m}$（两方向相等），承受轴向压力设计值 $N = 108\text{kN}$，弯矩设计值 $M = 15\text{kN} \cdot \text{m}$，采用 MU10 烧结普通砖、M5 混合砂浆（$f = 1.5\text{N/mm}^2$），试验算该砌体的承载力。

【解】（1）计算偏心方向的承载力：

$e = M/N = 139\text{mm} < 0.6y = 186\text{mm}$，满足要求。

$\beta = \gamma_\beta H_0/h = 8 > 3$，$e/h = 139/620 = 0.024$，由式（7-8）得：

$\varphi_0 = 1/(1 + \alpha\beta^2) = 0.912$

$\varphi = 0.459$

$A = 0.37 \times 0.62 = 0.23\text{m}^2 < 0.7\text{m}^2$，所以砌体强度 f 应乘以调整系数 $\gamma_a = A + 0.7 = 0.93$。

$N_u = \varphi f A = 147\text{kN} > N = 108\text{kN}$

所以偏心方向的承载力满足要求。

（2）验算垂直弯矩方向的承载力：

$\beta = \gamma_\beta H_0/b = 1.0 \times 5000/370 = 13.5 > 3$

$\varphi_0 = 1/(1 + \alpha\beta^2) = 0.785$

对轴心受压构件，$\varphi = \varphi_0$，故 $\varphi = 0.785$。

$N_u = \varphi f A = 128\text{kN} > N = 108\text{kN}$

所以垂直偏心方向的承载力满足要求。

（3）砌体结构的基本构造措施

1）无筋砌体的基本构造措施

砌体结构的构造是确保房屋结构整体性和结构安全的可靠措施。墙体的构造措施主要包括三个方面，即伸缩缝、沉降缝和圈梁。

① 伸缩缝：由于温度改变，容易在墙体上造成裂缝，可用伸缩缝将房屋分成若干单元，使每单元的长度限制在一定范围内。伸缩缝应设在温度变化和收缩变形可能引起应力集中、砌体产生裂缝的地方。伸缩缝两侧宜设承重墙体，其基础可不分开。

② 沉降缝：当地基土质不均匀，或房屋各部分承载差异较大，房屋将引起过大不均匀沉降，造成房屋开裂，严重影响建筑物的正常使用，甚至危及其安全。为防止沉降裂缝的产生，可用沉降缝在适当部位将房屋分成若干刚度较好的单元，沉降缝处的基础必须分开。

③ 圈梁：纵横墙交接处的圈梁应有可靠的连接。刚弹性和弹性方案房屋，圈梁应与屋架、大梁等构件可靠连接。钢筋混凝土圈梁的宽度宜与墙厚相同，当墙厚 h 不小于

240mm 时，其宽度不宜小于 2h/3。圈梁高度不应小于 120mm。纵向钢筋不应少于 4φ10，绑扎接头的搭接长度按受拉钢筋考虑，箍筋间距不应大于 300mm。

2）配筋砌体构造

① 网状配筋砌体：为了使网状配筋砌体安全可靠地工作，除满足承载力要求外，还应满足以下构造要求：

A. 网状配筋砌体体积配筋率不宜小于 0.1%，且不应大于 1%。钢筋网的间距不应大于 5 皮砖，亦不应大于 400mm。配筋率过小，强度提高不明显；配筋率过大，破坏时，钢筋不能充分利用。

B. 钢筋的直径 3～4mm（连弯网式钢筋的直径不应大于 8mm）。钢筋直径过细，由于锈蚀降低承载力；钢筋过粗，增大灰缝厚度，对砌体受力不利。

C. 网内钢筋间距不应大于 120mm 且不应小于 30mm。钢筋间距过小，灰缝中的砂浆难以密实均匀；间距过大，钢筋的砌体横向约束作用不明显。为保证钢筋与砂浆有足够的粘结力，网内砂浆强度等级不应低于 M7.5，灰缝厚度应保证钢筋上下各有 2mm 砂浆层。

② 组合砌体

组合砌体由砌体和面层混凝土（或面层砂浆）两种材料组成，故应保证它们之间有良好的整体性和工作性能。具体要求如下：

A. 面层水泥砂浆强度等级不宜低于 M10，面层厚度 30～45mm。竖向钢筋宜采用 HPB300，受压钢筋一侧的配筋率不宜小于 0.1%。

B. 面层混凝土强度等级宜采用 C20，面层厚度大于 45mm，受压钢筋一侧的配筋率不应小于 0.2%，竖向钢筋宜采用 HPB300 级钢筋，也可用 HRB335 级钢筋。

C. 砌筑砂浆强度等级不宜低于 M7.5。竖向钢筋直径不应小于 8mm，净间距不应小于 30mm，受拉钢筋配筋率不应小于 0.1%。箍筋直径不宜小于 4mm 及不小于 0.2 倍受压钢筋的直径，并不宜大于 6mm，箍筋的间距不应小于 120mm，也不应大于 500mm 及 20d。

D. 当组合砌体一侧受力钢筋多于 4 根时，应设置附加箍筋和拉结筋。对于截面长短边相差较大的构件（如墙体等），应采用穿通构件或墙体的拉结筋作为箍筋，同时设置水平分布钢筋，以形成封闭的箍筋体系。水平分布钢筋的竖向间距及拉结筋的水平间距均不应大于 500mm。

八、工程预算

（一）工程计量

1. 建筑面积计算

（1）基本概念

1）建筑面积

建筑面积指建筑物（包括墙体）所形成的楼地面面积。建筑面积包括使用面积、辅助面积和结构面积。

2）使用面积

使用面积是指建筑物各层平面布置中，可直接为生活或生产使用的净面积总和。

3）辅助面积

辅助面积是指建筑物各层平面布置中为生活或辅助生产所占净面积的总和。使用面积与辅助面积的总和称为"有效面积"。

4）结构面积

结构面积是指建筑物各层平面布置中的墙体、柱等结构所占面积的总和。

从工程经济的角度，计算工业与民用建筑的建筑面积总的规则是：凡在结构上、使用上形成具有一定使用功能的建筑物和构筑物，并能单独计算出其水平面积及其相应消耗的人工、材料和机械用量的，应计算建筑面积；反之，不应计算建筑面积。建筑面积是确定建设规模的重要指标，是确定各项技术经济指标的基础。

（2）计算建筑面积的作用

1）是确定建设规模的重要指标

根据项目立项批准文件所核准的建筑面积，是初步设计的重要控制指标。对于国家投资的项目，施工图的建筑面积不得超过初步设计的 5%，否则必须重新报批。

2）是确定各项技术经济指标的基础

有了具体的建筑面积，才能确定每平方米建筑面积的工程造价。

3）是计算有关分项工程量的依据

应用统筹计算方法，根据底层建筑面积，就可以很方便地推算出室内回填土体积、地（楼）面面积和顶棚面积等。另外，建筑面积也是脚手架、垂直运输机械费用的计算依据。

4）是选择概算指标和编制概算的主要依据

概算指标通常是以建筑面积为计量单位。用概算指标编制概算时，要以建筑面积为计算基础。

（3）计算建筑面积的规定

《建筑工程建筑面积计算规范》GB/T 50353—2013 规定了建筑面积的计算方法。

1）建筑物的建筑面积应按自然层外墙结构外围水平面积之和计算。结构层高在2.20m及以上的，应计算全面积；结构层高在2.20m以下的，应计算1/2面积。

2）建筑物内设有局部楼层时，对于局部楼层的二层及以上楼层，有围护结构的应按其围护结构外围水平面积计算，无围护结构的应按其结构底板水平面积计算，且结构层高在2.20m及以上的，应计算全面积，结构层高在2.20m以下的，应计算1/2面积。

3）对于形成建筑空间的坡屋顶，结构净高在2.10m及以上的部位应计算全面积；结构净高在1.20m及以上至2.10m以下的部位应计算1/2面积；结构净高在1.20m以下的部位不应计算建筑面积。

4）对于场馆看台下的建筑空间，结构净高在2.10m及以上的部位应计算全面积；结构净高在1.20m及以上至2.10m以下的部位应计算1/2面积；结构净高在1.20m以下的部位不应计算建筑面积。室内单独设置的有围护设施的悬挑看台，应按看台结构底板水平投影面积计算建筑面积。有顶盖无围护结构的场馆看台应按其顶盖水平投影面积的1/2计算面积。

5）地下室、半地下室应按其结构外围水平面积计算。结构层高在2.20m及以上的，应计算全面积；结构层高在2.20m以下的，应计算1/2面积。

6）出入口外墙外侧坡道有顶盖的部位，应按其外墙结构外围水平面积的1/2计算面积。

7）建筑物架空层及坡地建筑物吊脚架空层，应按其顶板水平投影计算建筑面积。结构层高在2.20m及以上的，应计算全面积；结构层高在2.20m以下的，应计算1/2面积。

8）建筑物的门厅、大厅应按一层计算建筑面积，门厅、大厅内设置的走廊应按走廊结构底板水平投影面积计算建筑面积。结构层高在2.20m及以上的，应计算全面积；结构层高在2.20m以下的，应计算1/2面积。

9）对于建筑物间的架空走廊，有顶盖和围护设施的，应按其围护结构外围水平面积计算全面积；无围护结构、有围护设施的，应按其结构底板水平投影面积计算1/2面积。

10）对于立体书库、立体仓库、立体车库，有围护结构的，应按其围护结构外围水平面积计算建筑面积；无围护结构、有围护设施的，应按其结构底板水平投影面积计算建筑面积。无结构层的应按一层计算，有结构层的应按其结构层面积分别计算。结构层高在2.20m及以上的，应计算全面积；结构层高在2.20m以下的，应计算1/2面积。

11）有围护结构的舞台灯光控制室，应按其围护结构外围水平面积计算。结构层高在2.20m及以上的，应计算全面积；结构层高在2.20m以下的，应计算1/2面积。

12）附属在建筑物外墙的落地橱窗，应按其围护结构外围水平面积计算。结构层高在2.20m及以上的，应计算全面积；结构层高在2.20m以下的，应计算1/2面积。

13）窗台与室内楼地面高差在0.45m以下且结构净高在2.10m及以上的凸（飘）窗，应按其围护结构外围水平面积计算1/2面积。

14）有围护设施的室外走廊（挑廊），应按其结构底板水平投影面积计算1/2面积；有围护设施（或柱）的檐廊，应按其围护设施（或柱）外围水平面积计算1/2面积。

15）门斗应按其围护结构外围水平面积计算建筑面积，且结构层高在2.20m及以上的，应计算全面积；结构层高在2.20m以下的，应计算1/2面积。

16）门廊应按其顶板的水平投影面积的 1/2 计算建筑面积；有柱雨篷应按其结构板水平投影面积的 1/2 计算建筑面积；无柱雨篷的结构外边线至外墙结构外边线的宽度在 2.10m 及以上的，应按雨篷结构板的水平投影面积的 1/2 计算建筑面积。

17）设在建筑物顶部的、有围护结构的楼梯间、水箱间、电梯机房等，结构层高在 2.20m 及以上的应计算全面积；结构层高在 2.20m 以下的，应计算 1/2 面积。

18）围护结构不垂直于水平面的楼层，应按其底板面的外墙外围水平面积计算。结构净高在 2.10m 及以上的部位，应计算全面积；结构净高在 1.20m 及以上至 2.10m 以下的部位，应计算 1/2 面积；结构净高在 1.20m 以下的部位，不应计算建筑面积。

19）建筑物的室内楼梯、电梯井、提物井、管道井、通风排气竖井、烟道，应并入建筑物的自然层计算建筑面积。有顶盖的采光井应按一层计算面积，且结构净高在 2.10m 及以上的，应计算全面积；结构净高在 2.10m 以下的，应计算 1/2 面积。

20）室外楼梯应并入所依附建筑物自然层，并应按其水平投影面积的 1/2 计算建筑面积。

21）在主体结构内的阳台，应按其结构外围水平面积计算全面积；在主体结构外的阳台，应按其结构底板水平投影面积计算 1/2 面积。

22）有顶盖无围护结构的车棚、货棚、站台、加油站、收费站等，应按其顶盖水平投影面积的 1/2 计算建筑面积。

23）以幕墙作为围护结构的建筑物，应按幕墙外边线计算建筑面积。

24）建筑物的外墙外保温层，应按其保温材料的水平截面积计算，并计入自然层建筑面积。

25）与室内相通的变形缝，应按其自然层合并在建筑物建筑面积内计算。对于高低联跨的建筑物，当高低跨内部连通时，其变形缝应计算在低跨面积内。

26）对于建筑物内的设备层、管道层、避难层等有结构层的楼层，结构层高在 2.20m 及以上的，应计算全面积；结构层高在 2.20m 以下的，应计算 1/2 面积。

27）下列项目不应计算建筑面积：

① 与建筑物内不相连通的建筑部件；

② 骑楼、过街楼底层的开放公共空间和建筑物通道；

③ 舞台及后台悬挂幕布和布景的天桥、挑台等；

④ 露台、露天游泳池、花架、屋顶的水箱及装饰性结构构件；

⑤ 建筑物内的操作平台、上料平台、安装箱和罐体的平台；

⑥ 勒脚、附墙柱、垛、台阶、墙面抹灰、装饰面、镶贴块料面层、装饰性幕墙，主体结构外的空调室外机搁板（箱）、构件、配件，挑出宽度在 2.10m 以下的无柱雨篷和顶盖高度达到或超过两个楼层的无柱雨篷；

⑦ 窗台与室内地面高差在 0.45m 以下且结构净高在 2.10m 以下的凸（飘）窗，窗台与室内地面高差在 0.45m 及以上的凸（飘）窗；

⑧ 室外爬梯、室外专用消防钢楼梯；

⑨ 无围护结构的观光电梯；

⑩ 建筑物以外的地下人防通道，独立的烟囱、烟道、地沟、油（水）罐、气柜、水塔、贮油（水）池、贮仓、栈桥等构筑物。

2. 装饰装修工程的工程量计算

（1）基本概念

1）工程量的含义

工程量是指以物理计量单位或自然计量单位所表示的建筑工程各个分项工程或结构构件的实物数量。物理计量单位是指以度量表示的长度、面积、体积和重量等计量单位；自然计量单位指建筑成品表现在自然状态下的简单点数所表示的个、条、樘、块等计量单位。

工程量是确定建筑安装工程费用，编制施工规划，安排工程施工进度，编制材料供应计划，进行工程统计和经济核算的重要依据。

2）工程量计算依据

① 施工图纸及设计说明、相关图集、设计变更、图纸答疑、会审记录等。

② 工程施工合同、招标文件的商务条款。

③ 工程量计算规则。

3）工程量计算规则

工程量计算规则是确定建筑产品分部分项工程数量的基本规则，是实施工程量清单计价，提供工程量数据的最基础的资料之一，不同的计算规则，会有不同的分部分项工程量。

4）工程量清单项目与基础定额项目工程量计算规则的区别与联系

现行国家标准《建设工程工程量清单计价规范》GB 50500—2013 是以现行的全国统一工程预算定额为基础，特别是在项目划分、计量单位、工程量计算规则等方面，尽可能多地与定额衔接，但工程量清单中的工程量是针对建筑产品而言的，且工程量清单计价是市场经济条件下的工程造价计价方式。在编制工程量计算规则时，对基础定额工程量计算规则中不适用于工程量清单项目的，以及不能满足工程量清单项目设置要求的部分进行了修改和调整。主要调整如下：

A. 编制对象与综合内容不同：工程量清单项目的工程内容是以最终产品为对象，按实际完成一个综合实体项目所需工程内容列项；

B. 计算口径的调整：工程量清单项目工程量计算规则是按工程实体尺寸的净量计算，不考虑施工方法和加工余量；基础定额项目计量则是考虑了不同施工方法和加工余量的实际数量；

C. 计量单位的调整：工程量清单项目的计量单位一般采用基本的物理计量单位或自然计量单位，如 m^2、m^3、m、kg、t 等，基础定额中的计量单位一般为扩大的物理计量单位或自然计量单位，如 $100m^2$、$1000m^3$、100m 等。

（2）工程量计算的方法

1）工程量计算顺序

为了避免漏算或重算，提高计算的准确程度，工程量的计算应按照一定的顺序进行。一般有以下几种顺序：

① 单位工程计算顺序

单位工程计算顺序一般按计价规范清单列项顺序计算。即按照计价规范上的分章或分部分项工程顺序来计算工程量。

② 单个分部分项工程计算顺序

A. 按照顺时针方向计算法：即先从平面图的左上角开始，自左至右，然后再由上而下，最后转回到左上角为止，这样按顺时针方向转圈依次进行计算；

B. 按"先横后竖、先上后下、先左后右"计算法：即在平面图上从左上角开始，按"先横后竖、从上而下、自左到右"的顺序计算工程量；

C. 按图纸分项编号顺序计算法：即按照图纸上所标注结构构件、配件的编号顺序进行计算工程量。

2）工程量计算的注意事项

① 严格按照规范规定的工程量计算规则计算工程量。

② 应按一定顺序计算工程量。

③ 工程量计量单位必须与清单计价规范中规定的计量单位相一致。

④ 计算口径要一致。施工图列出的工程量清单项目的口径（明确清单项目的工程内容与计算范围）必须与清单计价规范中相应清单项目的口径相一致。所以计算工程量除必须熟悉施工图纸外，还必须熟悉每个清单项目所包括的工程内容和范围。

⑤ 力求分层分段计算。要结合施工图纸尽量做到结构按楼层，内装修按楼层分房间，外装修按施工层分立面计算，或按施工方案的要求分段计算，或按使用的材料不同分别进行计算。这样，在计算工程量时既可避免漏项，又可为安排施工进度和编制资源计划提供数据。

⑥ 加强自我检查复核。

（3）用统筹法计算工程量

运用统筹法计算工程量，就是分析工程量计算中各分部分项工程量计算之间的固有规律和相互之间的依赖关系，运用统筹法原理和统筹图图解来合理安排工程量的计算程序，以达到节约时间、简化计算、提高工效、及时准确地编制工程预算提供科学数据的目的。运用统筹法原理，对每个分部分项工程的工程量进行分析，然后依据计算过程的内在联系，按先主后次，统筹安排计算程序，可以简化烦琐的计算，形成统筹计算工程量的计算方法。

1）统筹法计算工程量应遵循以下基本要点

统筹程序，合理安排；利用基数，连续计算；一次算出，多次使用；结合实际，灵活机动。

一般常遇到的几种情况及采用的方法如下：

① 分段计算法：当基础断面不同，在计算基础工程量时，就应分段计算。

② 分层计算法：如遇多层建筑物，各楼层的建筑面积或砌体砂浆强度等级不同时，均可分层计算。

③ 补加计算法：即在同一分项工程中，遇到局部外形尺寸或结构不同时，为便于利用基数进行计算，可先将其看作相同条件计算，然后再加上多出部分的工程量。

④ 补减计算法：与补加计算法相似，只是在原计算结果上减去局部不同部分工程量。如在楼地面工程中，各层楼面除每层盥洗间为水磨石面层外，其余均为水泥砂浆面层，则可先按各楼层均为水泥砂浆面层计算，然后补减盥洗间的水磨石地面工程量。

2) 统筹图

统筹图以"三线一面"作为基数,连续计算与之有共性关系的分部分项工程量,而与基数有共性关系的分部分项工程量则用"册"或图示尺寸进行计算。

① 统筹图的主要内容

统筹图主要由计算工程量的主次程序线、基数、分部分项工程量计算式及计算单位组成。主要程序线是指在"线""面"基数上连续计算项目的线,次要程序线是指在分部分项项目上连续计算的线。

② 计算程序的统筹安排

统筹图的计算程序安排是根据下述原则考虑的:

A. 共性合在一起,个性分别处理:分部分项工程量计算程序的安排,是根据分部分项工程之间共性与个性的关系,采取共性合在一起,个性分别处理的办法。

B. 先主后次,统筹安排:用统筹法计算各分项工程量是从"线""面"基数的计算开始的。计算顺序必须本着先主后次原则统筹安排,才能达到连续计算的目的。

C. 独立项目单独处理:钢窗或木门窗、金属或木构件、台阶、楼梯等独立项目的工程量计算,与墙的长度、建筑面积没有关系,不能合在一起,也不能用"线""面"基数计算时,需要单独处理。

③ 统筹法计算工程量的步骤

用统筹法计算工程量大体可分为五个步骤,如图 8-1 所示。

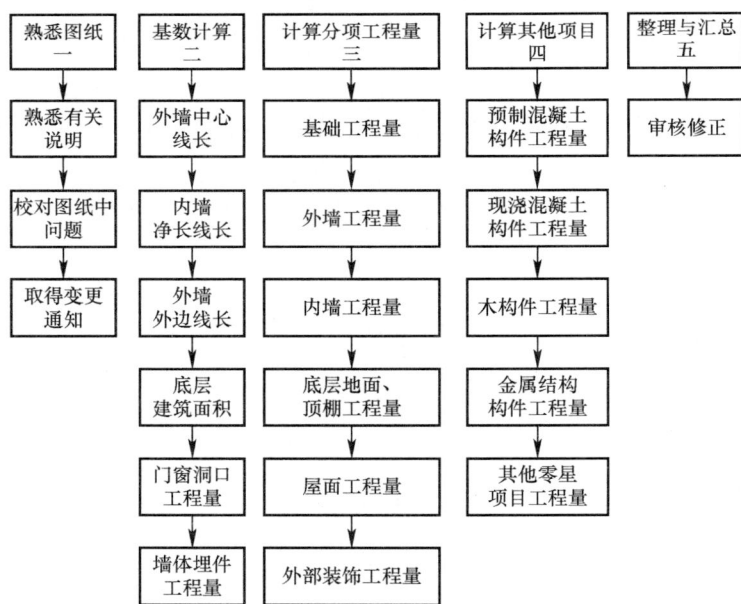

图 8-1 利用统筹法计算分部分项工程量步骤图

(4) 计量的规则

工程量计算是编制工程量清单的重要内容,也是进行工程估价的重要依据。根据《房屋建筑与装饰工程工程量计算规范》GB 50854—2013 附录,对装饰工程工程量计算规则举例如下:

附录：L 楼地面装饰工程

1）整体面层及找平层：包括水泥砂浆楼地面、现浇水磨石楼地面、细石混凝土楼地面、菱苦土楼地面、自流坪楼地面。按设计图示尺寸以面积计算。扣除凸出地面构筑物、设备基础、室内铁道、地沟等所占面积，不扣除间壁墙及不大于 $0.3m^2$ 柱、垛、附墙烟囱及孔洞所占面积。门洞、空圈、暖气包槽、壁龛的开口部分不增加面积。平面砂浆找平层，按设计图示尺寸以面积计算。

2）块料面层：包括石材楼地面、碎石材楼地面、块料楼地面。按设计图示尺寸以面积计算。门洞、空圈、暖气包槽、壁龛的开口部分并入相应的工程量内。

3）橡塑面层：包括橡胶板楼地面、橡胶卷材楼地面、塑料板楼地面、塑料卷材楼地面。按设计图示尺寸以面积计算。门洞、空圈、暖气包槽、壁龛的开口部分并入相应的工程量内。

4）其他材料面层：包括地毯楼地面、竹、木（复合）地板、金属复合地板、防静电活动地板。按设计图示尺寸以面积计算。门洞、空圈、暖气包槽、壁龛的开口部分并入相应的工程量内。

5）踢脚线：包括水泥砂浆踢脚线、石材踢脚线、块料踢脚线、塑料板踢脚线、木质踢脚线、金属踢脚线、防静电踢脚线。①以平方米计量：按设计图示长度乘以高度以面积计算；②以米计量：按延长米计算。

6）楼梯面层：包括石材楼梯面层、块楼梯面层、拼碎块料面层、水泥砂浆楼梯面层、现浇水磨石楼梯面层、地毯楼梯面层、木板楼梯面层、橡胶板楼梯面层、塑料板楼梯面层。按设计图示尺寸以楼梯（包括踏步、休息平台及不大于 500mm 的楼梯井）水平投影面积计算。楼梯与楼地面相连时，算至梯口梁内侧边沿；无梯口梁者，算至最上一层踏步边沿加 300mm。

7）台阶装饰：包括石材台阶面、块料台阶面、拼碎块料台阶面、水泥砂浆台阶面、现浇水磨石台阶面、剁假石台阶面。按设计图示尺寸以台阶（包括最上层踏步边沿加 300mm）水平投影面积计算。

8）零星装饰项目：包括石材零星项目、拼碎石材零星项目、块料零星项目、水泥砂浆零星项目。按设计图示尺寸以面积计算。

其他分部分项工程的工程量计算规则参见《房屋建筑与装饰工程工程量计算规范》GB 50854—2013 有关附录。

（二）工程造价计价

1. 工程造价的构成

（1）建设项目总投资和工程造价的概念

1）建设项目总投资的概念

建设项目总投资是指为完成工程项目建设并达到使用要求或生产条件，在建设期内预计或实际投入的总费用。生产性建设项目总投资包括建设投资、建设期利息和流动资金三部分；非生产性建设项目总投资包括建设投资和建设期利息两部分。其中建设投资和建设期利息之和对应于固定资产投资。

建设投资由设备及工器具购置费、建筑安装工程费、工程建设其他费用和预备费(包括基本预备费和价差预备费)组成。

设备及工器具购置费是指购置或自制的达到固定资产标准的设备、工器具及生产家具等所需的费用。设备及工器具购置费由设备原价、工器具原价和运杂费(包括设备成套公司服务费)组成。

建筑工程费是指建筑物、构筑物及与其配套的线路、管道等的建造、装饰费用。安装工程费是指设备、工艺设施及其附属物的组合、装配、调试等费用。

工程费用是指建设期内直接用于工程建造、设备购置及其安装的费用,包括建筑工程费、设备及工器具购置费和安装工程费。

工程建设其他费用是指建设期发生的与土地使用权取得、整个工程项目建设以及未来生产经营有关的费用。工程建设其他费用可分为三类:第一类是建设用地费,包括土地征用及迁移补偿费和土地使用权出让金;第二类是与项目建设有关的费用,包括建设管理费、勘察设计费、研究试验费等;第三类是与未来企业生产经营有关的费用,包括联合试运转费、生产准备费、办公和生活家具购置费等。

建设期利息是指在建设期内应计的利息和在建设期内为筹集项目资金发生的费用。

流动资金指进行正常生产经营,用于购买原材料、燃料、支付工资及其他运营所需的周转资金。在项目可行性研究阶段用于财务分析时的总投资包括全部流动资金,在初步设计及以后阶段用于计算"项目报批总投资"或"项目概算总投资"中只包括铺底流动资金,其金额通常为流动资金总额的30%。

固定资产投资可以分为静态投资部分和动态投资部分。静态投资部分由建筑安装工程费、设备及工器具购置费、工程建设其他费和基本预备费构成。动态投资部分,是指在建设期内,因建设期利息和国家新批准的税费、汇率、利率变动以及建设期价格变动引起的建设投资增加额,包括价差预备费、建设期利息等。

2)工程造价的概念

根据《工程造价术语标准》GB/T 50875—2013,工程造价是指工程项目在建设期预计或实际支出的建设费用。包括工程费用、工程建设其他费用和预备费。

(2)建设项目总投资组成表

建设项目总投资组成见表8-1。

建设项目总投资组成表 表 8-1

			费用项目名称
建设项目总投资	建设投资	第一部分 工程费用	设备及工器具购置费
			建筑安装工程费
		第二部分 工程建设其他费用	1. 建设用地费
			2. 建设管理费
			3. 可行性研究费
			4. 专项评价费
			5. 研究试验费
			6. 勘察设计费

费用项目名称			
建设项目总投资	建设投资	第二部分 工程建设其他费用	7. 场地准备费和临时设施费
			8. 引进技术和进口设备材料其他费
			9. 特殊设备安全监督检验费
			10. 市政公用配套设施费
			11. 工程保险费
			12. 专利及专有技术使用费
			13. 联合试运转费
			14. 生产准备费
			15. 其他
		第三部分 预备费	基本预备费
			价差预备费
	建设期利息		
	流动资产投资——流动资金		

注：表 8-1 中列示的项目总投资主要是指在项目可行性研究阶段用于财务分析时的总投资构成，在"项目报批总投资"或"项目概算总投资"中只包括铺底流动资金，其金额通常为流动资金总额的 30％。

（3）按费用构成要素划分的建筑安装工程费用项目组成

建筑安装工程费按照费用构成要素划分，由人工费、材料（包含工程设备，下同）费、施工机具使用费、企业管理费、利润、规费和税金组成。其中人工费、材料费、施工机具使用费、企业管理费和利润包含在分部分项工程费、措施项目费、其他项目费中（如图 8-2 所示）。

1）人工费

人工费是指按工资总额构成规定，支付给从事建筑安装工程施工的生产工人和附属生产单位工人的各项费用。内容包括：

① 计时工资或计件工资

计时工资或计件工资是指按计时工资标准和工作时间或对已做工作按计件单价支付给个人的劳动报酬。

② 奖金

奖金是指对超额劳动和增收节支支付给个人的劳动报酬。如节约奖、劳动竞赛奖等。

③ 津贴、补贴

津贴补贴是指为了补偿职工特殊或额外的劳动消耗和因其他特殊原因支付给个人的津贴，以及为了保证职工工资水平不受物价影响支付给个人的物价补贴。如流动施工津贴、特殊地区施工津贴、高温（寒）作业临时津贴、高空津贴等。

④ 加班加点工资

加班加点工资是指按规定支付的，在法定节假日工作的加班工资和在法定日工作时间外延时工作的加点工资。

⑤ 特殊情况下支付的工资

特殊情况下支付的工资是指根据国家法律、法规和政策规定，因病、工伤、产假、计划生育假、婚丧假、事假、探亲假、定期休假、停工学习、执行国家或社会义务等原因按

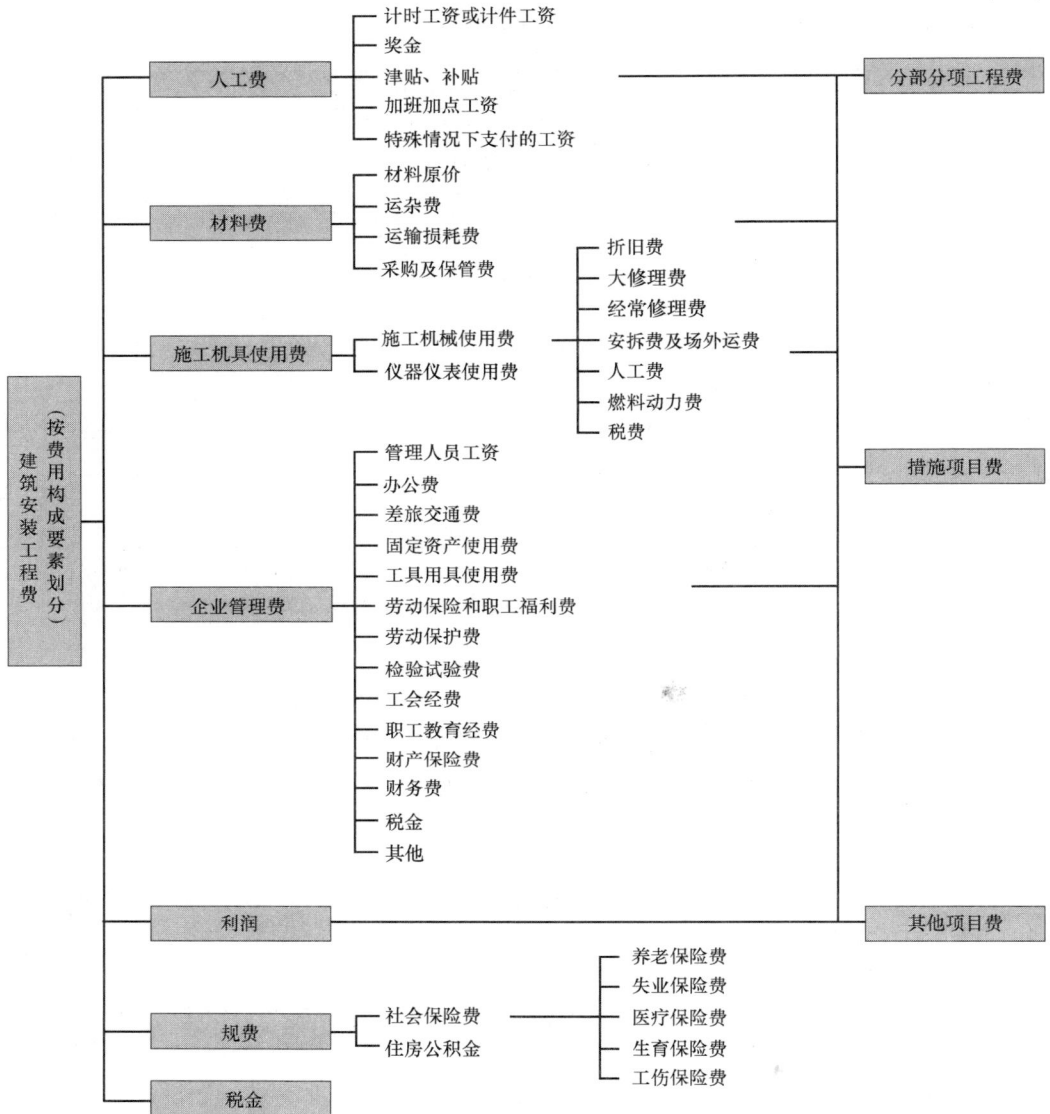

图 8-2　按费用构成要素划分的建筑安装工程费用项目组成

计时工资标准或计时工资标准的一定比例支付的工资。

2）材料费

材料费是指施工过程中耗费的原材料、辅助材料、构配件、零件、半成品或成品、工程设备的费用。内容包括：

① 材料原价

材料原价是指材料、工程设备的出厂价格或商家供应价格。

② 运杂费

运杂费是指材料、工程设备自来源地运至工地仓库或指定堆放地点所发生的全部费用。

③ 运输损耗费

运输损耗费是指材料在运输装卸过程中不可避免的损耗。

④ 采购及保管费

采购及保管费是指为组织采购、供应和保管材料、工程设备的过程中所需要的各项费用。包括采购费、仓储费、工地保管费、仓储损耗。

工程设备是指构成或计划构成永久工程一部分的机电设备、金属结构设备、仪器装置及其他类似的设备和装置。

3）施工机具使用费

施工机具使用费是指施工作业所发生的施工机械、仪器仪表使用费或其租赁费。

① 施工机械使用费

以施工机械台班耗用量乘以施工机械台班单价表示，施工机械台班单价应含下列七项：

A. 折旧费：是指施工机械在规定的使用年限内，陆续收回其原值的费用。

B. 大修理费：是指施工机械按规定的大修理间隔台班进行必要的大修理，以恢复其正常功能所需的费用。

C. 经常修理费：是指施工机械除大修理以外的各级保养和临时故障排除所需的费用。包括为保障机械正常运转所需替换设备与随机配备工具附具的摊销和维护费用，机械运转中日常保养所需润滑与擦拭的材料费用及机械停滞期间的维护和保养费用等。

D. 安拆费及场外运费：安拆费指施工机械（大型机械除外）在现场进行安装与拆卸所需的人工、材料、机械和试运转费用以及机械辅助设施的折旧、搭设、拆除等费用；场外运费指施工机械整体或分体自停放地点运至施工现场或由一施工地点运至另一施工地点的运输、装卸、辅助材料及架线等费用。

E. 人工费：是指机上司机（司炉）和其他操作人员的人工费。

F. 燃料动力费：是指施工机械在运转作业中所消耗的各种燃料及水、电等。

G. 税费：是指施工机械按照国家规定应缴纳的车船使用税、保险费及年检费等。

② 仪器仪表使用费

仪器仪表使用费是指工程施工所需使用的仪器仪表的摊销及维修费用。

4）企业管理费

企业管理费是指建筑安装企业组织施工生产和经营管理所需的费用。内容包括：

① 管理人员工资

管理人员工资是指按规定支付给管理人员的计时工资、奖金、津贴补贴、加班加点工资及特殊情况下支付的工资等。

② 办公费

办公费是指企业管理办公用的文具、纸张、账表、印刷、邮电、书报、办公软件、现场监控、会议、水电、烧水和集体取暖降温（包括现场临时宿舍取暖降温）等费用。

③ 差旅交通费

差旅交通费是指职工因公出差、调动工作的差旅费、住勤补助费，市内交通费和误餐补助费，职工探亲路费，劳动力招募费，职工退休、退职一次性路费，工伤人员就医路费，工地转移费以及管理部门使用的交通工具的油料、燃料等费用。

④ 固定资产使用费

固定资产使用费是指管理和试验部门及附属生产单位使用的属于固定资产的房屋、设备、仪器等的折旧、大修、维修或租赁费。

⑤ 工具用具使用费

工具用具使用费是指企业施工生产和管理使用的不属于固定资产的工具、器具、家具、交通工具和检验、试验、测绘、消防用具等的购置、维修和摊销费。

⑥ 劳动保险和职工福利费

劳动保险和职工福利费是指由企业支付的职工退职金、按规定支付给离休干部的经费、集体福利费、夏季防暑降温、冬季取暖补贴、上下班交通补贴等。

⑦ 劳动保护费

劳动保护费是指企业按规定发放的劳动保护用品的支出。如工作服、手套、防暑降温饮料以及在有碍身体健康的环境中施工的保健费用等。

⑧ 检验试验费

检验试验费是指施工企业按照有关标准规定,对建筑以及材料、构件和建筑安装物进行一般鉴定、检查所发生的费用,包括自设试验室进行试验所耗用的材料等费用。不包括新结构、新材料的试验费,对构件做破坏性试验及其他特殊要求检验试验的费用和建设单位委托检测机构进行检测的费用,对此类检测发生的费用,由建设单位在工程建设其他费用中列支。但对施工企业提供的具有合格证明的材料进行检测其结果不合格的,该检测费用由施工企业支付。

⑨ 工会经费

工会经费是指企业按《中华人民共和国工会法》规定的全部职工工资总额比例计提的工会经费。

⑩ 职工教育经费

职工教育经费是指按职工工资总额的规定比例计提,企业为职工进行专业技术和职业技能培训,专业技术人员继续教育、职工职业技能鉴定、职业资格认定以及根据需要对职工进行各类文化教育所发生的费用。

⑪ 财产保险费

财产保险费是指施工管理用财产、车辆等的保险费用。

⑫ 财务费

财务费是指企业为施工生产筹集资金或提供预付款担保、履约担保、职工工资支付担保等所发生的各种费用。

⑬ 税金

税金是指企业按规定缴纳的房产税、车船使用税、土地使用税、印花税等。

⑭ 其他

包括技术转让费、技术开发费、投标费、业务招待费、绿化费、广告费、公证费、法律顾问费、审计费、咨询费、保险费等。

5)利润

利润是指施工企业完成所承包工程获得的盈利。

6)规费

规费是指按国家法律、法规规定，由省级政府和省级有关权力部门规定必须缴纳或计取的费用。包括：

① 社会保险费

A. 养老保险费：是指企业按照规定标准为职工缴纳的基本养老保险费。

B. 失业保险费：是指企业按照规定标准为职工缴纳的失业保险费。

C. 医疗保险费：是指企业按照规定标准为职工缴纳的基本医疗保险费。

D. 生育保险费：是指企业按照规定标准为职工缴纳的生育保险费。

E. 工伤保险费：是指企业按照规定标准为职工缴纳的工伤保险费。

② 住房公积金

住房公积金是指企业按规定标准为职工缴纳的住房公积金。

其他应列而未列入的规费，按实际发生计取。

7）税金

建筑安装工程费用的税金是指国家税法规定应计入建筑安装工程造价内的增值税销项税额。增值税是以商品（含应税劳务）在流转过程中产生的增值额作为计税依据而征收的一种流转税。从计税原理上说，增值税是对商品生产、流通、劳务服务中多个环节的新增价值或商品的附加值征收的一种流转税。

（4）按造价形成划分建筑安装工程费用项目组成

建筑安装工程费按照工程造价形成由分部分项工程费、措施项目费、其他项目费、规费、税金组成，分部分项工程费、措施项目费、其他项目费包含人工费、材料费、施工机具使用费、企业管理费和利润，如图 8-3 所示。

1）分部分项工程费

分部分项工程费是指各专业工程的分部分项工程应予列支的各项费用。

① 专业工程

专业工程是指按现行国家计量规范划分的房屋建筑与装饰工程、仿古建筑工程、通用安装工程、市政工程、园林绿化工程、矿山工程、构筑物工程、城市轨道交通工程、爆破工程等各类工程。

② 分部分项工程

分部分项工程是指按现行国家计量规范对各专业工程划分的项目。如房屋建筑与装饰工程划分的土石方工程、地基处理与桩基工程、砌筑工程、钢筋及钢筋混凝土工程等。

各类专业工程的分部分项工程划分见现行国家标准或行业计量规范。

2）措施项目费

措施项目费是指为完成建设工程施工，发生于该工程施工前和施工过程中的技术、生活、安全、环境保护等方面的费用。内容包括：

① 安全文明施工费

A. 环境保护费：是指施工现场为达到环保部门要求所需要的各项费用。

B. 文明施工费：是指施工现场文明施工所需要的各项费用。

C. 安全施工费：是指施工现场安全施工所需要的各项费用。

D. 临时设施费：是指施工企业为进行建设工程施工所必须搭设的生活和生产用的临

233

建筑安装工程费(按造价形成划分)

- 分部分项工程费
  - 房屋建筑与装饰工程
    - 土石方工程
    - 桩基工程
    - ……
  - 仿古建筑工程
  - 通用安装工程
  - 市政工程
  - 园林绿化工程
  - 矿山工程
  - 构筑物工程
  - 城市轨道交通工程
  - 爆破工程
  - ……
- 措施项目费
  - 安全文明施工费
  - 夜间施工增加费
  - 二次搬运费
  - 冬雨期施工增加费
  - 已完工程及设备保护费
  - 工程定位复测费
  - 特殊地区施工增加费
  - 大型机械进出场及安拆费
  - 脚手架工程费
  - ……
- 其他项目费
  - 暂列金额
  - 计日工
  - 总承包服务费
  - ……
- 规费
  - 社会保险费
    - 养老保险费
    - 失业保险费
    - 医疗保险费
    - 生育保险费
    - 工伤保险费
  - 住房公积金
- 税金

(右侧)人工费、材料费、施工机具使用费、企业管理费、利润

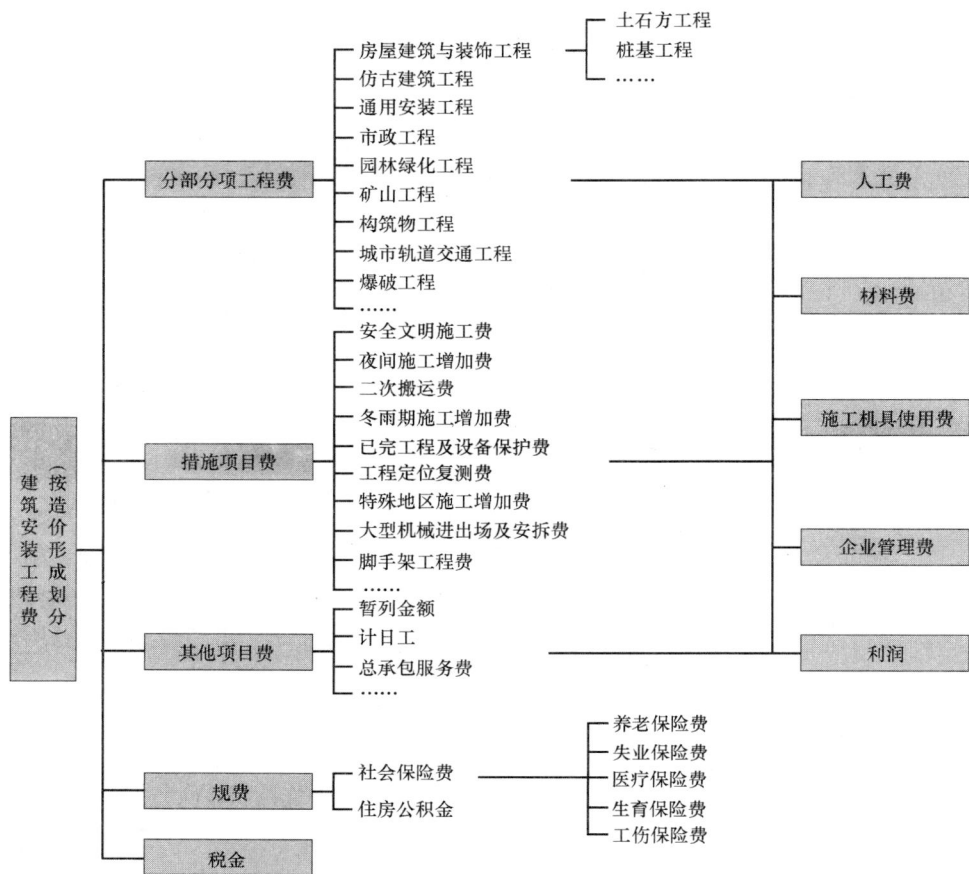

图 8-3 按造价形成划分的建筑安装工程费用项目组成

时建筑物、构筑物和其他临时设施费用。包括临时设施的搭设、维修、拆除、清理费或摊销费等。

E. 建筑工人实名制管理费：是指实施建筑工人实名制管理所需费用。

② 夜间施工增加费

夜间施工增加费是指因夜间施工所发生的夜班补助费、夜间施工降效、夜间施工照明设备摊销及照明用电等费用。

③ 二次搬运费

二次搬运费是指因施工场地条件限制而发生的材料、构配件、半成品等一次运输不能到达堆放地点，必须进行二次或多次搬运所发生的费用。

④ 冬雨期施工增加费

冬雨期施工增加费是指在冬期或雨期施工需增加的临时设施、防滑、排除雨雪、人工及施工机械效率降低等费用。

⑤ 已完工程及设备保护费

已完工程及设备保护费是指竣工验收前，对已完工程及设备采取的必要保护措施所发生的费用。

⑥ 工程定位复测费

工程定位复测费是指工程施工过程中进行全部施工测量放线和复测工作的费用。

⑦ 特殊地区施工增加费

特殊地区施工增加费是指工程在沙漠或其边缘地区、高海拔、高寒、原始森林等特殊地区施工增加的费用。

⑧ 大型机械设备进出场及安拆费

大型机械设备进出场及安拆费是指机械整体或分体自停放场地运至施工现场或由一个施工地点运至另一个施工地点，所发生的机械进出场运输及转移费用及机械在施工现场进行安装、拆卸所需的人工费、材料费、机械费、试运转费和安装所需的辅助设施的费用。

⑨ 脚手架工程费

脚手架工程费是指施工需要的各种脚手架搭、拆、运输费用以及脚手架购置费的摊销（或租赁）费用。

措施项目及其包含的内容详见各类专业工程的现行国家或行业计量规范。

3）其他项目费

① 暂列金额

暂列金额是指建设单位在工程量清单中暂定并包括在工程合同价款中的一笔款项。用于施工合同签订时尚未确定或者不可预见的所需材料、工程设备、服务的采购，施工中可能发生的工程变更、合同约定调整因素出现时的工程价款调整以及发生的索赔、现场签证确认等的费用。

② 计日工

计日工是指在施工过程中，施工企业完成建设单位提出的施工图纸以外的零星项目或工作所需的费用。

③ 总承包服务费

总承包服务费是指总承包人为配合、协调建设单位进行的专业工程发包，对建设单位自行采购的材料、工程设备等进行保管以及施工现场管理、竣工资料汇总整理等服务所需的费用。

④ 规费

定义同上。

⑤ 税金

定义同上。

2. 工程造价的定额计价基本知识

工程定额和工程量清单，都是用以计算工程造价的基础资料，是工程造价计价的依据。根据工程造价计价依据的不同，目前我国处于工程定额计价和工程量清单计价两种计价模式并存的状态。

（1）工程定额计价基本方法

工程定额是在合理的劳动组织和合理地使用材料与机械的条件下，完成一定计量单位合格建筑产品所消耗资源的数量标准。工程定额是一个综合概念，是建设工程造价计价和管理中各类定额的总称，包括许多种类的定额，可以按照不同的原则和方法对它进行分类。

（2）工程定额计价的基本程序

我国在很长一段时间内采用单一的工程定额计价模式形成工程价格，即按预算定额规定的分部分项子目，逐项计算工程量，套用预算定额单价（或单位估价表）确定直接工程费，然后按规定的取费标准确定措施费、间接费、利润和税金，加上材料调差系数和适当的不可预见费，经汇总后即为工程预算或标底，而标底则作为评标定标的主要依据。

以预算定额单价法确定工程造价，是一种与计划经济相适应的工程造价管理制度。工程定额计价模式实际上是国家通过颁布统一的计价定额或指标，对建筑产品价格进行有计划的管理。国家以假定的建筑安装产品为对象，制定统一的预算和概算定额，计算出每一单元子项的费用后，再综合形成整个工程的价格。工程计价的基本程序如图 8-4 所示。

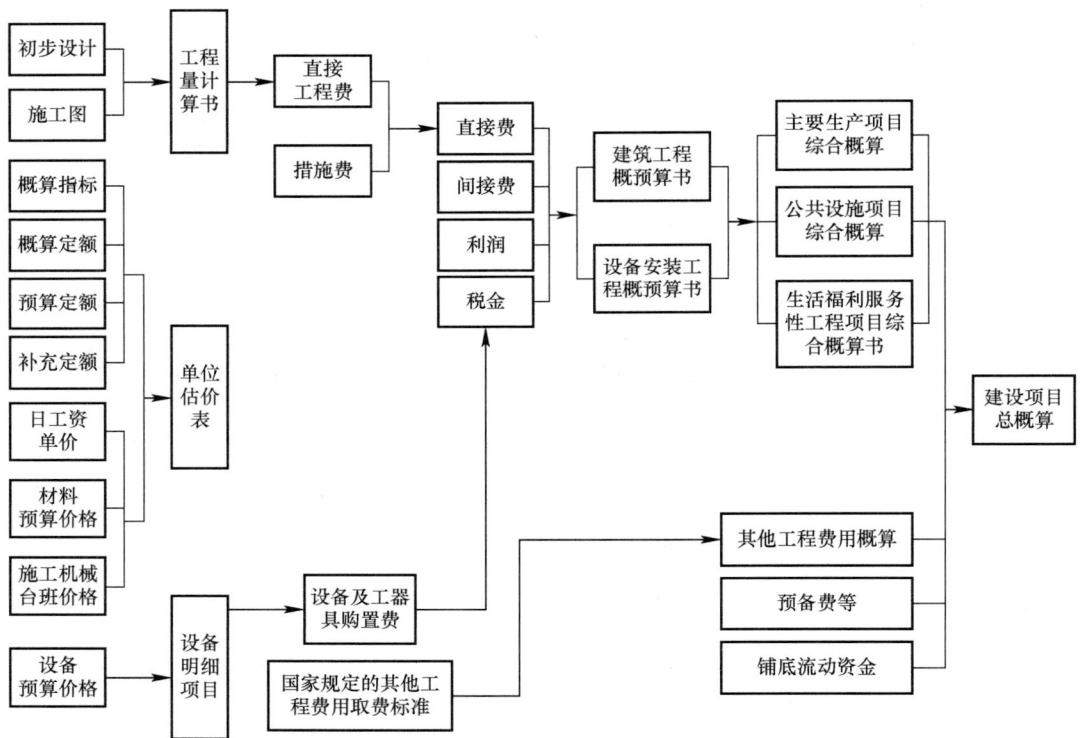

图 8-4 工程造价定额计价程序示意

从图中可以看出，编制建设工程造价最基本的过程有两个：工程量计算和工程计价。为统一口径，工程量的计算均按照统一的项目划分和工程量计算规则计算。工程量确定以后，就可以按照一定的方法确定出工程的成本及盈利，最终就可以确定出工程预算造价（或投标报价）。定额计价方法的特点就是量与价的结合。概预算的单位价格的形成过程，就是依据概预算定额所确定的消耗量乘以定额单价或市场价，经过不同层次的计算达到量与价的最优结合过程。

3. 工程造价的工程量清单计价基本知识

工程量清单计价方法是一种区别于定额计价模式的新计价模式，是一种主要由市场定价的计价模式，是由建设产品的买方和卖方在建设市场上根据供求状况、信息状况进行自由竞价，从而能够最终签订工程合同价格的方法。因此，可以说工程量清单的计价方法是在建设市场建立、发展和完善过程中的必然产物。自 2003 年在全国范围内开始逐步推广建设工程工程量清单计价法，至 2013 年推出新版建设工程工程量清单计价规范，标志着我国工程量清单计价方法的应用逐渐完善。

（1）工程量清单计价的基本方法与程序

工程量清单计价的基本过程可以描述为：在统一的工程量清单项目设置的基础上，根据工程量清单计量规则，和具体工程的施工图纸计算出各个清单项目的工程量，再根据各种渠道所获得的工程造价信息和经验数据计算得到工程造价。这一基本的计算过程如图 8-5 所示。

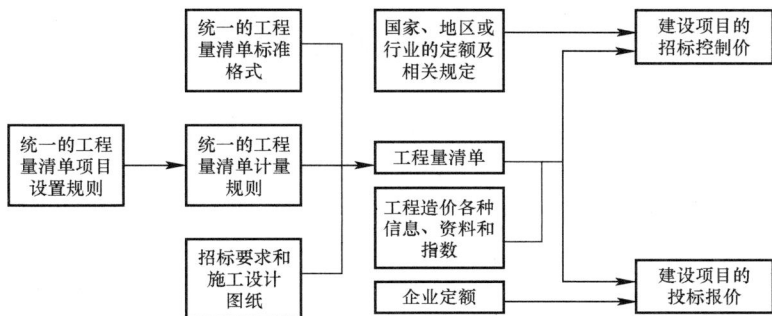

图 8-5　工程造价工程量清单计价过程示意

从工程量清单计价的过程示意图中可以看出，其编制过程可以分为两个阶段：工程量清单的编制和利用工程量清单来编制投标报价（或招标控制价）。投标报价是在业主提供的工程量计算结果的基础上，根据企业自身所掌握的各种信息、资料，结合企业定额编制得出的。

（2）工程量清单计价的特点

1）工程量清单计价的适用范围

全部使用国有资金（含国家融资资金）投资或国有资金投资为主（以下二者简称国有资金投资）的工程建设项目应执行工程量清单计价方式确定和计算工程造价。

① 国有资金投资的工程建设项目包括：使用各级财政预算资金的项目；使用纳入财政管理的各种政府性专项建设资金的项目；使用国有企事业单位自有资金，并且国有资产投资者实际拥有控制权的项目。

② 国家融资资金投资的工程建设项目包括：使用国家发行债券所筹资金的项目、使用国家对外借款或者担保所筹资金的项目、使用国家政策性贷款的项目、国家授权投资主体融资的项目、国家特许的融资项目。

③ 国有资金（含国家融资资金）为主的工程建设项目是指国有资金占投资总额 50％以上，或虽不足 50％但国有投资者实质上拥有控股权的工程建设项目。

2) 工程量清单计价的操作过程

工程量清单计价活动涵盖施工招标、合同管理以及竣工交付全过程，主要包括：工程量清单的编制，招标控制价、投标报价，合同价款约定，工程计量合同价款的调整、工程价款期中支付、竣工结算与支付、合同解除的价款结算与支付和合同计价款争议的解决、工程造价签订、工程计价资料与档案、工程计价表格等内容。

(3) 工程量清单计价的作用

1) 提供一个平等的竞争条件

采用施工图预算来投标报价，由于设计图纸的缺陷，不同施工企业的人员理解不一，计算出的工程量也不同，容易产生纠纷。而工程量清单报价就为投标者提供了一个平等竞争的条件，招标单位提供相同的工程量，由企业根据自身的实力来填不同的单价。投标人的这种自主报价，使得企业的优势体现到投标报价中，可在一定程度上规范建筑市场秩序，确保工程质量。

2) 满足市场经济条件下竞争的需要

招标投标过程就是竞争的过程，招标人提供工程量清单，投标人根据自身情况确定综合单价，利用单价与工程量逐项计算每个项目的合价，再分别填入工程量清单表内，计算投标总价。单价成了决定性的因素，定高了不能中标，定低了又要承担过大的风险。单价的高低直接取决于企业管理水平和技术水平的高低，有利于我国建设市场的快速发展。

3) 有利于提高工程计价效率，能真正实现快速报价

采用工程量清单计价方式，避免了传统计价方式下招标人与投标人在工程量计算上的重复工作，各投标人以招标人提供的工程量清单为统一平台，结合自身的管理水平和施工方案进行报价，促进了各投标人企业定额的完善和工程造价信息的积累和整理，体现了现代工程建设中快速报价的要求。

4) 有利于工程款的拨付和工程造价的最终结算

中标后，业主要与中标单位签订施工合同，中标价就是确定合同价的基础，投标清单上的单价就成了拨付工程款的依据。业主根据施工企业完成的工程量，可以很容易地确定进度款的拨付额。工程竣工后，根据设计变更、工程量增减等，业主也很容易确定工程的最终造价，在某种程度上可减少业主与施工单位之间的纠纷。

5) 有利于业主对投资的控制

采用工程定额计价模式，业主对因设计变更、工程量的增减所引起的工程造价变化不敏感，往往等到竣工结算时才知道这些变更对项目投资的影响有多大，但此时常常是为时已晚。而采用工程量清单报价的方式则可对投资变化一目了然，如需进行设计变更时，能马上知道它对工程造价的影响，业主就能根据投资情况来决定是否变更或进行方案比较。

4. 工程定额计价方法与工程量清单计价方法的联系和区别

(1) 工程定额计价方法与工程量清单计价方法的联系

工程造价的计价就是指按照规定的计算程序和方法，用货币的数量表示建设项目的价值。无论是工程定额计价方法还是工程量清单计价方法，它们的工程造价计价都是一种从下而上的分部组合计价方法。

建设项目是兼具单件性与多样性的集合体，每一个建设项目的建设都需要按业主的特

定需要进行单独设计、单独施工，不能批量生产和按整个项目确定价格。只能采用特殊的计价程序和计价方法，即将整个项目进行分解，划分为可以按有关技术经济参数测算价格的基本构造要素（或称分部、分项工程），这样就很容易地计算出基本构造要素的费用。一般来说，分解结构层次越多，基本子项也越细，计算也更精确。

任何一个建设项目都可以分解为一个或几个单项工程；任何一个单项工程都是由一个或几个单位工程所组成，作为单位工程的各类建筑工程和安装工程仍然是一个比较复杂的综合实体，还需要进一步分解；就建筑工程来说，又可以按照施工顺序细分为分部工程；分解成分部工程后，虽然每一部分都包括不同的结构和装修内容，但是从工程计价的角度来看，还需要把分部工程按照不同的施工方法、不同的构造及不同的规格加以更为细致地分解，划分为更简单细小的部分。经过这样逐步分解到分项工程后，找到了适当的计量单位及当时当地的单价，就可以采取一定的计价方法，进行分项分部组合汇总，计算出某工程的工程总造价。

在我国，工程造价计价的主要思路也是将建设项目细分至最基本的构成单位（如分项工程），用其工程量与相应单价相乘后汇总，即为整个建设工程造价。

工程造价计价的基本原理是：

$$建筑安装工程造价 = \Sigma[单位工程基本构造要素工程量(分项工程) \times 相应单价]$$

$$(8-1)$$

无论是定额计价还是清单计价，式（8-1）都同样有效，只是公式中的各要素有不同的含义：

1）单位工程基本构造要素即分项工程项目。定额计价时，是按工程定额划分的分项工程项目；清单计价时是指清单项目。

2）工程量是指根据工程项目的划分和工程量计算规则，按照施工图或其他设计文件计算的分项工程实物量。工程实物量是计价的基础，不同的计价依据有不同的计算规则。目前，工程量计算规则包括两大类：

① 国家标准《建设工程工程量清单计价规范》GB 50500—2013 和各专业工程工程量计算规范中规定的计算规则。

② 各类工程定额规定的计算规则。

3）工程单价是指完成单位工程基本构造要素的工程量所需要的基本费用。

① 工程定额计价方法下的分项工程单价是指概、预算定额基价，通常是指工料单价，仅包括人工、材料、机械台班定额消耗量与其相应单价的乘积。用公式表示：

$$定额分项工程单价 = \Sigma(定额消耗量 \times 相应单价) \qquad (8-2)$$

式（8-2）中：定额消耗量包括人工消耗量、各种材料消耗量、各类机械台班消耗量。消耗量的大小决定定额水平。定额水平的高低，只有在两种及两种以上的定额相比较的情况下，才能区别。对于消耗相同生产要素的同一分项工程，消耗量越大，定额水平越低；反之，则越高。但是，有些工程项目（单位工程或分项工程），因为在编制定额时采用的施工方法、技术装备不同，而使不同定额分析出来的消耗量之间没有可比性，则可以同一水平的生产要素单价分别乘以不同定额的消耗量，经比较确定。

相应单价：是指生产要素单价，是某一时点上的人工、材料、机械台班单价。同一时点上的工、料、机单价的高低，反映出不同的管理水平。在同一时期内，人工、材料、机械台班单价越高,则表明该企业的管理技术水平越低;人工、材料、机械台班单价越低,则表明该企业的管理技术水平越高。

② 工程量清单计价方法下的分项工程单价是指综合单价,包括人工费、材料费、机械台班费,还包括企业管理费、利润和风险因素。综合单价应该根据企业定额和相应生产要素的市场价格来确定。

(2) 工程量清单计价方法与工程定额计价方法的区别

工程量清单计价方法与工程定额计价方法相比有一些重大区别,这些区别也体现出了工程量清单计价方法的特点。

1) 两种模式的最大差别在于体现了我国建设市场发展过程中的不同定价阶段

① 我国建筑产品价格市场化经历了"国家定价—国家指导价—国家调控价"三个阶段。定额计价是以概预算定额、各种费用定额为基础依据,按照规定的计算程序确定工程造价的特殊计价方法。因此,利用工程建设定额计算工程造价就价格形成而言,介于国家定价和国家指导价之间。在工程定额计价模式下,工程价格或直接由国家决定,或是由国家给出一定的指导性标准,承包商可以在该标准的允许幅度内实现有限竞争。

② 工程量清单计价模式则反映了市场定价阶段。在该阶段中,工程价格是在国家有关部门间接调控和监督下,由工程承、发包双方根据工程市场中建筑产品供求关系变化自主确定工程价格。其价格的形成可以不受国家工程造价管理部门的直接干预,而此时的工程造价是根据市场的具体情况,有竞争形成、自发波动和自发调节的特点。

2) 两种模式的主要计价依据及其性质不同

① 工程定额计价模式的主要计价依据为国家、省、有关专业部门制定的各种定额,其性质为指导性,定额的项目划分一般按施工工序分项,每个分项工程项目所含的工程内容一般是单一的。

② 工程量清单计价模式的主要计价依据为"清单计价规范"和各专业工程"工程量计算规范",其性质是含有强制性条文的国家标准,清单的项目划分一般是按"综合实体"进行分项的,每个分项工程一般包含多项工程内容。

3) 编制工程量的主体不同

在定额计价方法中,建设工程的工程量由招标人和投标人分别按图计算。而在清单计价方法中,工程量由招标人统一计算或委托有关工程造价咨询资质单位统一计算,工程量清单是招标文件的重要组成部分,各投标人根据招标人提供的工程量清单,根据自身的技术装备、施工经验、企业成本、企业定额、管理水平自主填写单价与合价。

4) 单价与报价的组成不同

定额计价法的单价包括人工费、材料费、机械台班费,而清单计价方法采用综合单价形式,综合单价包括人工费、材料费、机械使用费、管理费、利润,并考虑风险因素。工程量清单计价法的报价除包括定额计价法的报价外,还包括预留金、材料设备、专业工程暂列金额和零星工作项目费等。

5) 适用阶段不同

从目前我国现状来看,工程定额主要用于在项目建设前期各阶段对于建设投资的预测和估计。在工程建设交易阶段,工程定额通常只能作为建设产品价格形成的辅助依据,而工程量清单计价依据主要适用于合同价格形成以及后续的合同价格管理阶段。

6）合同价格的调整方式不同

定额计价方法形成的合同价格，其主要调整方式有：变更签证、定额解释、政策性调整。而工程量清单计价方法在一般情况下单价是相对固定的，减少了在合同实施过程中的调整灵活度。通常情况下，如果清单项目的数量没有增减，就能够保证合同价格基本没有调整，保证了其稳定性，也便于业主进行资金准备和筹划。

7）工程量清单计价把施工措施性消耗单列并纳入了竞争的范畴

定额计价未区分施工实体性损耗和施工措施性损耗，而工程量清单计价把施工措施与工程实体项目进行分离，这项改革的意义在于突出了施工措施费用的市场竞争性。工程量清单计价规范的工程量计算规则的编制原则一般是以工程实体的净尺寸计算，也没有包含工程量合理损耗，这一特点也就是定额计价的工程量计算规则与工程量清单计价规范的工程量计算规则的本质区别。

九、计算机和相关管理软件

（一）Office 系统的基本知识

1. 中文 Windows 系统

（1）启动 Windows10

在已经安装中文版 Windows10 系统的计算机上，打开显示器电源开关，按下主机上的电源按钮，选择要登录的用户，输入密码，按下回车键，即可登录 Windows10 的桌面。

（2）退出 Windows10

关闭所有已经打开的文件和应用程序，单击"开始"按钮，单击"电源"按钮，单击"关机"按钮，即可安全关闭计算机。其中还有"待机"和"重新启动"两个控制按钮。

（3）桌面图标

系统将各种复杂的程序用一个个生动形象的小图片来表示，用户可以根据图标来辨别应用程序的类型以及其他属性。

（4）"开始"菜单

"开始"菜单是 Windows10 中应用最为频繁的菜单之一，通过"开始"菜单，几乎可以完成对计算机的所有操作。它由开始常用程序列表、设置、电源等组成。

（5）任务栏

屏幕最下方的一个条形区域被称为"任务栏"。任务栏主要由"开始"按钮、快速启动栏、应用程序列表、通知栏等项目组成。

（6）设置桌面

在桌面空白区域内，单击鼠标右键，选择"个性化"命令，打开"设置"对话框，可以对桌面背景、颜色、锁屏界面、主题、字体、开始、任务栏等各项进行设置。

（7）浏览硬盘中的文件

双击文件打开文件、启动程序或打开文件夹。

（8）选定文件和文件夹

单击要操作的对象选择单个文件；执行"编辑 \ 全部选定"或按 Ctrl＋A 可选择所有文件；按下 Shift 键，单击第一个文件或文件夹图标和最后一个文件或文件夹图标，可选择连续的多个文件和文件夹；按 Ctrl 键，单击要选择的文件或文件夹，可选择不连续文件和文件夹。

（9）新建文件夹

执行"文件 \ 新建 \ 文件夹"命令，输入新的文件夹名称，在指定的位置新建一个文件夹。

（10）重命名文件或文件夹

选定需要命名的文件或文件夹，执行"文件＼重命名"命令，键入新的名称，回车确认。

（11）移动、复制与删除文件夹

选定文件或文件夹，在该图标上单击鼠标右键，在弹出的快捷菜单中选择相应命令。

（12）"回收站"的使用与管理

1）恢复删除文件：双击"回收站"图标，打开"回收站"窗口，选中要还原的文件，单击鼠标右键执行"还原"命令，文件还原。文件还原后会自动恢复至原来存放的位置。

2）清空"回收站"：在回收站上单击鼠标右键，执行"清空回收站"命令；在弹出的确认对话框中，选择"是"。被清除的文件将无法找回。

（13）设置

它是对 Windows 进行管理控制的中心。可以对系统、手机、网络、个性化、应用、账户、时间和语言、隐私、更新和安全等进行设置。执行"开始＼设置"命令，打开"设置"窗口。

2. 文字处理系统

（1）Word 的启动

执行"开始＼所有程序＼MicrosoftOffice＼MicrosoftOfficeWord"命令可以启动 Word；双击 Word 文件，也可以启动 Word。

（2）退出

当完成所有文档编辑工作后，可以执行"文件＼退出"命令，退出 Word。

（3）Word 的工作界面

Word 工作主界面主要包括标题栏、菜单栏、工具栏、标尺、编辑区、状态栏等。

（4）文档基本编辑

1）新建文档：执行"文件＼新建"命令，在新建任务窗格中建立一个空白文档；单击常用工具栏中的创建新文档按钮，或者按快捷键 Ctrl＋N 均可以快速新建文档。

2）打开文档：执行"文件＼打开"命令，找到要打开的文件，单击"打开"按钮，将选中的文件打开；单击常用工具栏中的打开文档按钮或者按快捷键 Ctrl＋O 均可以打开文档。

3）保存文档：执行"文件＼保存"命令，可以将当前文档保存；单击常用工具栏中的保存文档按钮或者按快捷键 Ctrl＋S 均可以保存文档。

4）另存文档：执行"文件＼另存为"命令，打开"另存为"对话框，在"另存为"对话框中设置新的文件，保存文件。

5）退出文档：执行"文件＼关闭"命令，关闭当前文档；单击常用工具栏中的按钮×或者按快捷键 Ctrl＋W 均可以退出文档。

（5）文字处理

1）录入英文：系统默认录入的是英文小写字母，按下 CapsLock 键，录入大写英文字母。

2）录入中文字符：Ctrl＋空格键或启动一种中文汉字输入法即可录入中文字符。

3）录入特殊字符：执行"插入\符号"命令，打开"符号"对话框，插入选择的符号。

4）选定字符：将光标置于要选定的文本前，按住左键拖动到选定文本的末尾选定文本。

5）删除文本：按 Backspace 和 Delete 键可以逐字删除。如果要删除一段文本或者不相邻的文本，需要先选定要删除的文本，按下 Delete 键，将文本删除。

6）录入状态：双击状态栏上的"插入"标记即可切换，按键盘上的 Insert 键也可以。

7）移动、复制文本：选定要移动的文本，执行"编辑\剪切或复制"命令，把光标定位到插入点，执行"编辑\粘贴"命令，将文本移动或复制到新位置。

8）查找与替换文本：执行"编辑\查找"命令，在"查找内容"文本框中，输入要查找的内容；在"替换为"文本框输入要替换的内容，即可逐个或全部查找或替换所需文本。

（6）文本格式设置

选中要设置的文本，单击工具栏中字体下拉列表框中 宋体 、 五号 右边的下拉按钮 ，设置文本的字体、字号；或者执行"格式\字体"命令进行设置。单击"格式"工具中的"加粗"按钮 B 、"倾斜"按钮 I 或"下划线"按钮 U ，可以设置文本的字形。

（7）设置段落格式

1）段落的对齐方式：单击工具栏上 、 等按钮，可以将当前段落设定为"居中对齐""右对齐"等方式。也可以执行"格式\段落"命令，在"段落"对话框中设置。

2）设置段落的缩进：将光标定位到需要缩进的段落内或者选定多个需要设置缩进的段落，在标尺上用鼠标拖动缩进指针改变段落的缩进值；或者在"格式\段落"中设置。

3）设置段落项目符号：选择要加上项目符号的段落，执行"格式\项目符号和编号"命令，在"项目符号和编号"对话框进行设置。

4）设置边框与底纹：选择要添加边框与底纹的文字、段落、页面，执行"格式\边框与底纹"命令，在"边框和底纹"对话框设置。

（8）图形操作

1）插入图片：执行"插入\图片\来自文件"命令，打开"插入图片"对话框，找到所需的图片，单击"插入"按钮，将图片插入文档光标所在位置。

2）插入艺术字：执行"插入\图片\艺术字"命令，打开"艺术字库"对话框，选择艺术字样式、输入文字、设置字体、字号和字形等，单击确定，可以将艺术字插入文档光标所在位置。

3）绘制图形：绘图工具栏 可以在文档中绘制简单的线条、矩形、多边形及一些固定形状的图形。

4）改变图形尺寸：选择图形，移动光标至图形的控制点上，按下鼠标拖动改变图形。

5）组合图形：选择要组合的图形，单击"绘图"按钮，选择"组合"命令。

（9）表格的应用

1）插入表格：执行"表格\插入\表格"命令，选定表格的列数和行数，单击"确定"按钮，将会按照设定的行数和列数将表格插入文档光标所在位置。

2）编辑表格

① 选定单元格：光标指向不同的位置可以选择不同的单元格。如将光标移到表格中，在该表格的左上角出现⊹状，单击可选定整个表格。

② 插入行、列、单元格：执行"表格＼插入"命令，再选择相应选项完成插入操作。

③ 删除行、列或单元格：执行"表格＼删除"命令，完成选定对象的删除。

④ 改变列宽和行高：光标拖动列的左右边框或行的上下边框，即可改变列宽和行高。

⑤ 单元格的拆分与合并：单击要拆分或合并的单元格，执行"表格＼拆分或合并表格"命令，在弹出窗口完成相应操作。

（10）文档预览及打印

1）文档预览：执行"文件＼打印预览"命令，可以对文档进行各种设置及预览。

2）文档打印：执行"文件＼打印"命令或按快捷键 Ctrl＋P，弹出打印设置窗口，在"打印"框中进行相应的设置后，按"确定"按钮即开始打印。

3. 电子表格

电子表格的基本操作同前文，下面主要介绍电子表格特有的部分常见功能。

（1）基本操作

1）添加工作表：执行"插入＼工作表"命令，在当前工作表前面插入一个新工作表。或者鼠标右键单击工作表标签，在弹出的菜单中选择"插入""工作表"，单击"确定"按钮。

2）拆分工作表：执行"窗口＼拆分"命令，表格将会从选中的单元格处拆分。

3）重命名工作表：双击需重新命名工作表的标签，然后输入新的名称即可。

4）数据的输入与编辑

① 不同的单元格填充相同的数据：鼠标单击单元格，移动鼠标指针至单元格右下角，光标变为十字架，按住鼠标并拖动至需要位置后释放鼠标，将会以相同的值填充鼠标选定的区域。

② 自动按规律填充：选中有规律的若干单元格，移动鼠标指针至单元格右下角，待光标变为十字架时按下鼠标左键。拖动鼠标向右一定的距离后释放鼠标，完成操作。

（2）自动套用单元格格式

选定任一单元格，执行"格式＼自动套用格式"命令，打开"自动套用格式"对话框，单击选择需要的格式方案，单击"确定"按钮。

（3）数据运算与分析

1）输入公式：选中需输入公式的单元格，键入"＝"，键入公式，按 Enter 键确认。

2）自动求和：选中要插入总和的单元格，单击"常用"工具栏上的"自动求和"按钮 Σ 。

3）使用函数：选中需输入公式的单元格，键入"＝"，执行"插入＼函数"命令，选择函数，设置函数的参数，确定。当前单元格中计算出结果，并在编辑栏中显示公式。

（4）图表操作

执行"插入＼图表"命令，选择图表类型、样式，确定，在单元格中插入一个图表。

（二）AutoCAD 的基本知识

1. 基本知识

（1）AutoCAD 的工作界面

AutoCAD 的工作界面主要由标题栏、菜单栏、工具栏、绘图窗口、文本窗口与命令行、状态栏和工具选项板窗口等部分组成。

（2）AutoCAD 的启动

在安装了 AutoCAD 以后，单击桌面上的快捷图标 ▣；或者单击"开始"按钮，选择"程序 \ Autodesk \ AutoCAD-Simplified/AutoCAD 命令"。

（3）AutoCAD 的退出

单击 AutoCAD 主窗口右上角的 ▣ 按钮；"文件" \ "关闭"；QUIT（或 EXIT）。

（4）新建图形文件

"标准"工具栏 \ ▣ 按钮；"文件" \ "新建"；NEW。

（5）打开图形文件

"标准"工具栏 \ ▣ 按钮；"文件" \ "打开"；OPEN。

（6）保存图形文件

1）保存文件："标准"工具栏 \ ▣ 按钮；"文件" \ "保存"；QSAVE。

2）另存文件："文件" \ "另存为"；SAVEAS。

3）自动保存文件："工具" \ "选项"，在"打开和保存"选项卡中设置自动保存的时间；SAVETIME。

（7）坐标的表示方法及输入

1）绝对坐标：是指相对于当前坐标系原点的坐标。包括绝对直角坐标和绝对极坐标。

2）相对坐标：相对直角坐标和相对极坐标是指相对于某一点的 X 轴和 Y 轴位移或距离和角度。例如：某一直线的起点坐标为（5，8），终点坐标为（10，8），则终点相对于起点的相对直角坐标为（@5，0），用相对极坐标表示应为（@5＜0）。

（8）正交模式

适用于绘制水平及垂直线段。单击状态栏中"正交"按钮；按 F8 键打开或关闭。

（9）对象捕捉

它可以迅速、准确地捕捉到端点、圆心等特殊点，从而精确地绘制图形。Shift＋右键（单点捕捉）；单击"对象捕捉"工具栏中的按钮；"工具" \ "绘图设置"打开草图设置对话框进行设置并启用（F3）。

（10）图形显示控制

1）缩放：放大或缩小屏幕所显示的范围，但对象的实际尺寸并不发生变化。"标准"工具栏 \ ▣；"视图" \ "缩放"；或输入 ZOOM（Z）。

2）实时缩放："标准"工具栏 \ ▣。如果用户按住鼠标左键垂直向上移动，则随着鼠标移动距离的增加，图形不断地自动放大；反之，图形不断地自动缩小。

3) 平移："标准"工具栏 \ ；"视图"\"平移"；或输入 PAN（或 P）。用于在不改变图形的显示大小的情况下通过移动图形来观察当前视图中的不同部分。

（11）选择对象

1) 点取方式：对象上单击鼠标，对象变为虚线表示已被选中。

2) 窗口方式：自左向右指定对角线的两个端点定义一个矩形窗口，凡完全落在该矩形窗口内的图形对象均被选中。

3) 窗交方式：自右向左指定对角线的两个端点来定义一个矩形窗口，凡完全落在该矩形窗口内及与窗口相交的图形对象均被选中。

4) 全部方式：当命令行提示选择对象时，输入 ALL 则选择除冻结图层以外的所有对象。

（12）图形界限

"格式"\"图形界限"；LIMIT。启动后通过输入绘图范围左下角点、右上角点坐标来设置绘图区域大小，相当于手工制图时图纸的选择。

（13）图层

"格式"\"图层"；或输入 LAYER（LA）。可以设置图层及图层颜色、线型、线宽等各种特性和开、关、锁定、冻结、打印等不同的状态。

2. 常用命令

（1）直线

"绘图"\"直线"；"绘图"工具栏 ；或输入 LINE（L）。指定直线起点、端点完成一段直线绘制。

（2）多段线

"绘图"\"多段线"；"绘图"工具栏 ；或输入 PLINE（PL）。可以创建直线段、弧线段或两者的组合线段。并且可以设定不同的宽度。

（3）多线

"绘图"\"多线"；或输入 MLINE（ML）。通过多线设置绘制 1～16 条具有一定特性的平行线。

（4）正多边形

"绘图"\"正多边形"；"绘图"工具栏 ；或输入 POLYGON（POL）。可创建具有 3～1024 条等长边的闭合多段线。

（5）矩形

"绘图"\"矩形"；"绘图"工具栏 ；或输入 RECTANG（REC）。该命令可以通过确定矩形对角线的两个点来绘制矩形。还可以绘倒角或圆角的矩形。

（6）圆弧

"绘图"\"圆弧"；"绘图"工具栏 ；或输入 ARC。可以用指定圆心、端点、起点、半径、角度、弦长或方向值等多种组合的方式进行绘制。

（7）圆

"绘图"\"圆"；"绘图"工具栏 ；或输入 CIRCLE（C）。可以根据圆心、半径、直径和圆上的点绘制圆。

(8) 椭圆

"绘图"\"椭圆";"绘图"工具栏◎;或输入 ELLIPSE (EL)。可以根据圆心、长轴和短轴等参数绘制椭圆。

(9) 删除

"修改"\"删除";"修改"工具栏◢;或输入 ERASE (E)。用于删除选中的图线等对象。

(10) 复制

"修改"\"复制";"修改"工具栏◐;或输入 COPY (CO 或 CP)。该命令能将多个原对象以指定的角度和方向复制到一个或多个指定位置。

(11) 镜像

"修改"\"镜像";"修改"工具栏△;或输入 MIRROR (MI)。该命令用于围绕一条两个点定义的镜像线来镜像对象。然后选择删除或保留原对象。

(12) 偏移

"修改"\"偏移";"修改"工具栏◖;或输入 OFFSET (O)。该命令将直线、圆、多段线等对象作同心复制。

(13) 阵列

"修改"\"阵列";"修改"工具栏▦;或输入 ARRAY (AR)。该命令按矩形或环形方式多重复制指定对象。

(14) 移动

"修改"\"移动";"修改"工具栏✛;或输入 MOVE (M)。该命令能将多个对象从指定的角度和方向移动到指定位置。移动过程中并不改变对象的尺寸和方位。

(15) 旋转

"修改"\"旋转";"修改"工具栏◐;或输入 ROTATE (RO)。该命令用于将所选对象绕指定的基点旋转指定的角度。

(16) 缩放

"修改"\"缩放";"修改"工具栏▢;或输入 SCALE (SC)。用于将对象按指定的比例因子相对于指定的基点放大或缩小。

(17) 修剪

"修改"\"修剪";"修改"工具栏⊣;或输入 TRIM (TR)。该命令用于将指定的对象精确地修剪到指定的边界。

(18) 延伸

"修改"\"延伸";"修改"工具栏⊸;或输入 EXTEND (EX)。该命令用于将指定的对象精确地延伸到指定的边界上。

(19) 倒角

"修改"\"倒角";"修改"工具栏◿;或输入 CHAMFER (CHA)。该命令按照给定的倒角距离用一条斜线连接两个选定对象。当倒角距离为 0 时,两个选定对象相交,但不产生倒角。

(20) 圆角

"修改"\"圆角";"修改"工具栏◠;或输入 FILLET (F)。该命令用一指定半径的圆弧连接两个对象。当圆角半径设为 0 时，该命令可以使两个选定对象相交，但是不产生倒圆。

（21）分解

"修改"\"分解"；"修改"工具栏▨；或输入 EXPLODE（X）。该命令用于将复合对象分解为基本的组成对象。

（22）图块

1）创建块："绘图"\"块"\"创建"；"绘图"工具栏▨；或输入 BLOCK（B）。创建块就是将图形中的若干实体组合成整体并保存，将其作为一个实体在图形中随时调用和编辑。

2）插入块："插入"\"块"；"绘图"工具栏▨；或输入 DDINSERT。通过定义插入点、比例、旋转角度来插入已经创建好的图块。

（23）特性

"修改"\"特性"；"标准"工具栏▨；或输入 PROPERTIES，双击对象显示"特性"选项板。特性命令用于利用一个列表编辑对象的图层、颜色、线型、大小、标注、标注样式等。

（24）图案填充

"绘图"\"图案填充"；"绘图"工具栏▨；或输入 HATCH（H）。该命令能在指定的填充边界内填充一定样式的图案。可以设置填充图案的样式、比例、角度，填充边界等。

（25）文字标注

1）文字样式："格式"\"文字样式"；或输入 STYLE/DDSTYLE（St）。该命令用于设置字形，包括字体、字符高度、字符宽度、倾斜度、文本方向等参数的设置。

2）单行文本标注："绘图"\"文字"\"单行文字"；或输入 TEXT（DT）。该命令可以创建一行或多行文本，可以设置文本的当前字形、旋转角度、对齐方式和字符大小等。

3）多行文本标注："绘图"\"文字"\"多行文字"；"绘图"工具栏▨；或输入 MTEXT（MT）。该命令可在绘图区指定的文本边界框内标注段落型文本。

（26）尺寸标注

1）尺寸标注的设置："格式"\"标注样式"；"标注"工具栏▨；或输入 DIMSTYLE（D）。新标注样式中共有七个选项卡可以进行标注外观设置。

2）线性标注："标注"\"线性"；"标注"工具栏▨；或输入 DIMLINER（DLI）。用于对水平尺寸、垂直尺寸的标注。

3）对齐标注："标注"\"对齐标注"；"标注"工具栏▨；或输入 DIMALIGNED（DAL）。用于创建平行于所选对象或平行于两尺寸界线源点连线直线型尺寸。

4）半径标注："标注"\"半径标注"；"标注"工具栏▨；或输入 DIMRADIUS（DRA）。用于标注所选定的圆或圆弧的半径尺寸。

5）角度标注："标注"\"角度标注"；"标注"工具栏▨；或输入 DIMANGULAR（DAN）。用于标注被测量对象之间的夹角。

6）连续标注："标注"\"连续标注"；"标注"工具栏▨；或输入 DIMCONTINUE（DCO）。用于标注连续的线性尺寸。在创建连续标注之前，必须先创建或选定线性、对齐或角度标注。

（27）拉伸

"修改"\"拉伸"；"修改"工具栏；STRETCH(S)。主要用于拉伸或移动图纸中的对象。

3. AutoCAD 在工程中的应用

AutoCAD 是一款工具软件，在建筑工程中普遍应用，通常用来绘制建筑平、立、剖面图、节点图等。

绘图基本步骤包括：图形界限、图层、文字样式、标注样式等基本设置；联机操作；图形绘制；图形修改；图形文字、尺寸标注；保存、打印出图。可以随时调整各项设置及修改图形，以满足施工的实际需要。

4. 图形的输出

图形的输出应由打印机来完成，目前一般委托专业图文制作公司来实施，一般打印图形（模型空间）的步骤如下：

"文件"菜单 \ "打印"；"标准工具栏"；PLOT→在"打印"对话框的"打印机/绘图仪"下，从"名称"列表中选择一种绘图仪→在"图纸尺寸"下，从"图纸尺寸"框中选择图纸尺寸→在"打印份数"下，输入要打印的份数→在"打印区域"下，指定图形中要打印的部分→在"打印比例"下，从"比例"框中选择缩放比例→在"打印样式表（笔指定）"下，从"名称"框中选择打印样式表→在"着色视口选项"和"打印选项"下，选择适当的设置→在"图形方向"下，选择一种方向→单击"预览"可以预览按设置要打印图形→单击"确定"按设置打印图形。

（三）相关管理软件的知识

1. 管理软件的特点

管理软件是专业软件的一种，它通常是建立在某种工具软件平台上的，目的是完成特定的设计或管理任务。管理软件具有使用方便、智能化高、与专业工作结合紧密、有利于提高工作效率、可以有效地减轻劳动强度的优点，目前在建筑工程设计和管理领域广泛采用。

2. 管理软件在施工中的应用

管理软件在施工中的应用越来越广泛，管理人员可通过手机、电脑、平板等实现实时管控。与一般的应用软件相比功能较强大、专业性较强。针对企业的不同管理需求，可以将集团、企业、分子公司、项目部等多个层次的主体集中于一个协同的管理平台上，也可以应用于单项、多项目组合管理，达到两级管理、三级管理、多级管理多种模式。

3. 常用的管理软件

目前管理软件的种类较多,这些管理软件通常由专业公司研发、销售,也可以根据企业的特殊需求进行点对点的开发。管理软件可以定期升级,软件公司通常提供技术支持及定期培训。各个品牌的管理软件的特长各有不同,但通常均可以完成系统管理、行政办公、查询、人力资源管理、财务管理、资源管理、招标投标管理、进度控制、质量控制、合同管理、安全管理等工作。

十、施 工 测 量

（一）测量的基本工作

1. 水准仪的使用

水准仪（图 10-1）分为水准气泡式和自动安平式。水准仪按其高程测量精度分为DS05，DS1，DS2，DS3，DS10 几种等级。DS 是指大地测量水准仪，05、1、3、10 是指仪器能达到的每公里往返测高差中数的中误差分别为 0.5mm、1mm、3mm、10mm。

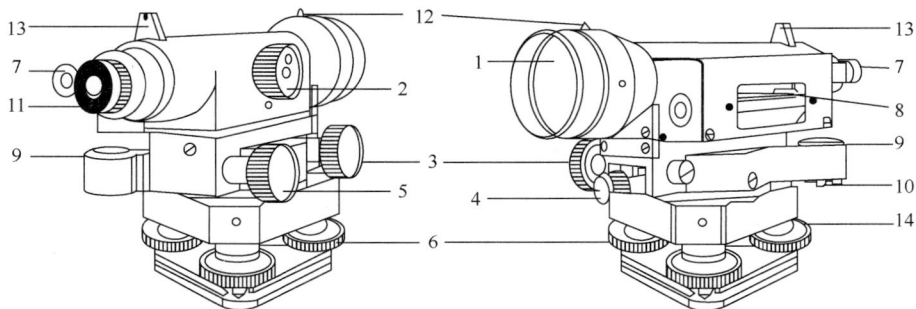

图 10-1　DS3 型微倾式水准仪

1—物镜；2—物镜调焦螺旋；3—水平微动螺旋；4—水平制动螺旋；5—微倾螺旋；6—粗平螺旋；7—管水准器气泡观察窗；8—管水准器；9—圆水准器；10—圆水准器校正螺钉；11—目镜；12—准星；13—照门；14—基座

水准仪使用分仪器的安置、粗略整平、瞄准目标、精平、读数等几个步骤。

（1）安置仪器

打开三脚架调整至高度适中，将架腿伸缩螺旋拧紧。在距离两个测站点大致等距离的位置安置三脚架，保证架头大致水平。从仪器箱中取出水准仪置于架头，用架头上的连接螺旋将仪器与三脚架连接牢固。

（2）粗略整平

首先使望远镜平行于任意两个脚螺旋 1 和 2 的连线，如图 10-2(a) 所示。然后，用两手同时向内或向外旋转脚螺旋 1 和 2，使气泡移至 1、2 两个脚螺旋方向的中间位置。再用左手旋转脚螺旋 3，使气泡居中，如图 10-2(b) 所示。

（3）瞄准

首先将物镜对着明亮的背景，转动目镜调焦螺旋，调节十字丝清晰。然后，松开制动螺旋，利用粗瞄准器瞄准水准尺，拧紧水平制动螺旋。再调节物镜调焦螺旋，使水准尺分划清晰，调节水平微动螺旋，使十字丝竖丝照准水准尺边缘或中央，如图 10-3 所示。

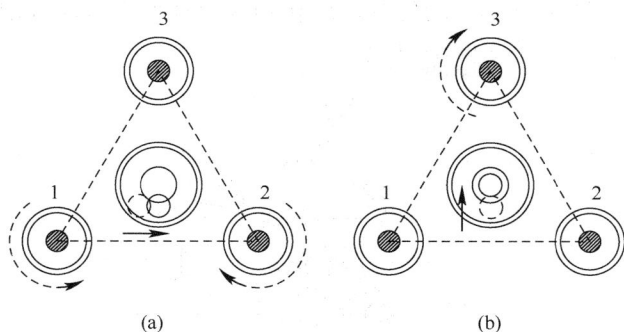

图 10-2 水准器粗平

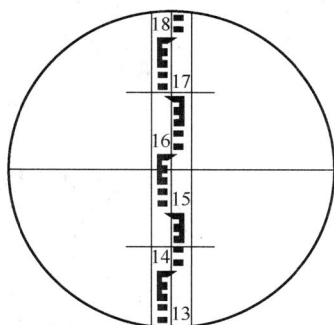

图 10-3 瞄准水准尺与读数

（4）精平

如图 10-4(a) 所示，目视水准管气泡观察窗，同时调整微倾螺旋，使水准管气泡两端的影像重合（图 10-4b），此时，水准仪精平。自动安平水准仪不需要此步操作。

（5）读数

眼睛通过目镜读取十字丝中丝水准尺上读数，直接读米（m）、分米（dm）、厘米（cm），估读毫米（mm）共四位。图 10-3 所示为正像望远镜中所看到的水准尺的像，水准尺读数为 1.575m。

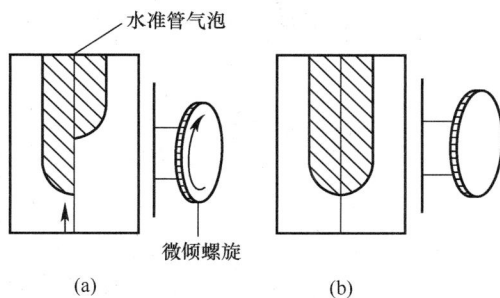

图 10-4 符合水准器精平

2. 经纬仪的使用

经纬仪（图 10-5）可以用于测量水平角和竖直角。我国把光学经纬仪按精度不同划分为 DJ07、DJ1、DJ2、DJ6、DJ30 等几个等级。D、J 代表"大地测量"和"经纬仪"，07、1、2、6、30 分别为一测回方向观测中误差秒数。

经纬仪使用主要包括安置仪器、照准目标、读数等工作。

（1）经纬仪的安置

经纬仪的安置包括对中和整平两项工作。打开三脚架，调整好长度使高度适中，将其安置在测站上，使架头大致水平，架顶中心大致对准站点中心标记。取出经纬仪放置在三脚架头上，旋紧连接螺旋。然后开始对中和整平工作。

对中分为垂球对中和光学对中，光学对中的精度高，目前主要采用光学对中。主要步骤是：

1）粗对中：目视光学对中器，调节光学对中器目镜使照准圈和测站点目标清晰。双手紧握并移动三脚架使照准圈对准测站点的中心并保持三脚架稳定、架头基本水平。

2）精对中：旋转脚螺旋使照准圈准确对准测站点的中心，光学对中的误差应小于 1mm。

3）粗平：伸长或缩短三脚架腿，使圆水准气泡居中。

4）精平：旋转照准部使照准部管水准器至图 10-6(a) 的位置，旋转脚螺旋 1、2 使管水准气泡居中；然后旋转照准部 90°至图 10-6(b) 的位置，旋转脚螺旋 3 使管水准气泡居中。如此反复，直至照准部转至任何位置，气泡均居中为止。

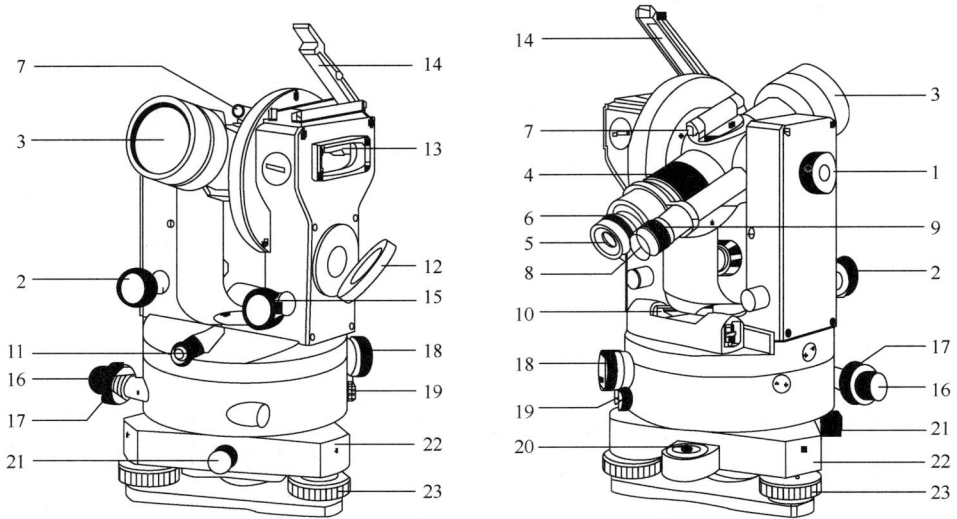

图 10-5　DJ6 级光学经纬仪

1—望远镜制动螺旋；2—望远镜微动螺旋；3—物镜；4—物镜调焦螺旋；5—目镜；6—目镜调焦螺旋；7—光学粗瞄器；8—度盘读数显微镜；9—度盘读数显微镜调焦螺旋；10—照准部水准器；11—光学对中器；12—度盘照明反光镜；13—竖盘指标管水准器；14—竖盘指标管水准器观察反射镜；15—竖盘指标管水准器微动螺旋；16—水平制动螺旋；17—水平微动螺旋；18—水平度盘变换螺旋；19—水平度盘变换锁止螺旋；20—基座圆水准器；21—轴套固定螺丝；22—基座；23—脚螺旋

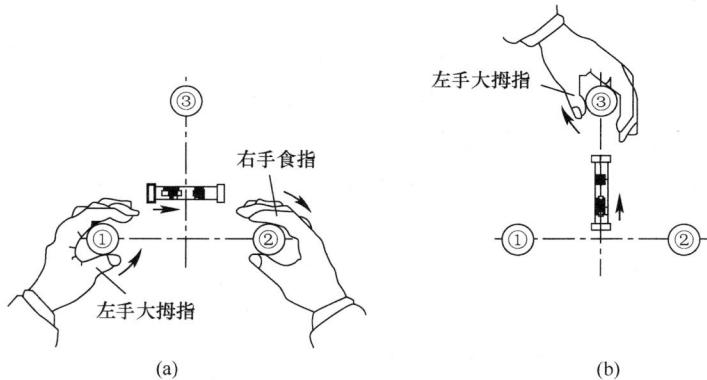

图 10-6　精平

5）再次精对中、精平：如照准圈偏离测站点的中心偏移量较小，通过在架顶上平移仪器，使照准圈准确对准测站点中心。精平仪器，直至照准部转至任何位置，气泡均居中为止；如偏移量过大则需重新对中、整平仪器。

（2）照准

首先调节望远镜目镜，使十字丝清晰，通过望远镜上的瞄准器瞄准目标，然后拧紧制动螺旋，调节物镜调焦螺旋使目标清晰并消除视差，利用微动螺旋精确照准目标的底部

（图 10-7）。

（3）读数

先打开度盘照明反光镜，调整反光镜，使读数窗亮度适中，旋转读数显微镜的目镜使度盘影像清晰，然后读数。DJ2 级光学经纬仪读数方式为首先转动测微轮，使读数窗中的主、副像分划线重合，然后在读数窗中读出数值，如图 10-8（a）所示中读数 151°11′54″，图 10-8（b）中读数为 83°46′16″。

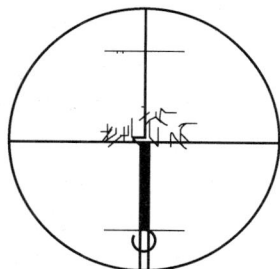

3. 全站仪的使用

全站仪（图 10-9）是一种多功能仪器，不仅能够测角、测距和测高差，还能完成测定坐标以及放样等操作。国产的全站仪主要有苏州一光 OTS 系列和中国南方 NTS 系列等。

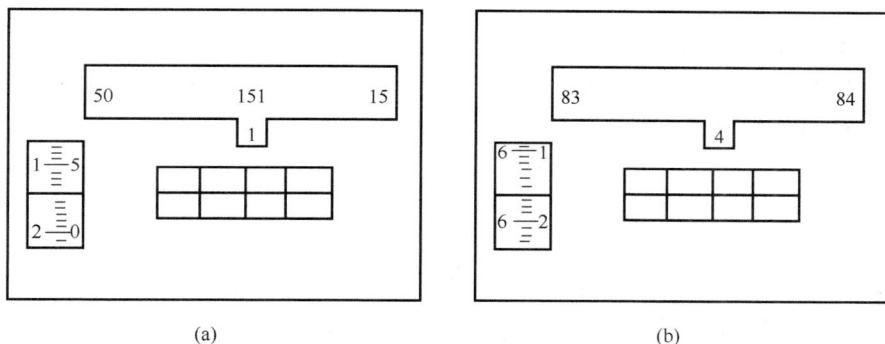

图 10-7　照准目标

（a）　　　　　　　　　　　　（b）

图 10-8　DJ2 级光学经纬仪读数

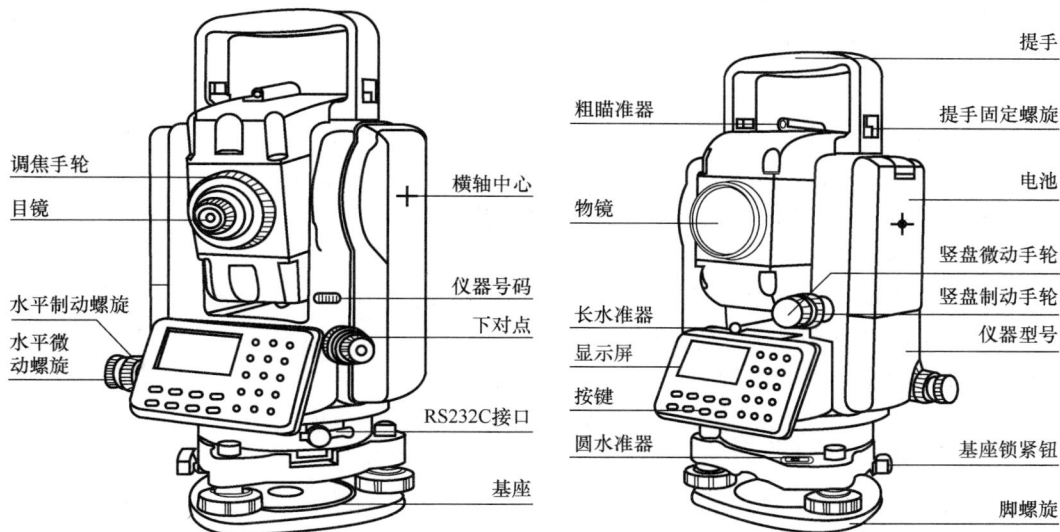

图 10-9　全站仪

不同厂家的全站仪输入方式略有不同,其基本功能及操作步骤如下:

(1) 测前的准备工作

安装电池,确定电池的容量。

(2) 安置仪器

全站仪安置与电子经纬仪安置相同。安放三脚架,调整长度至高度适中,固定全站仪到三脚架上,架设仪器使测点在视场内,完成仪器安置;移动三脚架,使光学对点器中心与测点重合,完成粗对中工作;调节三脚架,使圆水准气泡居中,完成粗平工作;调节脚螺旋,使长水准气泡居中,完成精平工作;移动基座,精确对中,完成精对中工作;重复以上步骤直至完全对中、整平。

(3) 开机

按开机键开机。按提示转动仪器望远镜一周显示基本测量屏幕。确认有足够的电池电量。确认棱镜常数值和大气改正值。

(4) 角度测量

仪器瞄准角度起始方向目标,按键选择显示角度菜单屏幕(按置零键可以将水平角读数设置为 $0°00'00''$);精确照准目标方向仪器即显示两个方向间水平夹角和垂直角。

(5) 距离测量

按键选择进入斜距测量模式界面;照准棱镜中心;按测距键两次即可得到测量结果。按 ESC 键,清空测距值。按切换键,可将结果切换为平距、高差显示模式。

(6) 放样

选择坐标数据文件。可进行测站坐标数据及后视坐标数据的调用;置测站点;置后视点,确定方位角;输入或调用待放样点坐标,开始放样。

4. 测距仪的使用

测距仪种类很多,手持测距仪是测距仪中的一种,它不需特别的反射物,有无目标板均可使用。它具有体积小、携带方便之特点,可以完成距离、面积、体积等测量工作。

(1) 距离测量

单一距离测量:按测量键,启动激光光束;再次按测量键,在 1s 内显示测量结果。

连续距离测量:按住测量键约 2s,启动此模式。在连续测量期间,每秒 $8\sim15$ 次的测量结果更新显示在结果行中,再次按测量键终止。

(2) 面积测量

按面积功能键,激光光束切换为开。将测距仪瞄准目标,按测量键,将测得并显示所量物体的宽度,再按测量键,将测得物体的长度,且立即计算出面积,并将结果显示在结果行中。计算面积所需的两段距离,显示在中间的结果行中。

5. 激光铅垂仪的使用

激光铅垂仪主要用来测量相对铅垂线的水平偏差、铅垂线的点位传递等。适用于高层建筑施工、变形观测等。

激光铅垂仪垂准测量基本使用方法如下:

(1) 打开激光开关、打开下对点开关

（2）对中、整平

安置仪器于基准点上，使三脚架高度适中，架头大致水平，调整脚螺旋使圆水准器及长水准器气泡居中，平移仪器使对点器对准基准点，直至仪器任意方向时长水准器气泡居中同时激光对点器亦能对准基准点。否则重复进行上述操作。

（3）瞄准目标

在被测点安放方格激光靶，旋转望远镜目镜使分划板的十字丝清晰，旋转调焦螺旋使激光靶清晰地成像在分划板的十字丝上，直至移动视线时，激光靶的像与十字丝无视差。

（4）激光垂准测量

打开激光开关并调整光斑亮度，旋转调焦螺旋调整光斑的大小，激光靶上光斑中心处的读数即为测量值。此时如移动方格激光靶，使靶心与光斑重合，靶心位置即为投测点。

6. 三维激光扫描系统

三维激光扫描应用技术是利用三维激光扫描仪对建（构）筑物扫描测量，形成建（构）筑物空间三维点云模型，通过对点云模型应用得出实际尺寸数据。

其适用于室外远距离、大空间等测绘点的云模型构建；室内大型复杂机房机电管线安装；装饰装修、幕墙等复杂点位施工；地面景观形体测定，城市三维可视化模型的建立等。

7. 无人机测量技术

利用无人机测绘技术，可快速建立三维模型，同时生成三维坐标等高线。

其适用于在设计、施工及运营过程中建立实景三维模型及 DOM、DTM、DEM、DSM 模型。

8. 测量机器人

测量机器人采用先进的 AI 测量算法处理技术，通过模拟人工测量规则，使用虚拟靠尺、角尺完成实测实量工艺。

其适用于建筑施工全周期的质量检测，包括墙面垂直度、平整度、方正性、阴阳角，楼板（地面）水平度、天棚平整度、房间长宽高等。

（二）施工控制测量的知识

1. 建筑物的定位与放线

（1）建筑物的定位

建筑物的定位是根据设计条件，将建筑物的外轮廓墙的各轴线交点即角点测设到地面上，作为基础放线和细部放线的依据。由于条件不同，建筑物的定位方法也有所不同，常用的定位方法有：根据控制点定位；根据建筑基线或建筑方格网定位；根据与原有建（构）筑物或道路的关系定位。

（2）建筑物的放线

建筑物的放线是根据已定位的外墙轴线交点桩，详细测设其各轴线交点的位置，并引测至适宜位置做好标记。然后据此用白灰撒出基坑（槽）开挖边界线。

2. 施工测量

当每层结构墙体施工到一定高度后，常用水准仪测设出本层墙面上的＋0.50m 水平标高线（50 线），作为室内施工及地面、顶棚、墙面装修的标高控制依据。也可以使用激光扫平仪在施工楼层提供一个可见到的激光水平或垂直面作为施工时的基准控制面。施测时，需用钢尺丈量出激光水平或垂直面与楼层标高位置或轴线之间的距离，然后以此距离即可以控制本楼层的施工。

（三）建筑变形观测的知识

1. 建筑变形观测的概念

利用观测设备对建筑物在荷载和各种影响因素作用下产生的结构位置和总体形状的变化，所进行的长期测量工作称为建筑变形观测。

2. 变形观测的主要内容

（1）沉降观测

1）基准点的设置、监测点布设

基准点的数目应不少于 3 个，基准点之间应形成闭合环，以便检核。基准点应布设在监测对象变形影响范围以外且位置稳定、易于长期保存的地方，宜避开高压线。密集建筑区内，基准点与待测建筑的距离应大于该建筑基础最大深度的 2 倍。在冻土地区，为防止冰冻影响，基准点应埋至当地冰冻线 0.5m 以下。

沉降监测点的布设应能全面反映建筑及地基变形特征，并顾及地质情况及建筑结构特点布设。如：建筑物的四角、核心筒四角、大转角处及沿外墙每 10～20m 处或每隔 2～3 根柱基上；新旧建筑物、高低层建筑物、纵横墙交接处的两侧。

2）观测周期与时间

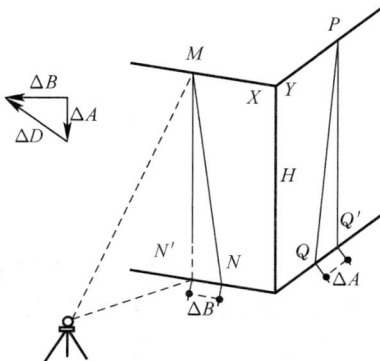

图 10-10 一般建筑物的倾斜观测

观测周期和观测时间，应根据工程的性质、施工进度、地基地质情况及基础荷载的变化情况而定。应按下列要求并结合实际情况确定。如：民用高层建筑可每加高 2～3 层观测一次，工业建筑可按回填基坑、安装柱子和屋架、砌筑墙体、设备安装等不同施工阶段分别进行观测。

3）观测方法

沉降观测的观测方法视沉降观测的精度而定，有一、二、三等水准测量、三角高程测量等方法。常用的是水准测量方法。

（2）倾斜观测

一般建筑物倾斜观测如图 10-10 所示，测出观测点 M、P 的偏移值 ΔB、ΔA。则可以计算出该建筑物的总偏移值：$\Delta D = \sqrt{\Delta A^2 + \Delta B^2}$。根据总偏移值 ΔD 和建筑物的高度 H 即可计算出其倾斜率：$i = \tan\alpha = \dfrac{\Delta D}{H}$。

（3）裂缝观测

1）石膏板标志法

用厚 10mm，宽 50～80mm 的石膏板，固定在裂缝的两侧。当裂缝继续发展时，石膏板也随之开裂，从而观察裂缝的大小及继续发展的情况。

2）白钢板标志法

如图 10-11 所示，用两块白钢板，一片为 150mm×150mm 的正方形，固定在裂缝的一侧。另一片为 50mm×200mm 的矩形，固定在裂缝的另一侧。在两块白钢板的表面，涂上红色油漆。如果裂缝继续发展，两块白钢板将逐渐被拉开，露出正方形上没有油漆的部分，其宽度即为裂缝增大的宽度，用尺子量出。

（4）水平位移观测

1）角度前方交会法

利用角度前方交会法，对观测点进行角度观测，计算观测点的坐标，利用两点之间的坐标差值，计算该点的水平位移量。

2）基准线法

如图 10-12 所示观测时，先在位移方向的垂直方向上建立一条基准线 AB。A、B 为控制点，P 为观测点。只要定期测量观测点 P 与基准线 AB 的角度变化值 $\Delta\beta$，即可测定水平位移。在 A 点安置经纬仪，第一次观测水平角 $\angle BAP = \beta_1$，第二次观测水平角 $\angle BAP' = \beta_2$，两次观测水平角的角值之差为 $\Delta\beta$。则其位移量 $\delta = D_{AP} \cdot \dfrac{\Delta\beta''}{\rho''}$。

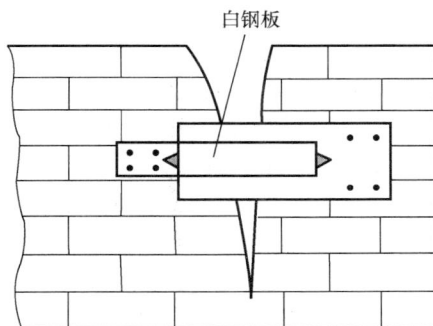

图 10-11　建筑物的裂缝观测

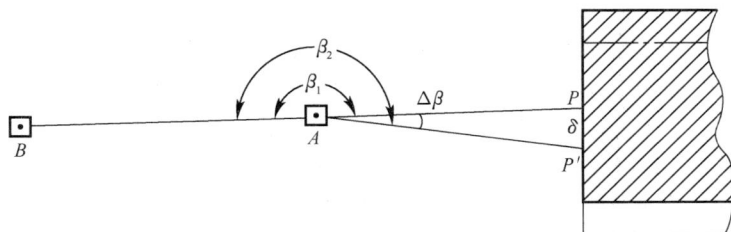

图 10-12　基准线法观测水平位移

参 考 文 献

[1] 刘亚臣，李闫岩. 工程建设法学［M］. 大连：大连理工大学出版社，2009.

[2] 刘勇. 建筑法规概论［M］. 北京：中国水利水电出版社，2008.

[3] 徐雷. 建设法规［M］. 北京：科学出版社，2009.

[4] 全国二级建造师执业资格考试用书编写委员会. 建设工程法规及相关知识［M］. 北京：中国建筑工业出版社，2011.

[5] 牛季收. 土木工程材料［M］. 郑州：黄河水利出版社，2010.

[6] 汪绯. 建筑材料［M］. 北京：化学工业出版社，2011.

[7] 姚发坤，杨雄辉，杨易. 实用建筑装饰材料［M］. 北京：北京师范大学出版社，2010.

[8] 张粉芹，赵志曼. 建筑装饰材料［M］. 重庆：重庆大学出版社，2007.

[9] 赵俊学，裴刚. 建筑装饰材料与应用［M］. 北京：科学出版社，2011.

[10] 李风. 建筑室内装饰材料［M］. 北京：机械工业出版社，2008.

[11] 游普元. 建筑材料与检测［M］. 哈尔滨：哈尔滨工业大学出版社，2012.

[12] 孙玉红. 建筑装饰制图与识图［M］. 北京：机械工业出版社，2009.

[13] 罗晓良. 室内设计实训［M］. 北京：化学工业出版社，2010.

[14] 何斌，陈锦昌，王枫红. 建筑制图（第六版）［M］. 北京：高等教育出版社，2011.

[15] 张伟，徐淳. 建筑施工技术［M］. 上海：同济大学出版社，2010.

[16] 洪树生. 建筑施工技术［M］. 北京：科学出版社，2007.

[17] 姚谨英. 建筑施工技术管理实训［M］. 北京：中国建筑工业出版社，2006.

[18] 双全. 施工员［M］. 北京：机械工业出版社，2006.

[19] 潘全祥. 施工员必读［M］. 北京：中国建筑工业出版社，2001.

[20] 编写组. 建筑施工手册（第四版）［M］. 北京：中国建筑工业出版社，2003.

[21] 李书田. 现代建筑外墙装饰材料与施工［M］. 北京：中国电力出版社，2012.

[22] 陈祖建. 室内装饰工程施工技术［M］. 北京：北京大学出版社，2011.

[23] 张秋海. 装饰材料与施工［M］. 长沙：湖南大学出版社，2011.

[24] 张亚英. 建筑装饰工程施工［M］. 北京：机械工业出版社，2011.

[25] 张豫，胡先国. 建筑与装饰工程施工工艺［M］. 北京：北京理工大学出版社，2011.

[26] 孙武. 装饰装修工程施工［M］. 北京：中国建筑工业出版社，2010.

[27] 郝永池. 建筑装饰施工组织与管理［M］. 北京：机械工业出版社，2010.

[28] 孟小鸣. 施工组织与管理［M］. 北京：中国电力出版社，2008.

[29] 韩国平. 施工项目管理［M］. 南京：东南大学出版社，2005.

[30] 林立. 建筑工程项目管理［M］. 北京：中国建材工业出版社，2009.

[31] 张立群，崔宏环. 施工项目管理［M］. 北京：中国建材工业出版社，2009.

[32] 郭汉丁. 工程施工项目管理［M］. 北京：化学工业出版社，2010.

[33] 傅水龙. 建筑施工项目经理手册［M］. 南昌：江西科学技术出版社，2002.

[34] 本书编委会. 施工员一本通［M］. 北京：中国建材工业出版社，2007.

[35] 全国二级建造师执业资格考试用书编写委员会. 建设工程施工管理［M］. 北京：中国建筑工业

出版社，2011.

［36］ 焦宝祥. 土木工程材料［M］. 北京：高等教育出版社，2009.

［37］ 魏鸿汉. 建筑材料（第四版）［M］. 北京：中国建筑工业出版社，2012.

［38］ 滕道摄. 建筑装饰工程施工［M］. 北京：中国水利水电出版社，2011.

［39］ 高诗墨. 装饰装修问答实录［M］. 北京：机械工业出版社，2008.

［40］ 叶列平. 混凝土结构（上册）［M］. 北京：清华大学出版社，2002.

［41］ 东南大学等合编. 混凝土结构［M］. 北京：中国建筑工业出版社，2003.

［42］ 罗福午等. 建筑概念体系及案例［M］. 北京：清华大学出版社，2004.

［43］ 王仕统. 钢结构基本原理［M］. 广州：华南理工大学出版社，2005.

［44］ 马成松. 建筑结构抗震设计［M］. 武汉：武汉理工大学出版社，2010.

［45］ 龙驭求，包世华. 结构力学教程［M］. 北京：高等教育出版社，2000.

［46］ 王焕定. 结构力学［M］. 北京：清华大学出版社，2004.

［47］ 王伟，张金生. 结构力学［M］. 武汉：武汉大学出版社，2000.

［48］ 赵更新. 结构力学辅导［M］. 北京：中国水利水电出版社，2011.

［49］ 刘永军. 结构力学习题集［M］. 北京：中国电力出版社，2009.

［50］ 钟朋. 结构力学解题指导及习题集［M］. 北京：高等教育出版社，1987.

［51］ 赵研. 建筑识图与构造（第二版）［M］. 北京：中国建筑工业出版社，2008.

［52］ 同济大学等四校合编. 房屋建筑学（第四版）［M］. 北京：中国建筑工业出版社，2006.

［53］ 周英才. 建筑装饰构造［M］. 北京：科学出版社，2011.

［54］ 穆伟. 建筑幕墙结构节点图集［M］. 北京：中国建筑工业出版社，2013.

［55］ 袁建新. 建筑工程计量与计价（第二版）［M］. 北京：人民交通出版社，2009.

［56］ 顾孝烈. 测量学（第四版）［M］. 上海：同济大学出版社，2011.

［57］ 王晓平. 工程测量［M］. 北京：人民交通出版社，2013.

［58］ 周建郑. 工程测量［M］. 郑州：黄河水利出版社，2010.

［59］ 夏玲涛. 建筑 CAD［M］. 北京：中国建筑工业出版社，2010.

［60］ 李琛琛，邬宏. 建筑 CAD 基础与应用［M］. 北京：机械工业出版社，2010.

［61］ 裘建娜，赵云秀. 建设工程项目管理［M］. 北京：中国铁道出版社，2020.